明清文人园林艺术

张淑娴 著

故宫出版社

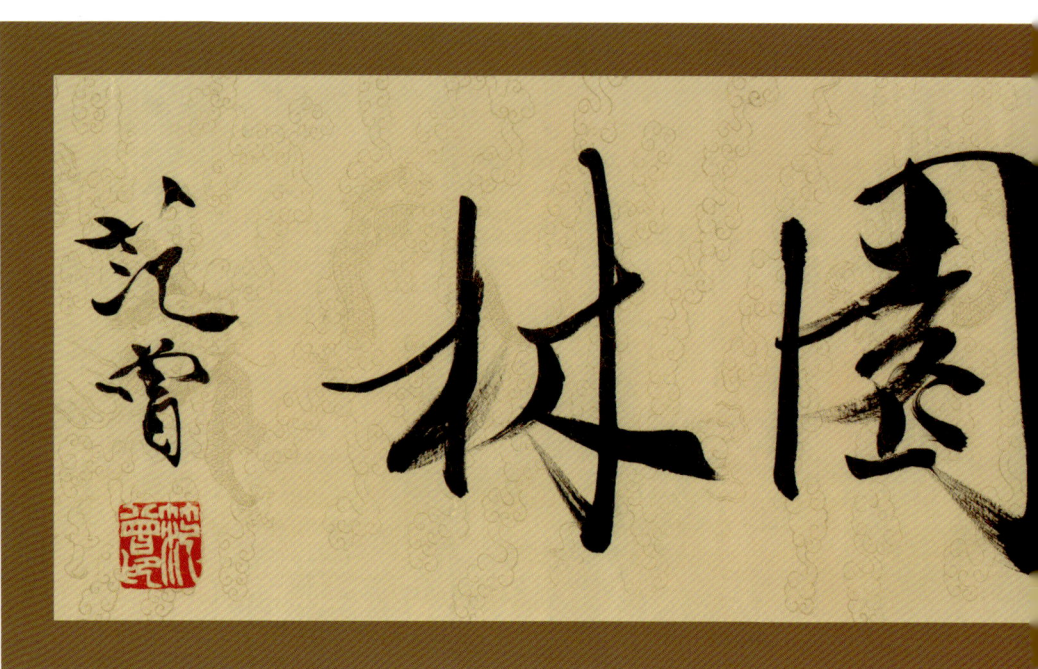

目录

前言 6

明清文人园林的发展概况 11

- 一、明清时期文人造园实践的普遍 12
- 二、明清时期文人造园理论的出现 25

明清文人园林的传统文化基奠 47

- 一、"山水有清音"——明清文人园林与自然精神 48
- 二、"士志于道"——明清文人园林与隐逸文化 66

明清文人园林的传统文学艺术意趣——文心画境 89

- 一、"凝固的诗"——明清文人园林的诗意 90
- 二、"立体的画"——明清文人园林的画境 107

明清社会艺术思潮对文人园林的影响 129

- 一、明清文人思想基调对园林的影响 130

二、明清文人艺术思潮对园林的影响...............................141
三、明清文人生活样态对园林的影响...............................151
四、明清时期异质文化对中国古典园林的影响.......................161

少许胜多许——明清文人园林审美...............................173

一、明清之前的文人园林审美.....................................174
二、"少许胜多许"——明清文人园林审美..........................181

明清皇家园林审美...235

一、明清时期皇家园林的成就.....................................236
二、明清皇家园林审美...261

参考资料...276

后记...286

前言

中国古典园林是中国传统文化的重要组成部分,以其独特的风格声名远播、影响广泛而深刻。中国古典园林的创作,秉承"天人合一"的理念,遵循"虽由人造,宛自天开"的艺术宗旨,精炼而典型地再现自然界山水风景之美,活泼而巧妙的布局,精湛而高超的技艺,山明水秀的风景,诗情画意的境界,让"鸢飞戾天者游园息心,经纶世务者窥景忘返"。

一 明清文人园林——园林审美艺术的构建

明清时期是中国古典文化发展达到巅峰的时期,特别是从明代后期到清乾隆时期也正是中国古典园林艺术的发展达到了造园艺术的巅峰,是中国古典园林集大成、园林艺术大发展的时期,皇家园林、私家园林在这一时期得到突飞猛进的发展。

中国文人园林与皇家园林虽同属于自然山水园林体系,但两者在园林建造的理念上、艺术的处理上存在着不同。皇室的风格中,有重要的政治面向,皇家园林反映的是天朝威仪、四海统一、皇权巩固的主旨。而文人园林是带有文人情趣、流露着文人思想的园林,将文人的审美意趣表现在园林中,具有耐人寻味的思想体系和诗画般的艺术风格,是中国传统文化艺术精华之体现。

虽然我们在讨论文人园林的起源时,可以上溯到魏晋时期,而直至明代中后期开始文人园林才呈现出蓬勃发展之势。明代中期阳明心学兴起,以内心世界的反省来代替对社会的关心。与此同时,资本主义因素的成长和相应的市民文化的勃兴，知识界出现一股人本主义的浪漫思潮：以享乐代替克己，以感性冲动突破理性的思想结构，在放荡形骸的厌世背后潜存着对尘世的眷恋和一种朦胧的自我实现的追求。文人们的生活方式也产生了极大的变化，带有一定享乐主义成分的世俗文化比前代更为强烈。反映在园林艺术上，远离城市的"灌园粥蔬"、"采菊东篱"的田园生活已不是文人所向往的场景，而是在城市园林中文人们找到了闲赏生活的依托，从而促进了"城市园林"的发展，也促成了明清园林的文人风格的深化，把园林的发展推向了更高的艺术境界。

文人园林是明清时期从美学角度真正出现了园林艺术，陶渊明的南山、王维的辋川在人们眼中充满了诗画意境，其实不过是自然山水的裁剪，司马光的独乐园，甚至明代王献臣的早期拙政园，延续着传统的园圃结合的模式，"灌园粥蔬，以供朝夕之膳；牧羊酤酪，以俟伏腊之费。"园林仍然还担负着部分家庭开支的需求，并不是纯粹的审美的园林。至明代晚期的文人园林才脱离了经济园、山林园的形式而独立存在于美学范畴之内，现在学者总结的园林要素：叠山、理水、建筑、花木等也是从明代晚期开始大量出现在园林中。园林成为文人们生活中的艺术品、奢侈品，重视园林创作技巧，突出园林之美。

文人园林"到南宋时大体上已完成其向写意的转化"，而诗情画意的真正实施则是从明代晚期开始的，明代晚期的文人、艺术家、鉴赏家们参与园林的规划、建造、品评，加强了文人意趣在园林艺术的应用，是文人园林审美意向的定型时期。在空间的处理上，创建小中见大、以少胜多、迂回曲折、引人入胜、步移景异、巧于因借、主次相成、对比变化等手法，达到"源于自然、高于自然"的艺术效果；在意境的追求上，运用移天缩地、提炼概括、象征比兴等造园手段，借助诗情画意、风雨晴晦的感受，形成"一拳代山，一勺代水"的写意造园手法，使人联想"象外之象"、"景外之景"。

二　明清文人园林——明清文人艺术精神的体现

艺术是离不开精神性而存在的，各种艺术门类都通过不同的途径和方式指向心灵。他们通过各自的艺术手法参与着艺术的精神性的审美建构，在不同程度上渗透着审美主体的心灵因素。可以这样说，在艺术作品中，物质不是离开精神性的抽象存在，而是精神性的具象反映。

　　古典园林的功能内容也可分为物质和精神两个方面，物质的方面是指园林的实用内容，即保证园居活动的物质需求，它虽是必要的，但却不是园林属性最核心的东西；而精神方面是指园林的思想内容，即统一园林景象的主题思想，它蕴含于园林景象当中，是园林的核心内容。英国哲学家培根曾指出："文明人类，先建美宅，营园较迟，因为园林艺术比建筑更高一筹。"园林艺术不同程度地渗透着审美主体的精神性。"中国文化是唯一把庭园作为生活的一部分的文化，唯一把庭园作为培育人文情操、表现美学价值、含蕴宇宙观人生观的文化，也就是中国文化延续四千多年于不坠的基本精神，完全在庭园上表露无遗。"明清时期文人建造园林，他们的思想、文学、艺术素养必定反映到园林的设计和缔造中来，文人于此间寄托其理想，表现其智慧，它无疑是一种精神文化的结晶。所以，作为一种文化现象，明清的文人园林显示了文人阶层的文化、艺术特征。

　　将近代画家陈衡恪先生的文人画定义引入文人园林领域，文人园林，即园林中带有文人之性质，含有文人之趣味，不在园林中考究技术上之工夫，必须于园林中看出许多文人之感想，以有限的叠山、理水、建筑、花木传达出文人的艺术情操、文人的想象、情感，此之所谓文人园林。明清文人作为园林的所有者，将文人思想渗透到园林的各个方面，是文人思想表现得最为透彻的时期，形成中国园林史上最为典型的"文人园林"。

三　明清文人园林——文化传承与时代精神共同创造的艺术特征

　　"不管在复杂的还是简单的情形之下，总是环境，就是风俗习惯与时代精神，决定艺术品的种类。"明清文人园林艺术风格的因素也由这两大类构成，中国传统文化与时代的精神渗透到明清文人园林艺术中，从而产生了别具一格的文人园林。

　　其一是文化传统，研究某一历史时期园林艺术取得的成果和主要特征，影响该时期造园家的艺术思想，当然要分析产生这些艺术和思想的社会和文化背景。中国文化的传承性对明清园林的内容形成起到极其重要的作用，园林空间的产生，必由其文化背景而来，在文化的大传统下，由思想而有活动，由活动要求而产生空间，人文社会的影响虽属无形，却是基本的因素。因此，本书先从传统文化的影响入手，通过对文人的传统文化基奠、传统文学艺术的意趣入手，分析明清自然风景式文人园林所形成的艺术理论和艺术风格的历史根源、发展脉络、文化内涵。

其二是时代影响，它对明清文人园林自身特点的形成具有决定性作用。园林艺术受到同时代的思想、文化、艺术特质的影响，是时代精神的产物，它反映着创造它的那个时代精神观念。从明清文人园林的构成的时代背景即明清文人所处的时代环境、人文环境入手，通过对明清文人的政治地位、经济状况、文化基调、文艺思潮及生活状况等方面全面深入的剖析，梳理出明清文人的艺术审美裁判的形成，在此基础上，全面、系统、深入地研究明清文人的审美对明清文人园林的艺术理论体系、艺术创作实践、艺术风格特征的形成之间相互融会贯通的关系，从而准确地把握作为封建时期最后阶段的明清时期的文人园林的艺术特点和时代风貌。

时间纵轴上的文化积淀和空间横轴的文化辐射，产生此时此地之园林艺术。本书以明清文人园林和相关文献为主要研究对象，以历史学、美学和文化学及其他相关理论为指导，在充分运用史料的基础上考察现存实物、借鉴学术界现有成果，采用动态的研究方法作出对明清文人园林美学的判断。不仅限于园林文献之中，还在更大的范围内采集资料，从社会的变迁、政治、经济的变化中发掘出影响文人园林的因素。以明清的园林理论书籍为研究的重点，遍览明清文人的园记作品，从中了解当时文人的园林建造、园林审美和园林生活等情况。

在充分掌握这些珍贵资料的同时，进行实地考察。明清时期的文人园林主要遗存集中在苏州地区，考察以苏州为主的明清园林遗存，与明清文人精神相往返，感受明清文人的园林情怀，感知明清文人的园林审美。同时大量地借鉴现有学术界的研究成果，汲取前人之精华，取长补短，在前人研究的基础上，开辟一条新的研究道路。

本书力图对文人传统、时代文化基调、文艺思潮的形成分析对明清文人园林风格的形成、定型所产生的影响，确定中国文化精英——文人思想在艺术史中的园林艺术中的作用，重新审视明清文人的艺术地位。

明清文人园林的发展概况

[图1] 隋·展子虔《游春图》卷
〔故宫博物院藏〕

一、明清时期文人造园实践的普遍

〔一〕 中国古代文人园林的发展简述

中国园林有着悠久的历史，对中国园林的追溯，可以循及那邈远的年代，《诗经》中记载周文王修建灵台的情景："经始灵台，经之营之。庶民攻之，不日成之。经始勿亟，庶民子来。王在灵囿，麀鹿攸伏。麀鹿濯濯，白鸟翯翯。王在灵沼，于牣鱼跃。虡业维枞，贲鼓维镛。于论鼓钟，于乐辟廱。于论鼓钟，于乐辟廱。鼉鼓逢逢，矇瞍奏公。"[1] 灵台、灵囿、灵池等就是皇家园

---

[1] 《诗经·大雅·灵台》

林的起源。①

　　文人园林的兴起则要晚得多，魏晋以后，士人阶层在社会生活的各个领域占有越来越重要的地位；同时，魏晋南北朝长期社会动荡，士大夫避祸全身，寄情山水、雅好自然，以士大夫为主体的山水审美得到空前的发展。〔图1〕自然山水之美终于成为人自觉的审美对象，他们不满足于一时的游山玩水，追求身在庙堂而又能长期地享用、占有大自然的山林野趣。于是，官僚士大夫

---

① 关于园林的起源，学术界有异议：周维权认为，囿、台、园圃是中国古典园林的三个源头。〔周维权：《中国古典园林史》，第28页，北京：清华大学出版社，1999年。〕汪菊渊则认为，把"台"看作中国园林的开端是不合适的。〔汪菊渊：《中国古代园林史纲要》，北京：北京林学院园林系，1980年。〕陈从周认为，古代的囿与园以及《汉制考》中所称的苑是园林的起源。〔陈从周编：《苏州园林》，上海：同济大学出版社，1956年。〕

纷纷造园，门阀世族的名流、文人也非常重视园居生活，私家园林便应运而兴盛起来。魏晋名士孙绰，不仅"游山放水，十有余年"，而且还"经始东山，建五亩之宅，带长阜，倚茂林"[1]，修建了简朴、素淡、富有天然野趣的家居园林；刘勔造园以为栖息之地，园中"聚石蓄水，仿佛丘中，朝士爱素者，多往游之"[2]；刘慧斐"起家安成王法曹行参军。尝还都，途经浔阳，游于匡山，过处士张孝秀，相得甚欢，遂有终焉之志。因不仕，居于东林寺。又于山北构园一所，号曰离垢园。"[3]东晋时纪瞻在乌衣巷建宅园，"馆宇崇丽，园池竹木，有足玩赏焉"[4]。谢安"于土山营墅，楼观林竹甚盛"[5]。吴郡顾辟疆的园林，则因王献之的遨游而闻名于世。北魏王朝统一中原，聚居之第，竞修第宅园林，夸耀以竞富。《洛阳伽蓝记》所记北魏都城洛阳贵族官僚园林甚多，突出的有司农张伦园、清河王元怿园，侍中张钊园、河间王元琛园等。南朝士人则偏安一隅，醉心山水，园墅亦盛，如名士戴颙"聚石引水，植林开涧，少时繁密，有若自然"[6]。魏晋动荡的社会和文人的山水情结促使了文人园林的萌芽。

隋、唐时期复归统一，特别是唐王朝的建立开创了帝国历史上的一个意气风发、勇于开拓、充满活力的全盛时代。士大夫们肩负着国家的重任，同时也有"独善其身"的要求，身居市井也能闹处寻幽，在宅旁葺园地，各地私家园林的兴建日趋频繁，尤以长安、洛阳两地为盛。长安近郊置别业，蔚为风气，贵族、官僚在东都筑园者亦多，据宋李格非《题洛阳名园记后》所述，唐贞观、开元间，公卿贵戚在洛阳开馆列第的共千余家，其间布列池塘竹树，高亭大榭，园林盛极一时。

唐代，不少文人亲自参与营造自己的私园，促进了唐代"文人园林"的发展。柳宗元在永州亲自指导、参与风景区的建立。王维在蓝田利用辋川自

---

[1]（晋）孙绰：《遂初赋》，见严可均校辑：《全上古三代秦汉三国六朝文·全晋文》卷六十一，第1807页，北京：中华书局，1958年。

[2]《宋书》卷八十六，列传第四十六，"刘勔"，第2195-2196页，北京：中华书局，1974年。

[3]《梁书》卷五十一，列传第四十五，"刘慧斐"，第746页，北京：中华书局，1973年。

[4]《晋书》卷六十八，列传第三十八，"纪瞻"，第1824页，北京：中华书局，1974年。

[5]《晋书》卷七十九，列传第四十九，"谢安"，第2075页，北京：中华书局，1974年。

[6]《宋书》卷七十三，列传第五十三，"戴颙"，第2277页，北京：中华书局，1974年。

然山水经营辋川别业。白居易曾先后主持营建自己的四处私园。牛僧儒的归仁里宅园，李德裕的平泉庄别墅园，还有韩愈、裴度、元稹等建造的宅园。他们凭借对自然风景的深刻理解和对自然美的高度鉴赏能力来进行园林的经营，同时也把他们对人生哲理的体验、宦海浮沉的感怀融注于造园艺术之中。在这种社会风尚影响之下，文人官僚的士流园林所具有的清新雅致格调，得以更进一步地提高、升华，更附着上一层文人的色彩。

宋代的文化在历史上占有重要的地位，儒学转化成新儒学——理学，文学、绘画方面的突出成就，建筑技术的发展〔出版了《营造法式》〕，以及统治阶级的追求享乐，使造园风气更盛。宋代重文轻武，文人的社会地位比以往任何时代都高。宋代的士大夫认为，"夫穷天下之物，无不得其欲者，富贵者之乐也。至于荫长松，籍丰草，听山溜之潺湲，饮石泉之滴沥，此山林者之乐也。……彼富贵者之能致物矣，而其不可兼者，惟山林之乐尔。"[1]士人们想尽办法获得林泉之致，山水画只能实现视觉的享受，而营造园林则是获得实在的审美享受，这刺激了文人士大夫的造园兴趣，他们有的参与园林的规划设计，有的著文描述名园从而发展了"园记"这种文学体裁，文人士大夫的造园活动使士流园林得以更进一步文人化，出现"文人园林"兴盛的局面。

"在中国园林的发展史上，宋代是一个颇为重要的历史时期，是园林艺术走向成熟阶段的第一步，而成熟的最显著标志就是园林艺术的普及。"[2]士大夫居家园林化也成为普遍风尚，甚至连办公的衙署也乐于园林化，此于宋人文集中可见一斑："初，君之治此堂，得公之余钱，以易其旧腐坏断，既完以固，不窘寒暑，辟而即之，则旧囿之胜，凉台清池，游息之亭，微步之径，皆在其前，平畦浅槛，佳花美木，竹林香草之植，皆在其左右。"[3]北宋首都汴梁和西京洛阳，园林最为兴盛，"都城左近，皆是园圃，百里之内，并无闲地"[4]，园林总数不下一二百处，较为著名的就有王诜西园，司马光独乐

---

[1]（北宋）欧阳修：《浮槎山水记》。

[2] 贾鸿雁：《宋词园林意境美探微》，载《东南大学学报》〔社会科学版〕，2006年，第1期，第76-79页。

[3]（北宋）曾巩：《思政堂记》。

[4]（宋）孟元老撰，邓之诚注：《东京梦华录》卷六，第176页，北京：中华书局，1982年。

[图2] 宋人画《梧桐庭院图》页
〔故宫博物院藏〕

园等。洛阳有"名公卿园林，为天下第一"的说法，宋代的洛阳不但都城里的王侯宅第园林极多，而且"礼下庶人"，文人、商贾的宅园以及公共园林、寺观祠堂园林等也大量涌现，甚至形成园林之城。宋人李格非的《洛阳名园记》中重要的私家园林就有18处。此外，苏舜钦沧浪亭、朱长文乐圃、米芾研山园、沈括梦溪园、洪适的盘州园等，也是北宋著名的园林。南宋，偏安江左的文人们，凭借着江南得天独厚的自然资源，大肆建造园林。〔图2〕临安，擅湖山之美，园林遍布城内外，西湖沿岸大小园林、水阁、凉亭不计其数。吴兴"山水清远，升平日，士大夫多居之，其俊秀安僖王府第在焉，尤为盛观。麓中二溪横贯，此天下之所无，故好事者多园池之胜"[1]，园林之盛亦不减都城。

文人园萌芽于魏晋南北朝，兴起于唐代，到宋代，它已成为私家造园活动中的一股巨大潮流，占有主导地位，为明清时期文人园林的繁荣奠定基础。

〔二〕 明清文人园林的发展概况

明清时期，文人园林作为两宋的承传而继续发展，达到了极盛之局面。

明代初期，集权专制加强，厉行礼法统治，用严刑峻法压制一切礼制异端，朱元璋曾规定百官地宅"不许于宅前后左右多占地，构亭馆，开池塘，以资游眺"[2]严明的禁令，限制了私家园林的发展。明代中叶开始，禁令松弛，经济发展，奢靡之风渐盛，各地第宅逾制，造园之风兴起。

明代后期随着城市的发展，商业经济的繁荣，人口相对集中，人对自然改造的范围就愈大，人化自然的程度也愈高，自然山水地貌地域就日益缩小，人离开大自然也就愈远。园林的兴起与发展，反映人们在远离自然的城市生活中，对自然的怀恋与向往，是心理上的一种补充和精神上的需要和追求。城市化程度愈高，人们对自然的向往和怀恋之情也就愈强烈。正是因为车马喧闹人事纷纭的生活为人所常厌，而林泉之志，烟霞之侣，已耳目断绝。处身宦海闹市的官僚士大夫们，很少再有机会去遨游名山大川，像谢灵运一样攀岩涉壑，如陶渊明似的乘舆游山；只能寄情笔墨以卧游，或于闹处寻幽，在园林中寻求云水相忘之乐。同时，作为人的物质生活组成部分的园林，需要有一定的经济和物质技术条件，商业经济的发展，又为园林建造提供了物质条件。

经济的发展，手工业分工越来越细，园林的发展，促成园林艺术达到高峰境地并逐渐成为一种造园模式。此时的文人园林更多地转向于造园技巧的琢磨，园林设计日趋专业化，技艺更为成熟。同时对造园匠师，特别是素养

---

[1] （宋）周密：《吴兴园林记》，见《古今图书集成》，第 366 页，中华书局，1996 年。
[2] 《明史·舆服志》，见《明史》，卷六十八，志第四十四，舆服四，第 1671 页，北京：中华书局，1975 年。

较深、技艺高超的造园匠师的需求上升，一大批掌握造园技巧、有文化素养的造园工匠便应运而涌现出来了。明清时期造园叠山艺术家，人才辈出，明代有陆叠山、许晋安、陆清音、周秉忠、周廷策、张南阳、顾山师、曹谅、高倪、计成、文震亨、陆俊卿、陈似云等，清代"国初以张南垣为最。康熙中则有石涛和尚，其后则仇好石、董道士、王天于、张国泰皆为妙手。近时有戈裕良"。[1] 还有张然、张熊、张鈜、李渔、王君海、王石谷、龚均谷、龚璜玉、朱维胜、长淑等人，载籍失传，事迹不彰。被埋没了的造园叠山艺术家，更是不知其凡几。他们为明清文人造园艺术的繁荣提供了人力技术条件。

随着明清政治、经济、文化中心的转移，文人的造园活动从以往的长安、洛阳转移到江南、北京一些经济文化发达的地区，主要集中在北京、苏杭、扬州等地。

北京为明、清京都之地，皇族贵戚聚居，官僚文人荟萃，形成强大的社会势力和文化圈。私家造园活动亦相应地以官僚、贵戚、文人的园林为主流。明代北京私家园林散布内城和外城及西北郊各处，《帝京景物略》、《长安客话》等书中记载的园林约达八十余处。园林的内容，有的保持着文人园林的传统特色，更多地则是著以显宦、贵族的华丽色彩。

北京城内什刹海风景优美，水域辽阔，沿岸在明代一直是名园密集的地方，"水一道入关，而方广即三四里。其深矣，鱼之；其浅矣，莲之，菱芡之，即不莲且菱也，水则自蒲苇之，水之才也。北水多卤，而关以入者甘，水鸟盛集焉。沿水而刹者，墅者，亭者，因水也，水亦因之。梵各钟磬，亭墅各声歌，而致乃在遥见遥闻，隔水相赏。……东望之，方园也，宜夕。西望之，漫园、湜园、杨园、王园也"。[2] 沿海诸园密布〔图3〕，定国公园位于什刹海西岸，英国公新园坐落于什刹海中部之银锭桥畔，紧邻海潮观音庵，孝廉刘百世别业、刘茂才园、米万钟的"漫园"犹如颗颗明珠散落在什刹海的沿岸，在什刹海一带形成园林区，同时借收什刹海之景。北京的西北郊，山清水秀，湖泊罗布，风景优美，宛如江南。招来了贵戚官僚纷纷来此占地造园，以致此处"大抵皆别业、僧寺，低昂疏簇，绿树渐远，青青漠漠，间以

---

[1]（清）钱泳：《履园丛话》卷十二"艺能"，北京：中华书局，1997年。

[2]（明）刘侗、于奕正：《帝京景物略》，第19页，北京：北京古籍出版社，1983年。

[图3] 北京什刹海

水田,界界如云脚下空"①。

清代,在明代造园基础上吸取江南造园技艺,并结合北方的自然条件和人文条件,造园风格趋于成熟。同时,皇家园林建设频繁,至乾隆时达到高潮,从而形成集设计、施工、管理的一套严密体系和熟练的技术队伍,对民间的园林建设产生一定的促进作用。因此,北京城内宅园之多又远过明代。一些比较有名气的园林都是当时的著名文人所有,如纪晓岚的阅微草堂、贾胶侯的半亩园、王熙的怡园、冯溥的万柳堂、吴梅村园、王渔洋园、朱竹坨园、吴三桂府园、祖大寿府园、汪由敦园、孙承泽园等。

江南地区山川秀丽,河道纵横,水网密布,气候温和湿润,为园林建造提供了优越的自然环境,从南宋开始在这里就兴起园林建造之风。江南地区文人辈出,文风之盛居于全国之首,他们醉心于江南的旖旎风光和文人优游山池园林之雅兴、陶冶宁静清寂之情怀,建造园林,以追求雅逸和书卷气来满足园主人企图摆脱礼教束缚、获得返璞归真的愿望,这为文人园林的兴起提供了精神背景。明清两代,江南经济发达冠于全国,商业繁荣为园林的兴

---

① (明)刘侗、于奕正:《帝京景物略》,第196页,北京:北京古籍出版社,1983年。

起提供了雄厚的经济基础。江南地区出产太湖石及山石，叠山材料丰富，水源便利，建筑技术素有修养，家具装修具有深厚的工艺传统，为造园提供了物质基础。

江南地区凭借着优越的地理环境、人文气氛和雄厚的经济条件，造园活动蔚为兴盛，苏州、杭州、扬州、南京等地文人园林尤为密集。当时评价苏、杭、扬三地，认为"杭州以湖山胜，苏州以市肆胜，扬州以名园胜"。

苏州是明清江南商贾云集之地，明王锜记录了成化以后苏州经济之繁盛景象："闾阎辐辏，绰楔林丛，城隅濠股，亭馆布列，略无隙地。舆马丛盖，壶觞槃盒，交迭于通衢永巷中，光采耀目，游山之舫，载妓之舟，鱼贯于绿波朱阁之间，丝竹讴歌与市声相杂。"[1]苏州城内河道纵横，湖泊罗布，随处可得泉引水，兼以土地肥沃，花卉树木易于繁滋。附近的洞庭西山是著名的太湖石产地，尧峰山出产上品的黄石，叠石取材方便。经济的繁荣，优越的地理条件，为苏州地区造园业的昌盛提供了条件。苏州地区文风尤盛，人文荟萃，崇尚"颜、谢、徐、庾之风"，读书习文为苏州地区的社会风尚，书院林立，科举得中者居全国之首。而文人们受商业文化的浸染，已经不再像古代隐士那样隐居山林、田园，而是依附于城市，流连于市井，辗转城镇，交游唱和，萧歌玉宴，以"得从文酒之乐"为幸事，将"治园亭，杂莳花木"作为高雅的文化活动。苏州园林属文人士大夫修造者居多，基本上保持着正统的士流园林格调，且绝大部分是建在繁华的市内的"城市园林"。

北宋时苏州就建有著名园林，沧浪亭始建于北宋，狮子林〔图4〕始于元代，到明代"吴中富家竞以湖石筑峙奇峰阴洞——虽闾阎下户，亦饰小小盆岛为玩"。[2]袁宏道《园亭纪略》中论及当时苏州的名园的情况时说道："近日城中，唯葑门内徐参议园最盛，画壁攒青，飞流界练，水行石中，人穿洞底，巧逾声称，幻若鬼工，千溪万壑，游者几迷出入，殆与王元美小祇园争胜。祇园轩豁爽岂，一花一石，俱有林下风味，徐园微伤巧丽耳。王文恪园在阊胥两门之间，旁枕夏驾壶，水石亦美，稍有倾圮处，葺之则佳。徐囧卿园在阊门外下塘，宏丽轩据，前楼后亭，皆可醉客。石屏为周生时臣所堆，

---

[1]（明）王锜：《寓圃杂记》第五卷，见《元明史料笔记丛·寓圃杂记、谷山笔尘》第42页，中华书局，1997年。

[2]（明）黄勉之：《吴风录》，见《丛书集成新编》，第九十一册，第209页，台北：新文丰出版公司，1986年。

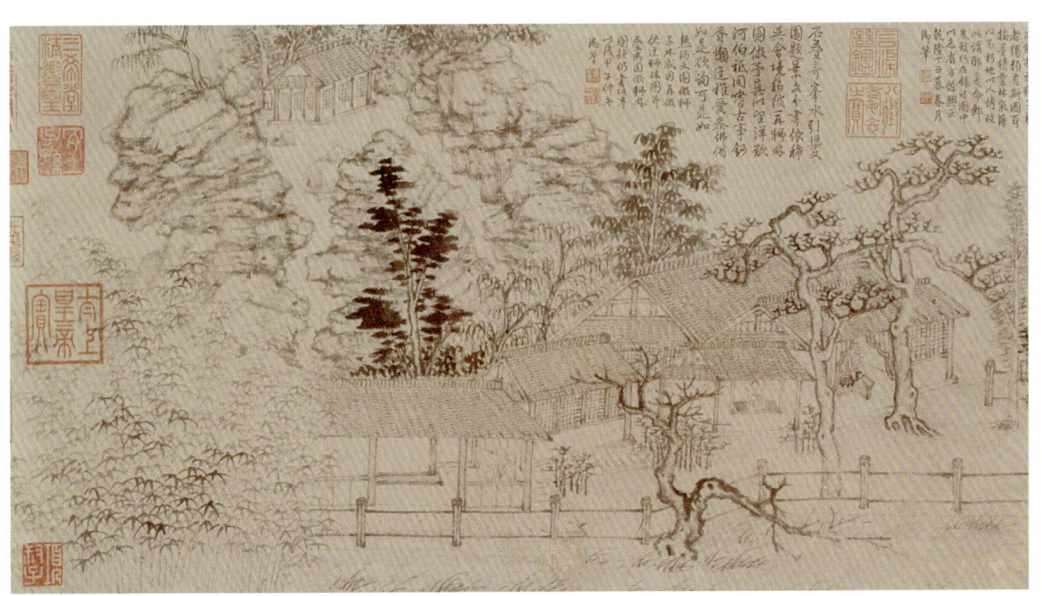

[图4] 元·倪瓒《狮子林》卷
〔故宫博物院藏〕

高三丈，阔可二十丈，玲珑峭削，如一幅山水横披画，了无断续痕迹，真妙手也。堂侧有土垄甚高，多古木，垄上太湖石一座，名瑞云峰，高三丈余，妍巧甲于江南。相传朱勔所造，才移舟中，石盘忽沉湖底，觅之不得，遂未果行。后为乌程董氏购去，载之中流，船亦覆没，董氏乃破赀募善没者取之，须臾忽得其畔，石亦浮水二处，今遂为徐氏有。范长白又为余烟，此石每夜有光烛空，然则石亦神物矣哉！"[1] 始建于明正德初年王献臣的"拙政园在齐门内，……乔木茂林，澄川翠干，周回里许，方诸名园，为最古矣。""蝉噪林愈静，鸟鸣山更幽"堪称苏州明代园林之上乘者〔图5〕。还有艺圃、五峰园、西园、芳草园、洽隐园等均创建于明代后期。园主人多是官僚而兼擅诗文绘画的，或者延聘文人画家主持造园事宜，因而它们沿袭着文人园林一脉相传的风格。

清代苏州构有第宅园林一百三十余处。大小官僚、文人雅士，争相造园，形成风尚。影响所及城市居民、乡村百姓，也在房前屋后，开辟庭园，凿石叠山，培植花木。加上郊野的湖光山色，使苏州成为著名的园林城市。清人沈朝初在《忆江南·春游名胜词》中写道："苏州好，城里半园亭。几片太湖堆崪嵂，一篙新涨接沙汀，山水自清灵。"[2] 以生动的语言概括了苏州的山水风物之美和宅府园林之盛。

扬州位于长江与大运河的交汇处，物产丰富，舟车交驰。自永乐年间重开漕运，修整大运河，扬州便成为南北水陆交通的枢纽和江南最大的商业中心。商贾云集，城市经济空前繁荣，金粉楼台，人烟凑集。清初，纲盐法施行后，扬州成为两淮食盐的集散地，大盐商生活奢侈，挥金如土。"商者辄饰宫室，蓄姬滕，盛仆御，饮食佩服与王者埒"。"衣服屋宇穷极华靡，饮食器具备求工巧，徘优妓乐恒舞酣歌，宴会嬉游殆无虚日，金钱珠贝视为泥沙。"[3] 商人们不惜巨资竞相修造邸宅、园林，故时人著《望江南百调》有句云："扬州好，侨寓半官场；购买园亭宾亦主，经营盐典仕而商，富贵不归乡。"商

---

[1]（明）袁宏道：《园亭记略》，见《袁宏道集笺校》，卷四，《锦帆集之二——游记、杂著》，第180页，上海：上海古籍出版社，1981年。

[2]（清）沈朝初：《春游名胜词·忆江南》。

[3]（明）张宁、陆君弼编纂：《江都县志》，济南：齐鲁书社，1996年。

[图5] 明·文徵明《拙政园诗画册》

人们又多儒商合一、附庸风雅，参与文化活动，扬州也是江南的主要文化城市，聚集了一大批文人、艺术家。"扬州画派"便是以扬州作为他们艺术活动的基地。加上扬州的建筑技艺当属第一："造屋之工，当以扬州为第一，如作文之有变换，无雷同，虽数间小筑，必使门窗轩豁、曲折得宜，此苏、杭工匠断断不能也。"[1]这些都为清初扬州私家造园之兴盛提供了优越的条件。在这种情况下，私家园林之盛极一时，扬州园林到乾隆年间达到鼎盛。

扬州城内宅园密布，庭院的花木点缀几乎家家都有，乃至茶楼、酒肆、妓院、浴池，亦都植花种竹、引水叠山。形成"增假山而作陇，家家住青翠

---

[1]（清）钱泳：《履园丛话》卷十二"艺能"，第326页，北京：中华书局，1997年。

[图6] 扬州瘦西湖

城闉。开止水以为渠，处处是烟波楼阁"[1]的景象。乾隆帝南巡扬州，园林、别墅更为兴盛，鳞次栉比，罗列湖池两岸，"两岸花柳全依水，一路楼台直到山"。园林一座紧邻一座，它们之间几无尺寸隙地，围绕着瘦西湖〔图6〕形成带状园林群。这些各具特色的园林沿湖的两岸连续展开，构成一幅犹如长卷的画面，并利用河道的转折和岛、桥的布置而创为长卷画面上的起、承、开、合的韵律。"计自北门直抵平山，两岸数十里楼台相接，无一处重复。其尤妙者在虹桥造西一转，小金山矗其南，五亭桥锁其中，而白塔一区雄伟古朴。往往夕阳返照，箫鼓灯船，如入汉宫图画。"[2]

随着盐商的衰败，扬州园林如昙花一现，洋洋十里图画的新闻苑，"几成瓦砾场，非复旧时光景矣"[3]。嘉庆时郊外的湖上园林已逐渐趋于衰落，道光年间终于一蹶不振，私家园林的中心逐渐转移。

明清时期的南京，文人园林有长足的发展，仅王世贞《游金陵诸园记》所载，明末寓居于此的士大夫营建的第宅园林就达三十六处之多。清代李渔

[1] （清）李斗：《扬州画舫录·谢溶生序》，第7页，中华书局，2001年。
[2] （清）欧阳兆熊、金安清著，谢兴尧点校：《水窗春呓·维扬胜地》，第72页，北京：中华书局，1997年。
[3] （清）钱泳：《履园丛话》卷二十"园林"，第533页，北京：中华书局，1997年。

芥子园、周氏春水园、仇氏仓园、李氏继园、唐氏琴隐园和袁枚的随园均建于此。

杭州西湖山水，甲秀东南，也是明清时期文人园林的聚集地，园林主要以花园、书院、草亭、山房、别墅等形式建于西湖及其周围的青山之麓，著名者如延祥园、乔园、刘园、吴园等几十处园林分布在西湖周围。西湖园林园内池水贯通西湖，多以收摄西湖的借景取胜。

此外，上海、仪征、太仓、如皋、常熟、常州、松江、嘉兴、无锡、安徽等地，园林建置也很兴盛。

二、 明清时期文人造园理论的出现

〔一〕 明清文人园林文献综述

中国传统的儒家思想主张"道器分离"、"不尚技巧"，造园在古代被当作工巧技艺的"器"，《四书》、《五经》中，百工技艺被视为贱役末技而局限于匠师薪火相传，文人们尽管可以面对园林欣赏吟唱，描述铺陈，但却很少亲身参与造园，史书中所谓某人造某园，乃是出资营造，并不是自己设计园林，自然也不可能写出造园专著，对于造园的论述与主张，往往通过记载园林的诗文和游记表现出来。汉代司马相如的《上林赋》，南北朝庾信的《小园赋》、谢灵运的《山居赋》，唐代白居易的园林诗、柳宗元的园记以及宋代李格非的《洛阳名园记》、周密的《吴兴园林记》等著作都记载明清以前的一些园林情况，同时表述了作者对园林建造的看法，其中不乏非常有价值的内容，对后世的园林思想和园林审美起到继往开来的作用。

理论应是实践的总结，审美需要文化的素养，升华到美学高度更要有哲学的概括。明清时期，文人园林大发展，造园作为一种专业，成为社会的需要，它带动了一批有高层次文化的文人投身于具体的造园活动，掌握造园技术，在广泛实践的基础上积累大量创作和实践经验。文人士大夫们的参与，不仅使得园林居室的文化韵味得到极大提升，而且促使文人把这种体验诉诸笔端，并寄以深切的情意，使造园经验向系统化和理论性升华，总结出成熟的造园理论。此时，造园专著《园冶》问世，文震亨《长物志》、李渔《闲情偶记》中都有专章论述园林。它们是造园专著中的代表作，也是文人园林发展到明清时期的理论总结。研究明清的园林审美，还要把视野放宽一些，明清的文人别集、笔记、小说中都可以发现一些园林美学的资料。

明清文人笔记中，记载了大量园林设计、园林美学的内容，程羽文的《清闲供》，沈仕的《林下盟》，陈继儒的《岩栖幽事》《太平清话》，屠隆的《考槃余事》等均有论及园林的内容。张岱的《陶庵梦忆》《西湖寻梦》，钱泳的《履园丛话》，李斗的《扬州画舫录》中较为集中地记载了当时江南园林状况，其中不乏园林美学理论的论述。陈淏子《花镜》、袁宏道《瓶史》、林有麟的《素园石谱》等著作，则是专门研究花卉、山石的品质、摆设及审美，其中也涉及到与园林有关的论述。

明清文人留下了大量的园记、游记，其中包含关于造园的精辟论述。园记有个体园记和群体园记两个部分，个体园记，如文徵明《王氏拙政园记》、《玉女潭山居记》，顾大典《谐赏园记》，潘允端《豫园记》，陈所蕴《日涉园记》，张凤翼《乐志园记》，郑元勋《影园自记》，祁彪佳《寓山注》，叶燮《涉园记》，徐乾学《依绿园记》，潘耒《纵棹园记》等，还有杨慎、王世贞、袁中道、郑燮、袁枚等人的大量园记文章。群体园记有王世贞辑《古今名园墅编》，收集了古今园记将近一百篇。王世贞《游金陵诸园记》、《娄东园林志》，袁宏道《园亭纪略》，祁彪佳《越中园亭记》等记述了江南园林的状况。明人刘侗、于奕正编写《帝京景物略》，蒋一葵《长安客话》，清人孙承泽《春明梦余录》、吴长元《宸垣识略》、于敏中等编撰的《日下旧闻考》等则是记录北京的园林。这些园记，不论是写个体的还是写群体的，不论是游记式的还是笔记式的，往往有其史料价值或潜美学价值，是研究明清园林艺术和园林美学的重要资料。

小说虽是虚构的故事，但在一定程度上反映了当时的社会面貌。曹雪芹的《红楼梦》、沈复的《浮生六记》、蒲松林《聊斋志异》等小说中也包含有一些明清文人园林美学的内容。

明清编写的大型丛书中也有关于园林情况的记载，雍正年间成书的《古今图书集成》全面收录了我国从上古时代到明末清初的文献，其中《经济汇编·考工典》卷53-56为园囿部，记载历代皇家园林的情况。《经济汇编·考工典》卷117-123为园林部，是关于私家园林的记述，其中园林四卷，汇考二卷，记录古今园林；艺文三卷，辑古今文人关于园林的赋、记、诗等。在

《古今图书集成·经济汇编·考工典》中的堂、斋、轩、楼、阁、亭、台、池沼、山居部，以及《古今图书集成·方舆汇编·职方典》中也散落着一些园林的资料。

明清园林理论，尽管理论水平不高，资料也比较零散，但它们包含了明清时期文人对园林的零星见解，是研究明清文人园林，把握明清文人园林美学体系不可或缺的资料。

〔二〕 文人园林文献分析

1. 园林理论

〔1〕计成与《园冶》

计成，字无否，苏州吴江县人，生于明万历十年〔1582年〕，青少年时受到良好的教育，优游于经史子集之间，饱学诗文，博览群书，具有深厚的文学修养，时人阮大铖评其诗曰："有时理清咏，秋兰吐芳泽。静意萦心神，逸响越畴昔。"对计成诗作的清雅赞赏备至。他兼擅绘画，"少以绘名，……最喜关仝、荆浩笔意，每宗之。"[1]在编写《园冶》时，结合园景设计，"予历数年，存式百状"，"予亦恐浸失其源，聊绘式于后，为好事者公焉"，所绘图画达百幅。

计成四方游历，遍览名园，中年返回江南后定居镇江，镇江优美的山水和造园之风的盛行激起他造园的热情，开始造园生涯，"环润皆佳山水，润之好事者，取石巧者置竹木间为假山，予偶观之，为发一笑。或问曰：'何笑？'予曰：'世所闻有真斯有假，胡不假真山形，而假迎勾芒者之拳磊乎？'或曰：'君能之乎？'遂偶为成壁，睹观者俱称：'俨然佳山也！'遂播闻于远近。"[2]从此，便精研造园技艺。天启三年〔1623年〕为江西布政使吴又予在武进营造宅园"东第园"，这座园林"不第宜掇石而高，且宜搜土而下，令乔木参差山腰，蟠根嵌石，宛若画意；依水而上，构亭台错落池面，篆壑飞廊，想出意外"，随势造型，又借鉴画理，以致园成，"公〔吴又予〕喜曰：'从进

---

[1] (明)计成：《园冶·自序》，见张家骥：《园冶全释》，第154页，太原：山西古籍出版社，2002年。
[2] (明)计成：《园冶·自序》，见张家骥：《园冶全释》，第154页，太原：山西古籍出版社，2002年。

而出,计步四里,自得谓江南之胜,惟吾独收矣。'"①之后,又应汪士衡中书的邀请,为他在銮江之西营造寤园。"高岩曲水",亭台胜景,成为江北称绝的名园。1634年,计成在扬州为兵部主事郑元勋设计并改建影园,亲自指导施工。计成后半生遂以造园叠山为业,专门为人规划设计园林,足迹遍于镇江、常州、扬州、仪征、南京各地,成为当时名声卓著的造园艺术家。渊博的文学功底、深厚的艺术素养、精湛的园艺技术使计成在造园时,不同于一般工匠,善以诗画理论付诸造园实践,是一位具有浓厚文人素养的造园家和造园理论家,被后人称为"儒林匠氏"。

计成以自己的博学和艺术修养,留心造园之学,同时于造园实践之余,总结其丰富之经验,写成《园冶》一书,成书于明崇祯四年〔1631年〕,刊行于崇祯七年〔1634年〕,为中国历史上最重要的一部园林理论著作,也不失为一部优美的散文,博学多识,引经据典,表现出深厚的文史功底。

《园冶》是一部系统论述江南地区私家园林规划、设计、施工以及各种局部、细部处理的综合性的著作,明末著名的文人阮大诚、郑元勋为其作序。全书共分三卷,第一卷包括"兴造论"一篇、"园说"四篇,第二卷专论栏杆,第三卷分论门窗、墙垣、铺地、掇山、选石、借景。

"兴造论"泛论造园要旨,是全书的总纲。

"园说"共四篇,论述园林规划设计的具体内容及其细节。在篇首计成提出两个规划设计的原则:"景到随机",园林造景要适应于园址的地貌和地形特点;"虽由人作,宛自天开",这是中国古典园林的造园宗旨。

第一篇"相地",提出造园首先要选择合适的地段。计成把可供造园的地段分为六类:山林地、城市地、郊野地、村庄地、宅旁地、江湖地,并分别论述其特点。提出巧用自然地势因地制宜,因形制利,"相地合宜,构园得体"的造园方法,先研究地貌形势,然后根据地形特点,决定何处叠山,何处凿池,何处建亭榭,尽量利用原始地形,不烦人事之工。

第二篇"立基",即园林的总体布局。建造园林首先要确定主体建筑的位置,"凡园圃立基,定厅堂为主。先乎取景,妙在朝南"。提出厅堂、楼阁、门楼、书房、亭榭、廊房、假山六类建筑在园林的位置选择时应注意的事项及其

---

① (明)计成:《园冶·自序》,见张家骥:《园冶全释》,第154页,太原:山西古籍出版社,2002年。

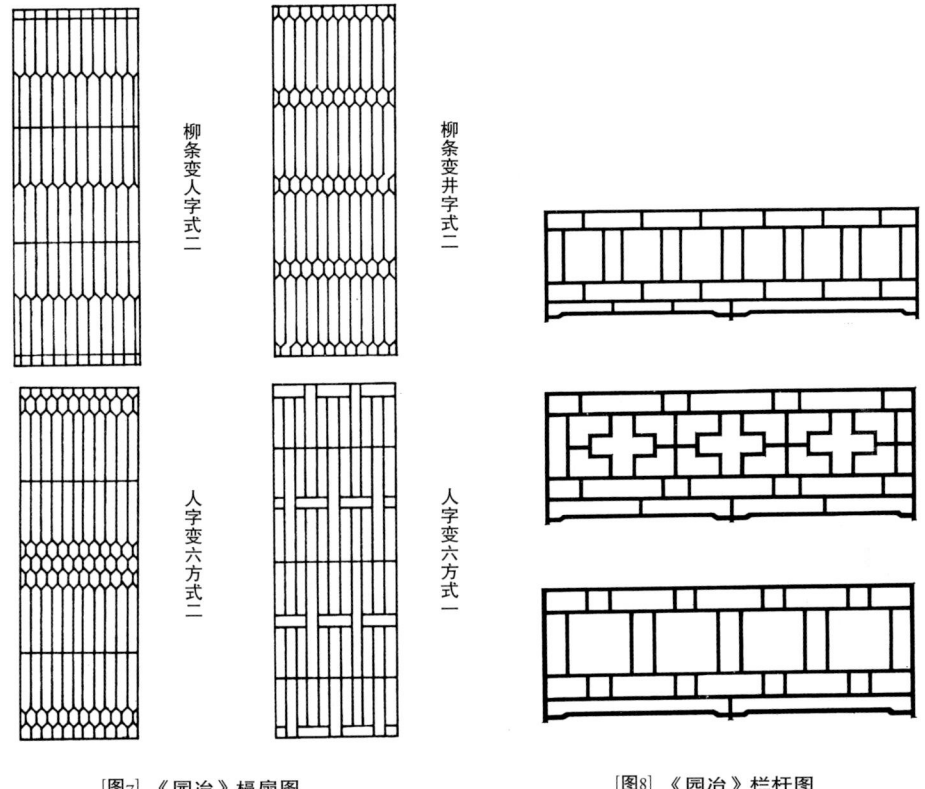

[图7] 《园冶》槅扇图　　　　[图8] 《园冶》栏杆图

相互关系。

第三篇"屋宇",即园林建筑。园林建筑不同于一般住宅建筑之有规制可循,他提出园林建筑要"按时景为精"的原则。列举园林建筑的几种常用的平面形式、梁架构造及施工放样方法,并有附图。

第四篇"装折",即装修。指出园林建筑的装修不同于一般住宅,要灵活处理,在于"曲折有条,端方非额;如端方中须寻曲折,到曲折处还定端方;相间得宜,错综为妙"。介绍了几种主要装修的做法:屏门、仰尘、槅扇〔图7〕、风窗,篇后附有图样。

第二卷"栏杆"。主张园林的栏杆应是信手画成,以简便为雅。他自己曾设计过百种栏杆纹样图案〔图8〕,选择了一部分附于篇后。

第三卷中的第一、二、三篇分别讲述门窗、墙垣、铺地的常见形式和做法,并附图样。第四篇"掇山"讲述叠山的施工程序、构图经营的手法和禁忌。第五篇"选石",指出选石要领,"石无山价,费只人工"。叠山可用的石料品种是很多的,只要堆叠时"小仿云林,大宗子久",则都能成为好的作品。第六篇"借景",计成非常重视园林借景,认为它是"林园之最要者"。运用远借、邻借、仰借、俯借、应时而借的借景方法扩大园林的视觉与心理空间。

《园冶》是中国第一部造园艺术理论著作,具有划时代的意义。在《园冶》问世时,时人即给予很高的评价:"斯千古未闻见也,何以云'牧'?斯乃君之开辟,改之曰'冶'可矣。"[1]郑元勋亦云:"今日之国能,即他日之规矩,安知不与《考工记》并为脍炙乎?"[2]后人对此书评价极高,"明季山人,如李卓吾、陈眉工、高深甫、屠纬真辈,装点山林,附庸风雅,其于疏泉立石,必有佳构。然文笔肤阔,语焉不详,况剽袭成风,转相标榜,故于文献,殆无足观。计氏目击此弊,一扫而空之,出其心得,以事实上之理论,作有系之图释,……以图样作全书之骨,且有条不紊,极不易得。……至其体例谨严,不滥征引,尤可贵尚。"[3]它不仅是系统地论述江南园林的一部专著,也是研究中国造园的经典著作。

①《园冶》从园林设计的总体到个体,从结构到装修,从景境的意匠到具体手法,涉及造园创作的各个方面,内容十分丰富,理论与实践相结合,技术与艺术相结合。作者既注重整体,又不忽略个体;既注重理论阐述,又有具体范例;既注重整体设计科学,又注意施工易行;既注重体制构架,又有细部装饰;既高屋建瓴,又细致入微。

②提出许多独到的见解。提出"虽由人作,宛自天开"的园林创作宗旨,认为园林设计应临泉亲凿,与自然为友,利用自然,使林园之美融于自然美。园林设计,参乎造化,迥出天机。

强调"巧于因借,精在体宜"的设计手法,"因者,随基势之高下,体形之端正,碍木删桠,泉流石注,互相借资,宜亭斯亭,宜榭斯榭,不妨偏径,顿置婉转,斯谓'精而合宜'者也"。〔《园冶》"自序"〕提出"相地合宜,构园得体"〔《园冶》"相地"〕的构建方式,"高阜可培,低方宜挖"〔《园冶》"立基"〕。游廊要"随形而弯,依势而曲;或蟠山腰,或穷水际,通花渡壑,蜿

---

[1] (明)计成:《园冶·自序》,见张家骥:《园冶全释》,第154页,太原:山西古籍出版社,2002年。
[2] (明)计成:《园冶·自序》,见张家骥:《园冶全释》,第144页,太原:山西古籍出版社,2002年。
[3] (明)计成著,陈植校释:《园冶注释》,北京:中国建筑工业出版社,1981年。

蜒无尽"〔《园冶》"屋宇"〕。因地制宜，巧妙设计，不仅弥补了环境的缺陷，更可意匠翻新，点石成金。强调了借景在园林设计中的重要性："夫借景，林园中之最要者也"，"构园无格，借景有因。……因借无由，触景俱是"。"园虽别内外，得景则无拘远近，晴峦耸秀，绀宇凌空；极目所至，俗则屏之，嘉则收之，不分町疃，尽为烟景，斯所谓'巧而得体'者也"〔《园冶》"兴造论"〕。通过借景，从小空间到大空间，使园林与自然山水沟通，丰富了美的感受，以便"嵌他人之胜，有一线相通，非为间绝，借景偏宜；若对邻氏之花，才几分消息，可以招呼，收春无尽"〔《园冶》"相地"〕。

《园冶》还提出一系列的园林设计的辩证方法，主次分明："〔园林建筑〕凡园圃立基，定厅堂为主。……择成馆舍，余构亭台，格式随宜，栽培得致"〔《园冶》"立基"〕。"〔叠石〕一块中竖而为主石，两条傍插而呼劈峰，独立端严，次相辅弼，势如排列，状若趋承"〔《园冶》"掇山"〕。曲直相间："〔园屋〕曲折有条，端方非额，如端方中须寻曲折，到曲折处还定端方，相间得宜，错综为妙"〔《园冶》"装折"〕。高低错落：要求园林建造"有高有凹，有曲有深，有峻而悬，有平而坦"〔《园冶》"山林地"〕，形成高低起伏的韵律。掇山艺术"有真为假，做假成真"等，都体现出造园艺术的辩证手法。

强调了园林设计者在园林建造中的重要作用，"世之兴造，专主鸠匠，独不闻三分匠七分主人之谚乎？非主人也，能主之人也"〔《园冶》"兴造论"〕。"第园筑之主，犹须什九，而用匠什一"〔《园冶》"兴造论"〕，充分肯定了设计师的作用，园林艺术之成败并不取决于一般工匠和园主人，而是取决于能够主持造园的园林设计家。

③《园冶》虽是一部园林学的著作，却集中体现了士大夫的审美观，表现出对清、远、幽、精、雅、野、虚、深的意境追求，营造诗情画意、情景交融的园林景观。"刹宇隐环窗，仿佛片图小李；岩峦堆劈石，参差半壁大痴。……移竹当窗，分梨为院；溶溶月色，瑟瑟风声；静扰一榻琴书，动涵半轮秋水。清气觉来几席，凡尘顿远襟怀"〔《园冶》"园说"〕。建造园林要融入山水画家的笔意和艺术风格，营造出富于画意的园景。还要将情融入园景中，要使"片山多致，寸石生情"，"触景生奇，含情多致"，产生无限的意境美，体现了中国园林设计的精华。《园冶》并未停留在对文学意境的体悟和欣赏上，而是运用具体的造园方法表现园林的意境，从文学作品升华为造园

理论著作。

《园冶》一书自刊出后，沉寂几百年，少有问津。至20世纪在日本受到推崇，后在中国受到重视。

作为文人，计成没有超越古代哲学和艺术理论的从整体重感性直觉的思维方式和特点，多从造园景境的精神感受出发，强调意境和情趣，加之计成注重写作的文学性，骈骊行文，讲究文句的排比，并大量运用典故，作为一部造园学论著，重感悟而不重名学。

〔2〕文震亨与《长物志》

文震亨，字启美，长洲〔苏州〕人，生于明万历十三年〔1585年〕，卒于清顺治二年〔1645年〕。文震亨出身书香世家，是明中期著名吴门四家之一文徵明的曾孙。启美生当明末"簪缨之族"，聪颖过人，受家学影响，自幼得以广读博览，诗文书画均能得其家传，"风姿韵秀，诗画咸有家风。"《明画录》称其画宗宋元诸家，格韵兼胜："〔文震亨〕工诗，画山水兼宗宋、元诸家，格韵兼胜。"[1]〔图9〕其人"长身玉立，善自标置，所至必窗明几净，扫地焚香"。天启间秋试不售，从此弃科举，或与丝竹相伴，或游山水间。"清言作达，选声伎、调丝竹，日游佳山水间"。"交游赠处，倾动一时"[2]，崇祯时以琴、书名达禁中，受武英殿中书舍人，协理校正书籍事务。

文震亨生活的年代正值明清易代、社会动荡之时，天启六年，吏部郎中周顺昌因得罪魏阉被捕，苏州百姓为之聚集鸣冤者数万人，文震亨为首，杨廷枢、王节等"前谒〔巡抚毛〕一鹭及巡按御史徐吉，请以民情上闻"。五义士"激于义而死"。毛一鹭上奏：文震亨、杨廷枢为事变之首，应予惩办。东阁大学士顾秉谦力主不牵连名人，震亨才得幸免。崇祯中，文震亨到京做中书舍人；越三年，因黄道周"以词臣建言，触上怒，穷治朋党"，受牵下狱。南明福王在南京登基，召震亨复职。震亨重又燃起入仕愿望，《福王登基实录》中表示："洗涤肺肠以事新主，扫除门户以修职业，"报国之心跃然纸上。终因阮党不能见容，辞官隐退。弘光二年〔1645年〕清兵攻陷南京，六

---

[1]（清）徐沁编：《明画录》，见卢辅圣主编：《中国书画全书》，第十册，第22页，上海：上海书画出版社，1992年。

[2]（明）顾苓：《塔影园集》"武英殿中书舍人致仕文公行状"，转引自张燕：《〈长物志〉的审美思想及其成因》，载《文艺研究》，1998年第6期，第137-140页。

[图9] 明·文震亨《写唐人诗意图》册
〔故宫博物院藏〕

月攻占苏州,震亨投河自杀,被家人救起,又绝食六日,呕血而亡,乾隆中被赐谥"节愍"[1]。

文震亨博学多才,对园林有比较系统的见解,他一生所建园林有四处:香草垞,位于苏州高师巷,"水木清华,房栊窈窕,阛阓中称名胜地";苏州西郊的碧浪园,园内有长廊湖岩,花竹苕药;南京水嬉堂;晚年在苏州东郊水边林下经营竹禽茅舍,未就而卒。另外还参与其兄文震孟药圃的设计营建。平生著述甚丰,与园林有关的有《长物志》、《王文怡公怡老园记》、《香草垞前后志》。《长物志》共十二卷,其中与造园有直接关系的为室庐、花木、水石、禽鱼四卷。可视为当时文人园林观的代表。

"室庐"卷中,把不同功能、性质的建筑以及门、阶、窗、栏杆、照壁等分别论述。首先论及园林的选址,认为"居山水间者为上,村居次之,郊

---

[1] (清)陈田:《明诗纪事》,转引自:张燕:《〈长物志〉的审美思想及其成因》,载《文艺研究》,1998年第6期,第137-140页。

居又次之"。如果选择在城市里面,则要"门庭雅洁,室庐清靓,亭台具旷士之怀,斋阁有幽人之致。又当种佳木怪箨,陈金石图书。令居之者忘老,寓之者忘归,游之者忘倦"。接着对各种建筑类型及装修提出具体要求。

"花木"卷分门别类地列举了园林中常用的观赏树木和花卉,详细描写它们的姿态、色彩、习性以及栽培方法。提出园林植物配置的若干见解:"草木不可繁杂,随处植之,取其四时不断,皆人图画"。"桃李不可植庭除,似宜远望","红梅绛桃,俱借以点缀林中,不宜多植","杏花差不耐久,开时多值风雨,仅可作片时玩","豆棚、菜圃,山家风味,固自不恶,然必辟隙地数顷,别为一区,若于庭除种植,便非韵事",等等。

"水石"卷讲述园林中常见的水体和石料,水、石是园林的骨架,"石令人古,水令人远。园林水石,最不可无"。提出叠山理水的原则:"要须回环峭拔,安插得宜。一峰则太华千寻,一勺则江湖万里。又须修竹、老木,怪藤、丑树,交覆角立;苍岩碧涧,奔泉汛流,如入深岩绝壑之中,乃为名区胜地。"园中的水池,则是"凿池自亩以及顷,愈广愈胜。最广者,中可置台栅之属,或长堤横隔,汀蒲、岸苇杂植其中,一望无际,乃称巨浸";池岸旁应"植垂柳,忌桃杏间种。中畜凫雁,须十数为群,方有生意。最广处可置水阁,必如图画中者佳"。

"禽鱼"卷中列举鸟、鱼种类,并对每一种的形态、颜色、习性、训练、饲养方法均有详细描述。特别指出造园应突出大自然生态的特点,使得禽鸟能够生活在宛若大自然界的环境里,悠然自得而无不适之感。

其余各卷也有涉及园林的片段议论,例如:园林中的建筑、家具、陈设三者实为一个完整的有机体,家具、陈设的款式、位置、朝向等都与园林造景有关系,所谓"画不对景,其言亦谬"。

《长物志》宏大而全,简约而丰,间架清楚,浅显晓畅,是造物艺术之作。陈从周评价其"范围极广,自园林兴建,旁及花草树木,鸟兽虫鱼,金石书画,服饰器皿,识别名物,通彻雅俗"。"以其家有名园,日涉成趣,微言托意,无不出自性灵,非耳食者所能知"[1]。是一部内容广泛、论述全面的园林理论著作。

---

[1] (明)文震亨著,陈植校注:《长物志校注·序》,南京:江苏科学技术出版社,1984年。

书中提倡"古朴""高雅"的园林审美标准。对不古的器物一概摒弃,斥之为"恶俗"、"最忌"、"不入品"、"具入恶道"、"断不可用"、"俗不可耐"。提倡"宁古无时,宁朴无巧,宁俭无俗"〔《长物志》室庐〕的文人审美标准。其次,园居生活要能体现高雅之趣味,"居城市有儒者之风,入山林有隐逸气象"〔《长物志》衣饰〕。园林要"门庭雅洁,室庐清靓。亭台具旷士之怀,斋阁有幽人之致"。他羡慕"云林清闷",认为韵士所居,入门便要有一种高雅绝俗之趣。以古雅的标准去判断园林诸要素的价值与品位。

园林建造要以小见大,在有限的空间内表现无限的大自然,叠山理水"一峰则太华千寻,一勺则江湖万里"。

他对造园理论的阐述,集中体现了晚明士大夫的审美趣味。品鉴"长物"是士大夫才情修养的表现,借品鉴长物品人,构建人格理想,标举人格完善,在物态环境与人格的比照中,美与善互相转化,融为一体,物境为人格的化身。它提倡的古雅绝俗为晚明士人的共同审美取向。他的审美思想受明代复古风潮的影响,在复古文艺思潮的左右下,文震亨坚持固守复古道路,其心也古,其物力求古人神韵,不屑与近俗为伍,造就了其尚古的审美裁判。

〔3〕李渔与《闲情偶寄·居室部》

李渔,字笠翁,钱塘人,生于明万历三十九年〔1611年〕。李渔是一位兼擅绘画、词曲、小说、戏剧、造园的多才多艺的文人,平生漫游四方、遍览各地名园胜景。他颇以自己能作为造园家而自豪,"往往在烟霞竹石间,泉石经纶,绰有余裕"。先后在江南、北京为人规划设计园林多处,北京弓弦胡同的半亩园就是李渔的园林作品。他还为自己营造"芥子园",该园不满三亩,却能以小胜大,含蓄有余。李渔的园林作品还有早年在家乡建造的伊园和晚年在杭州建造的层园,李渔有一定的造园实践经验,又有高度的诗画艺术素养。

《闲情偶寄》第四卷"居室部"是建筑和造园的理论,分为房舍、窗栏、墙壁、联匾、山石五节。"房舍第一"谈房舍及园林地址的选择、方位的确定,屋檐的实用和审美效果,天花板的艺术设计,园林的空间处理,庭院的地面铺设等等。"窗栏第二"论窗栏设计的美学原则及方法,窗户对园林的美学意义,其中还附有李渔设计的各种窗栏图样。"墙壁第三"专谈墙壁在园林中的审美作用,以及不同的墙壁〔界墙、女墙、厅壁、书房壁〕的艺术处理方法。"联匾第四"阐述中国房舍和园林中特有的一种艺术形式"联匾"的美学

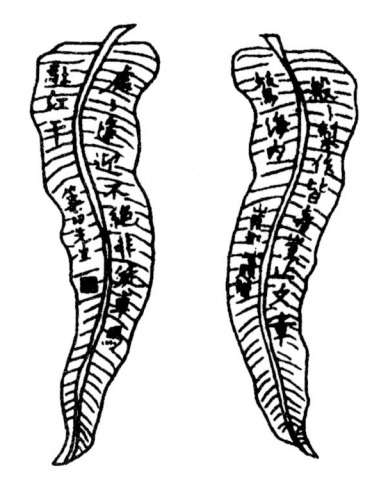

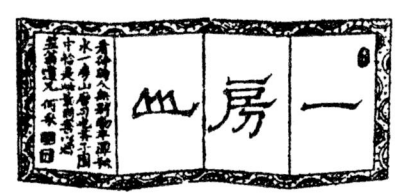

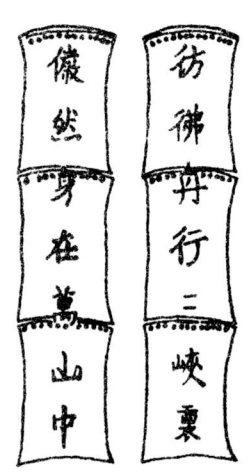

[图10]《闲情偶寄》匾联图

特征以及它对于创造园林艺术意境和房舍的诗情画意所起的重要作用。李渔还独出心裁创造了许多联匾式样并绘图示范〔图10〕。"山石第五"论述山石在园林中的美学品格、价值和作用，以及用山石造景的艺术方法。

在《闲情偶寄》中，李渔表达了他对园林的崇尚自然、因地制宜的审美裁判，李渔雅爱自然，"予性最癖，不喜盆内之花，笼中之鸟，缸内之鱼，及案上有座之石，以其局促不舒，令人作囚鸾縶凤之想"〔《闲情偶寄》"居室部·窗栏第二"〕。认为"幽斋磊石，原非得已；不能致身岩下与木石居，故以一卷代山、一勺代水，所谓无聊之极思也"。〔《闲情偶寄》"居室部·山石第五"〕造园应遵从自然之性，若能"事事以雕楼为戒，则人工渐去，而天巧自呈矣"提倡"宜自然，不宜雕斫"。同时，园林艺术家必须顺应和利用自然之性而创造园林艺术之美，造园"总有因地制宜之法"：高者造屋，卑者建楼；也可卑处叠石为山，高处浚水为池；又可因其高而愈高之，竖阁磊峰于峻坡之上，因其卑而愈卑之，穿塘凿井于下湿之区，"总无一定之法，神而明之，存乎其人"。〔《闲情偶寄》"居室部·房舍第一·高下"〕

提出"取景在借"的美学观。着重于利用窗户的框景作用，借景之法乃"四面皆实，独虚其中，而为便面之形"〔《闲情偶寄》"居室部·窗栏第二·取景在借"〕，

[图11-1] 《闲情偶寄》梅窗　　　　　　　　[图11-2] 上海豫园花窗

这就是所谓"框景"的做法,"坐于其中,则两岸之湖光山色,寺观浮屠,云烟竹树,以及往来之樵人牧竖,醉翁游女,连人带马,尽入便面之中,作我天然图画"〔《闲情偶寄》"居室部·窗栏第二·取景在借"〕。李渔称之为"尺幅窗"、"无心画","譬如我坐窗内,人行窗外,无论见少年女子是一幅美人图,即见老躯白叟扶杖而来,亦是名人画图中必不可无之物;见婴儿群戏是一幅百子图,即见牛羊并牧、鸡犬交哗,亦是词客文情内未尝偶缺之资。"框景可收到以小观大的效果,"见其物小而蕴大,有须弥芥子之义,尽日坐观,不忍阖牖"〔《闲情偶寄》"居室篇·窗栏"〕,又可游观而移步换景。还可用老梅干加上剪采花作为窗心便可制成"梅窗"〔图11〕,或者借庭院树石以为窗心。利用门窗的框景作用,营造入画的美景。借景法在我国古代的造园术中早已得到广泛运用,但借景理论却始终语焉不详,在《园冶》中,计成立专章强调借景为"园林之最要者也",将它提升到造园的第一要事,李渔具体地论述借景的方法,通过借景营造画境、意境。李渔的"取景在借"的造园理论表现了明清士人的追求意境的美学主张。

追求朴实清雅反对富丽奢靡的流俗。他认为,"土木之事,最忌奢靡。匪特庶民之家,当崇俭朴,即王公大人亦当以此为尚。盖居室之制,贵精不贵丽,贵新奇大雅,不贵纤巧烂漫。凡人只好富丽者,非好富丽,因其不能创异标新,舍富丽无所见长,只得以此塞责"〔《闲情偶寄》"居室部·房舍第一"〕。极力反对时下流行的在造园方面竞相比富、争相比丽的风气,明确主张建筑的精巧、新奇、雅观是上乘园林的标准。李渔还将此观点深入到园林营造的具体环节中，述及土石山与石山之论，李渔推崇土石山，反对争奇斗富的石山，实际上也反映出他以文人园林的朴雅之气，对追富逐丽的流俗的鄙夷与唾弃。此外，李渔还崇尚俭朴，鄙斥奢侈。他在《闲情偶寄·凡例》中就提出了"崇尚俭朴"的方针："创立新制最忌导人以奢……其余如《居室》、《器玩》、《饮撰》、《种植》、《颐养》诸部，皆寓节俭于制度之中，黜奢靡于绳墨之外。"

李渔提倡个性，竭力反对墨守成规，强调创作源于心灵真情，"文生乎情，情不真则文不至耳"，而"天地生人，各赋其心"〔《闲情偶寄》"器玩部·制度第一"〕，于是"我行我法，不必求肖于人，而亦不求他人之肖我"，突出自我，讲究自创，不因袭他人。表现出强烈的自我意识，突出的艺术个性，特别是"上不取法于古，中不取法于今，下不凯传于后，不过自为一家，云所欲云而止"的艺术追求，真乃个性思潮的典型体现。丁澎为《笠翁诗集》作序称："其匠心独造，无常师，善持论，不屑依附古人成说，以此名动公卿间。"他在《闲情偶寄》中集中阐述了反摹拟、重独创的造园美学思想，自称"性又不喜雷同，好为矫异"，"葺居治宅"，必"创新异之篇"〔《闲情偶寄》"居室部·房舍第一"〕，抨击"亭则法某人之制，榭则遵谁氏之规，勿使稍异"，"立户开窗，安廊置阁，事事皆仿名园，丝毫不谬"〔《闲情偶寄》"居室部·房舍第一"〕的做法，否定这种"肖人之堂以为堂，窥人之户以立户，稍有不合，不以为得，反以为耻"的观念。"陋矣！以构造园亭之胜事，上之不能自出手眼，如标新立异之文人；下之不能换尾移头，学套腐为新之庸笔，向嚣嚣以鸣得意，何其自处之卑哉！"〔《闲情偶寄》"居室部·房舍第一"〕提倡"不拘成见"，"出自己裁"，造园如同诗人赋诗、画家作画一样，乃是以审美的方式抒发胸中之逸气，充分表现自己的艺术个性。

《园冶》、《长物志》、《闲情偶寄》论述文人园林的规划设计，以叠山、理水、建筑、植物配置的技艺为主，同时涉及到文人园林美学的范畴。它们是私家造园专著的代表作，也是文人园林发展到明清时期的理论总结。

2. 笔记、园记

除园林理论外，在明清两代还兴起一种文学风潮，就是笔记和游记，包括园记文学，这种文学类型的兴盛与晚明士人壮游之风的盛行有关。

明清文人在尽享世俗生活乐趣的同时，尚不忘却那一份固有的清高雅趣，于明末社会文学艺术风潮的审美取向不无关联，加之明代文人画为代表的雅逸趣味的影响，他们以心灵的清雅对抗社会的鄙俗，游园之风的兴起正是文人对抗社会鄙俗的表现。笔记和园记不是严格意义上的园林艺术理论或园林美学著作，但是它有助于了解某个或某些园林的美之所在，有助于了解造园思想、历史沿革、景观特色、结构功能、审美经验等，是潜态的园林美学资料。

袁宏道的《瓶史》，从园林美学的角度看，它包含着有价值的文人美学思想。"天下之人，栖止于嚣崖利薮，目眯尘沙，心疲计算，欲有之而有所不暇，""幽人韵士，屏绝声色，其嗜好不得不钟于山水花竹"。[1]表达了文人雅士渴望远离尘嚣、钟情山水的林泉高致。

程羽文在《清闲供》"小蓬莱"一节中构建了一个理想的园林："〔蓬莱〕门内有径，径欲曲；径转有屏，屏欲小；屏进有阶，阶欲平；阶畔有花，花欲鲜；花外有墙，墙欲低；墙内有松，松欲古；松底有石，石欲怪；石面有亭，亭欲朴；亭后有竹，竹欲疏；竹尽有室，室欲幽；室旁有路，路欲分；路合有桥，桥欲危；桥边有树，树欲高；树阴有草，草欲青；草上有渠，渠欲细；渠引有泉，泉欲瀑；泉去有山，山欲深；山下有屋，屋欲方；屋角有圃，圃欲宽；圃中有鹤，鹤欲舞；鹤报有客，客欲不俗；客至有酒，酒欲不却；酒行有醉，醉欲不归。"[2]刘士龙《乌有园记》、黄周星《将就园记》同样在文章中表述了心中理想的园林景象。

王世贞辑录的《古今名园墅编》，在序文中表达了"人巧易工，而天巧难措"的美学思想。袁中道著作中一些零星的关于园林美学的见解具有一定的园林审美价值。"大都自然胜者，穷于点缀；人工极者，损其天趣。故野逸之与浓丽，往往不能相兼。惟此山骨色相和，神彩互发，清不槁，丽不俗。"[3]他认为园林艺术出于人工，或多多少少出于人工，要使妙造自然，就要力求人力与自然浑然一体，兼具众美，而又不露斧凿痕迹，肯定了园林以追求自然之美的造园原则。

---

[1]（明）袁宏道：《瓶史》，见袁宏道：《袁宏道集笺校》，卷二十四，第817页，上海：上海古籍出版社，1981年。
[2]（明）程羽文：《清闲供》，见《丛书集成续编》，第213册，第320页，新文丰出版公司，1980年。
[3]（明）袁中道：《游太和记》，见袁中道：《珂雪斋近集》上册，第136页，上海：上海书店，1982年。

张岱在《岱跋寓山注二则》中凝聚了有哲理深度的园林审美经验,"意随景到,笔借目传","闲中花鸟,意外烟云,真有一种人不及知,而已知之之妙,不及收藏不能持赠者,皆从笔底勾出。"[1]叶燮《滋园记》、《假山说》、《二取亭记》等,表达了他对于园林美的深刻的哲学思想,"美本乎天","必待人之神明才慧而见","孤芳独美不如集众芳以为美"的观点,在古代园林美学史上都是空前绝后的。文章通过园林中花木、山石等要素及借景等,阐述了园林与自然、客体与主体、真与假、弃与取等种种审美关系。

在文人笔记、园记的字里行间流露出园林构建法则,钱泳《履园丛话》中说"造园如作诗文,必使曲折有法,前后呼应,最忌堆砌,最忌错杂,方称佳构"[2]清代文人陈扶摇在《花镜》中论述园林"设若左茂林,右必留旷野以疏之;前有芳塘,后须筑台榭以实之;外有曲径,内当垒奇石以邃之"[3]论及园林虚实相间的构园法则。祁彪佳在他的文论中也提到相似的理论:"开园有妙诀,惟子可与语:譬如行三军,奇正易其所;又如补与攻,良医中脏腑,实者运以虚,散者欲其聚。"[4]

他们还表达园林的主观审美感受。张岱在《陶庵梦忆》、《西湖梦寻》等小品中不但撷取了当时江南园林美的精英,记叙园林山水,表达了对于山水园林的风格美和自然美的欣赏,而且更注入了审美主体的感受和经验。他的《西湖梦寻》,表现了"梦西湖如家园眷属"的情思,颇有可称道的见解。在写西湖时说:"雪巘古梅,何逊烟堤高柳?夜月空明,何逊朝花绰约?雨色涳濛,何逊晴光潋滟?深情领略,是在解人。即湖上四贤,余亦谓乐天之旷达,固不若和靖之静深,邺侯之荒诞,自不若东坡之灵敏也。其余如贾似道之豪奢,孙东藏之华赡,虽在西湖数十年,用钱数十万,其于西湖之性情,西湖之风味,实有未曾梦见者在也。世间措大,何得易言游湖?"[5]要深入地领略、体会山水、田园之美,是要具有一定的思想文化素养,心地静深、

---

[1] (明)张岱:《跋寓山注二则》。

[2] (清)钱泳:《履园丛话》,卷二十"园林",第545页,北京:中华书局,1997年。

[3] (清)陈扶摇〔溟子〕:《花镜》,卷二,"课花十八法"、"种植位置法",清文会堂刻本。

[4] (明)祁彪佳:《祁彪佳集》卷九,诗"卜筑寓山问何芝田开果园奉寄",第221页,上海:上海中华书局,1960年。

[5] (明)张岱:《陶庵梦忆·西湖梦寻》,"西湖总记·明圣二湖",上海:上海古籍出版社,1982年。

灵敏，并且深于情感体验之人，才能得到并把握它的美，骄奢之徒，措大之辈，是不能成为山水田园的"解人"的。

袁中道在《爽籁亭记》中写道："玉泉初如溅珠，注为修渠，至此忽有大石横峙，去地丈余，邮泉而下，忽落地作大声闻数里。予来山中，常爱听之。……其初至也，气浮意器，耳与泉不深入，风柯谷鸟，犹得而乱之。及瞑而息焉，收吾视，返吾听，万缘俱却，嗒焉丧偶，而后泉之变态百出。初如哀松碎玉，已如鹍弦铁拨……故予神愈静，则泉愈喧也。泉之喧者入吾耳，而注吾心，萧然泠然，浣濯肺腑，疏瀹尘垢，洒洒乎忘身世而一死生。故泉愈喧，则吾神愈静也。"[1]在此他形象地道出了园林审美的心态。正如海德格尔曾说："在作美的关照的心理考察时，以主体能自由关照为其前提。站在美的态度眺风景，关照雕刻时，心境愈自由，便愈能得到美的享受。"[2]审美主体心理状态越虚静，客体在主体心灵上的影响就越深入；而客体之"喧"，反过来可以使主体的心灵越"静"，在主客体的交融中，达到净化心灵，获得最大的美感享受。也就是庄子所谓"吾丧我"，达到"心斋"与"坐忘"的历程，正是美的关照的历程，这才是审美的最高境界。

这一篇篇虽非园林建筑的理论性文章，却都生动地体现了我国园林艺术的美学原则，创造出一幅幅生动优美、有似仙境的画面，其中的许多描写，如山石、水沼、松竹、曲径、亭榭楼台，都体现了我国传统园林艺术的审美观念，因而具有一定的史料意义。

这些著作的作者都是知名的文人，或文人造园家，他们对园林的美的感受即是明清文人对园林形式、园林美学的看法。

3. 文学作品中的园林理论

明清时期文人造园活动兴盛，文人普遍参与造园活动，即使一般文人不直接参与造园事宜，也关心园林、享用园林、品评园林。在文人著作中散见大量有关造园艺术和园林美学的见解、评价和议论。中国最早与园林有关的

---

[1]（明）袁中道：《爽籁亭记》，见袁中道：《珂雪斋近集》上册，第115页，上海：上海书店，1982年。

[2]〔德〕海德格尔：《美的探求》，转引自徐复观：《中国艺术精神》，第63页，沈阳：春风文艺出版社，1987年。

文学作品应为庙堂文学。《诗经》中的颂诗描写帝王朝臣祭庙宇，歌颂祖先、国君，如《诗经·周颂清庙》祭文王，"骏奔走在庙"，表现了庙堂中的君臣关系，可以说是庭园结构重视人伦关系的一个发端。"臣工"、"丰年"、"良耜"都与庙堂有密切的关系。汉诗《孔雀东南飞》是典型的庭园诗歌，诗中"空房"、"堂上"、"入户"、"贵门"、"上堂"、"庭树"等直接描写庭园意象。唐宋传奇和元曲中很多文学名篇都是庭园传奇，《莺莺传》、《西厢记》、《牡丹亭》等故事发生在园林中。明清时期由于园林兴盛，文学中描写庭园的作品增多，《三言二拍》、《金瓶梅》、《浮生六记》、《红楼梦》、《聊斋志异》，故事情节都与园林有关，具有庭园结构的特点，而作品中直接描写园林结构、园林美学的当以《浮生六记》、《红楼梦》为代表。以往的庭园文学以庭园作为故事的背景，并没有展开园林的空间、结构，《浮生六记》、《红楼梦》将园林艺术引入文学作品中，自觉地把园景、建筑作为独立的审美形象加以塑造，使它获得与人物情节同等价值的生命力。

〔1〕沈复《浮生六记》

清代文人沈复的文学作品《浮生六记》中历历可见山水园林情怀，文中笔墨所及不仅限于名士园林，还有许多风景式园林，或小庭园，甚至一些充满野趣的废园。作者对山水园林之美信笔写来，星星点点，如同散落的珍珠，质朴中放射出熠熠光彩。呈现出空灵、幽雅、朴逸、委婉的园林意境。同时，也表达了作者对于园林建造的审美意趣。

《浮生六记》中谈到山水园林布局"虚实相间"、"小中见大"的要领："若夫园亭楼阁，套室回廊，叠石成山，栽花取势，又在大中见小，小中见大，虚中有实，实中有虚，或藏或露，或浅或深，不仅在周回曲折四字，又不在地广石多徒烦工费。"道出了一个重要的园林审美原则：园林构建关键在于以委婉曲折的手段巧妙安排，山水、亭台、楼阁，或屏或露，愈变化而愈见姿态。并列举了"虚实相间"、"小中见大"的表现手法，"虚中有实者，或山穷水尽处，一折而豁然开朗；或轩阁设厨处，一开而可通别院。实中有虚者，开门于不通之院，映以竹石，如有实无也；设矮栏于墙头，如上有月台，而实虚也"。似虚还有，如有实无，造成委婉多姿的艺术效果，使园林意味无穷，耐人寻味，达到隐蔚深秀的委婉境界。"小中见大者，窄院之墙宜凹凸其形，饰以绿色，引以藤蔓，嵌大石，凿字作碑记形，推窗如临石壁，便觉峻峭无穷。"使小小的院落既有婉转之美,又不乏峻峭的意味,充分体现了文人园林独特的艺术趣味。

园林环境,无论是花木还是建筑都要"幽雅",作者自称爱花成癖,且最钟情的花是兰花,"取其幽香韵致也",表达出这位吴门子弟清雅的审美心态,体现一种幽雅的文人气质的审美态度。园林环境得清幽之趣,故能雅,作者写萧爽楼景致:"是夜月色颇佳,兰影上粉墙,别有幽致。"在幽静的月夜,清淡的粉墙与兰影扶疏相交织;萧爽楼"地极幽静","爱萧爽楼幽雅";中峰寺,则"寺藏深树,山门寂静,地僻僧闲";郡庙园,则"丛树交花,娇红稚绿,傍水依山,极饶幽趣"。这些清幽淡雅的色调形成了幽雅的意境,体现江南式的淡泊和雅致。

园林追求朴逸的艺术效果,沈复笔下的山水园林多表现出质朴而放逸的色彩,他在提到明末徐俟斋先生隐居处时流露出很欣赏的情绪:"园依山而无石,老树多极迂回盘郁之势,亭榭窗栏尽从朴素,竹篱茅舍,不愧隐者之居。"对于作者而言,朴素的隐者之居就是他心目中最好的园林,他所提倡的园林生活是质朴天然的,他心目中的园林可以质朴到"依山而无石"、"窗栏尽从朴素",不必雕梁画栋,只要竹篱茅舍,就能给他提供一个精神自由的空间。《浮生记·闺房记乐》写金母桥之东有"张士诚王府废基",其园"饶屋皆菜圃,编篱为门,门外有池约亩许,花光树影,错杂篱边"。[2]这是一个旧日王府的废园,虽人迹罕至,繁华不再,却依然充满自然的生机。一幅追求自然纯朴的园林景致。

沈复的《浮生六记》虽不属于园林理论文献,但他在作品中表现出文人们对山水园林审美的追求。

〔2〕曹雪芹《红楼梦》

清代曹雪芹所著的古典文学名著《红楼梦》,是一部描写家庭生活的庭园小说,大观园〔图12〕是曹雪芹用小说语言展示的一座清代园林,红楼梦的故事情节是以大观园为舞台展开的,它成为整个小说情节结构的空间坐标系。"曹雪芹以园林艺术的空间思维意识来安排小说,重视园林建筑个体的空

---

[1] (清)沈复:《浮生六记》,第19页,北京:人民文学出版社,1994年。

[2] (清)沈复:《浮生六记》,第10页,北京:人民文学出版社,1994年。

[图12] 清·孙温《红楼梦·大观园》
〔旅顺博物馆藏〕

间组合，把园林营造艺术作为文学形象因素构成与组合的思维参照"。《红楼梦》将庭园文学结构发展得最为完善，表现得最为充分，一直成为中国文学一种'定型化'的结构模式。它具有承上启下、继往开来的意义，既总结了明清时代和明清以前中国庭园文学的特点，又影响了明清以后中国近代文学的发展，成为一种传统的民族形式和传统的叙述模式。"[1]大观园的景物布局、景色描写完全符合古典园林的造园艺术。《红楼梦》建立起史诗规模的庭园结构，自觉地把庭园作为独立的审美形象，表现了对园林的审美观照。

大观园体现出园林流动、多变的特点，大观园的建筑和各种景物由流变的空间组合而成，形成连续多变的空间结构。《红楼梦》第十七、十八回"大观园试才题对额，荣国府归省庆元宵"，通过贾政、元妃游览大观园，把园内景点尽收眼底。文中的庭园结构规模宏大，总体布局自由随意，犹如一幅中国山水园林画，亭台轩馆、山石水榭、花草树木自成格局，铺陈华丽，点缀新奇，气象万千，形成既雄伟又优雅，既辽阔又曲折的庭园局面。

大观园，通过借景、分景、对景的园林空间布置手法，使园内观赏空间互借互映，扩展园林视觉空间，构成园林的意境美。大观园各个庭园风景并非都是在景点内的欣赏关照，而是通过园门、假山、墙垣等处的眺望、交流欣赏到的。凸碧堂与凹晶馆一上一下，一明一暗，一高一低，一山一水，构成描绘性的对景。怡红院内的玻璃大镜把室内、窗外的景致照入镜中，延伸了室内空间，使园中风景豁然开朗。大观园迎门的一座假山，形成一道翠嶂挡在眼前，表现中国园林"曲径通幽"、曲折多变的景观意趣，贾政赞叹："非此一山，一进来园中所有之景悉入目中，则有何趣。"

大观园是曹雪芹以文学语言塑造出来的一个艺术园林，它不是某一现实

---

[1] 张世君：《〈红楼梦〉的庭园结构和文化意识》，载《红楼梦学刊》，1994年，第1期，第97-114页。

园林的刻板再造，但是它确是曹雪芹在生活中所亲历亲见的诸多园林，经过提炼、选择、概括而具象出来的。所以它是比任何现实的园林更美、更典型、更理想、更可观赏、更富艺术的园林。同时它全面反映了明清时代的造园理论、造园艺术、造园手法。

〔三〕 明清园林理论文献的特点

从上述的明清园林理论文献的分析中，可以得出明清园林文献具有以下几个特点：

其一，就园林文献形式而言，专门的园林文献缺乏，仅有《园冶》一部著作，而更多的设计思想言论，散落在文人笔记、杂谈、游记、园记等著作中。

其二，就文献的内容而言，由于这些文献均为文人作品，他们缘皆性情中人目察神会而已，自身并无意于为园林立传，未以构建体系自苦，更无论科学的理论依据。其中虽包含了丰富的设计思想，乃至涉及哲学理念，但其哲理性高于实用性，相对缺少具体设计实践理论和经验总结，能够指导具体设计实践的可操作性较弱。这也是由于传统的文人思想所决定的，从事具体设计实践"技艺"的"形而下"并未受到重视，而指导工艺设计实践的"形而上"的思考却非常发达，并形成独特的设计思想体系。

其三，园林理论具有鲜明的时代性，明代的艺术思想领域出现两种文艺思潮，复古思潮与反复古、反传统的思潮，文震亨与李渔正是代表了这两种文艺思潮。复古主义主张"物不古不灵，人不古不名"，文震亨可谓复古运动的中坚分子，其虽游戏于物，但满纸萧寂之景，代表明代的复古主义文艺思潮，他的《长物志》中提倡的复古倾向甚为明显。当时的社会同时出现一股反对复古，渴望摆脱一切束缚，以感性突破理性的思想框架，掀起追求个性自由的文艺思潮。李渔上承汤显祖的浪漫美学和公安派的创造精神，"所言万事，无一事不新；所著万言，无一言稍故者"，与正统观念相悖。李渔的园林美学思想正是诞生在这样的社会土壤中，体现了率性而为、纯任自然的美学情趣。

明清文人，从文人审美的角度表述他们对于园林美的理想追求，他们所著之书或造园理论、或随笔杂记，只是文人墨客的偶兴所思、所言，在造园理论上缺乏严谨的科学性和实践性，在审美判断上却表达了文人们的理想。

明清文人园林的传统文化基奠

"我们在谈论一个民族的艺术观念、审美趣味时，的确很难离开这个民族的全部历史、全部哲学和全部文化，而民族特点的本身便包含了一种继承下来的偏见，这种偏见构成了全世界五彩缤纷的民族、民间的艺术，社会无论发生了多么大的变化，他们都使民族大家庭的精神得以维系，使他们感到满足，那是他们全民族的幸福、光荣，是他们祖祖辈辈的悲哀和欢乐"[1]。"中华民族在长期的历史发展过程中逐渐形成的社会心理和社会意识形态属于民族心态文化的种种特性，就是在中华民族特定的'精神气候'下形成的，它深刻地影响了中国园林的内容、形式、结构、体裁和艺术手法，从而形成了区别于世界上其他民族的中国园林的民族特质。"[2]

一、"山水有清音"——明清文人园林与自然精神

〔一〕 中国古代自然精神与园林——"师法自然"

中国古人"热爱自然爱得如此深切，以致他们觉得同自然是一体的，他们感觉到自然的血脉中所跳动的每个脉搏。大部分西方人则易于把他们自己同自然疏离。他们认为人同自然除了欲望有关方面之外，没有什么相同之处，自然的存在只是为了让人利用而已。"[3]那是由于一个民族的文化，都是由它的精神本性决定的。中国古典园林这种"师法自然"的造园原则与中国古人的自然精神境界紧密相连。

1. 中国古代的山水精神——"天人合一"

中国文化中的艺术精神，穷究到底，只有由儒家和道家所显出的两个典型。

儒家思想是文人思想的基础。孔子的哲学思想以"仁"为核心，注重内心的道德修养，然孔子在自然中体悟到"仁"的力量，他"登东山而小鲁，登泰山而小天下"〔《孟子·尽心上》〕，高山巍巍培植了他博大的胸怀；"君子

---

[1] 范曾：《抱冲斋艺史丛谈》，第145页，北京：中华书局，2003年。
[2] 曹林娣：《中国园林艺术论》，第268页，太原：山西教育出版社，2001年。
[3] 〔日〕铃木大拙：《禅与心理分析》，第18-19页，北京：中国民间文艺出版社，1986年。

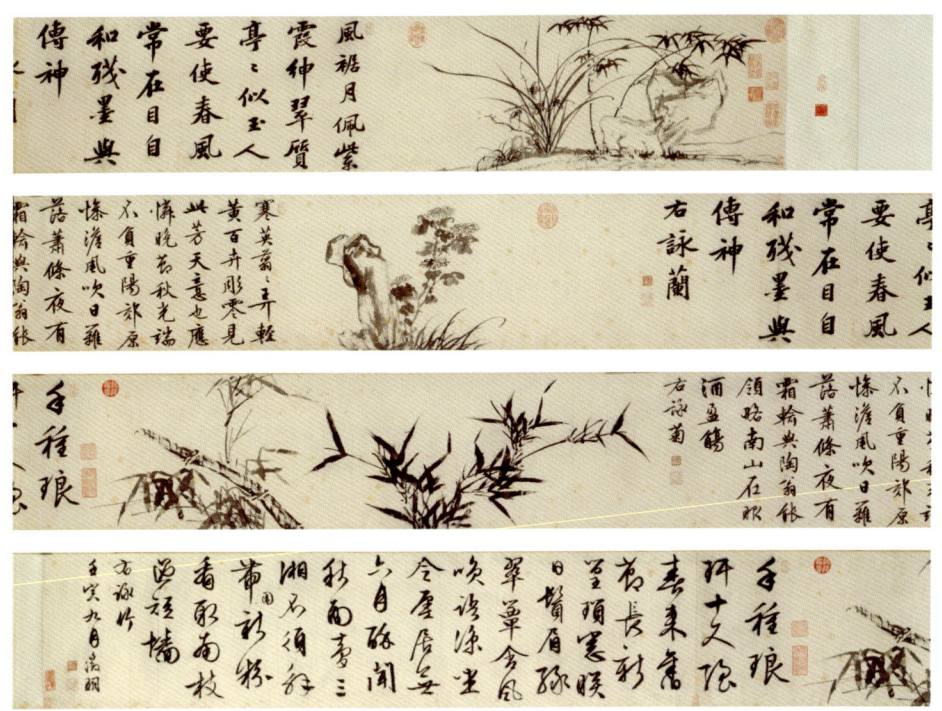

[图13] 明·文徵明《三友图》卷
〔故宫博物院藏〕

见大水必观焉"〔《荀子·宥坐》〕,江河荡荡孕育了他高深的智能。提出"知者乐水,仁者乐山"〔《论语·雍也》〕的"山水比德"观。儒家的"比德"观,不仅以山水喻仁、智,而且进一步认为自然界的万事万物都具有象征的意义,屈原在《离骚》中以椒、苣、蕙等香草来比喻群贤:"傍及万品,动植皆文;龙凤以藻绘呈瑞,虎豹以炳蔚凝姿;云霞雕色,有逾画工之妙;草木贲华,无待锦匠之奇,夫岂外饰?盖自然耳。"[1]"龙凤"、"虎豹"、"云霞"、"草木"都成为了有特种涵义的象征。"松"常青不老,以静延年,岁寒知松柏之后凋;"竹"称君子,因虚受益,有君子之道四焉;"梅"冰肌玉骨,乃梅萼之清奇,琼姿玉骨,物外佳人,群芳领袖。古人以"松竹梅"合绘为岁寒三友,人们用它们这种年年岁岁不变的节操来喻人情节之高超,附会《论语·季氏》"益者三友,损者三友"之前者,象征友情之永恒。〔图13〕

而先秦的道家则从另一个角度诠释自然,作为哲学概念对自然的阐述始

---

[1] (南朝)刘勰:《文心雕龙·原道》,北京:人民文学出版社,2001年。

见于老子,"他仰观穹昊,俯察万类,探求那宇宙本体的根源;他阅尽沧桑,看惯枯荣,深知天地万物的嬗变;他凭着直感而不假理性的求证,依靠悟性而不作枯涩的推论;他大朴无华,脱尽庸凡;他谦和冲融,远离骄躁;他站在宇宙的中心,发出了那悠远而朴质的声音"[1]:"人法地,地法天,天法道,道法自然"〔《老子》第二十五章〕这一万物本源之理,认为"自然"是无所不在,永恒不灭的,提出了崇尚自然的哲学观。庄子继承并发展老子"道法自然"的思想,以自然为宗,他认为自然界本身是最美的:"天地有大美而不言,四时有明法而不议,万物有成理而不说。圣人者,原天地之美而达万物之理,是故至人无为,大圣不作,观于天地之谓也"〔《庄子·知北游》〕,在庄子心目中,一切顺乎自然的事物都是合理的,而且是大美的所在,人只有顺应自然规律才能达到自己的目的。庄子主张"天地与我并生,而万物与我为一"〔《庄子·齐物论》〕,"由'坐忘'宇宙人世的一切,而达于'无待'之境,在清纯宁寂之中回归宇宙的本初,削尽虚华伪饰,以'撄宁'的怀抱,邂逅大宗师——自然,而且和它溶而为一,这时的'心如死灰'乃是一片和谐冲融的'天乐',这是一种无法言说的、一见诸文字即入我执的境界,有这样的境界,那就庶几不愧庄子所说的至人、化人、真人了。"[2]〔图14〕以彻底的无我之境达到与自然的和谐。"山林与!皋壤与!使我欣欣然而乐与!"〔《庄子·知北游》〕人与大自然相处得到精神上的愉悦与融合。

儒家的山水观强调以山水之性来寄托或观照人格之本,观赏山水想到其间所蕴含的人格意味,高山体现出人格的崇高,大水体现出胸怀的坦荡,而青松翠柏则表现一种高风亮节的品格。"儒家的人性论以仁义为内容,极其量于治国平天下,从正面担当了中国历史中的伦理、政治的责任。"[3]它造就了中国文人艺术思想的主体。而老庄的山水强调山水之性与自我之性的完全融合,在自然里安顿自己的精神,"强调人与自然的融合,也就是强调以自然之性来融合主体之心。老庄思想当下所成就的人生,实际是艺术地人生,而

---

[1] 范曾:《老子心解》,见范曾:《抱冲斋艺史丛谈》,第35页,北京:中华书局,2003年。
[2] 范曾:《庄子心解》,见范曾:《抱冲斋艺史丛谈》,第119页,北京:中华书局,2003年。
[3] 徐复观:《中国艺术精神》,第39-40页,沈阳:春风文艺出版社,1987年。

[图14] 范曾《梦蝶》

中国的纯艺术精神,实际系由此一思想系统所导出。"[1]因此,从自我修养上看,孔子的仁知之乐与庄子的"天地大美"的自然观可谓如出一辙,儒道之间与其说是后成的互补,毋宁说是本然的互融。它们共同延续了一个共有的渊源——"师法自然",这无疑是中国山水审美的潜在的意识之源。

儒家认为从自然中摄取万物生机之理,感悟宇宙万物之秩序,理解天之"道",然后才能使自己成为智者、仁者。老庄则认为"道"是宇宙的本原,认为大自然之所以美,并不在于它的形成,而恰恰在于它最充分、最完全地体现了"无为而无不为"的"道"。老庄之"自然"观与儒家之"比附"观都是在"道"的范畴内产生的,无论是儒家的"仁者"、"智者"和道家的"真人"、"化人",钟情于名山大川,就在于"山水以形媚道":"圣人含道暎物,贤者澄怀味象。至于山水质有而趣灵,是以轩辕、尧、孔、广成、大隗、许由、孤竹之流,必有崆峒、具茨、藐姑、箕首、大蒙之游焉,又称仁智之乐焉。夫圣人以神法道,而贤者通;山水以行媚道,而仁者乐,不亦几乎?"[2]山水既体现儒家之道,又蕴涵老庄之道,寄情于山水,既有仁智之乐,又能"澄怀味象",洗心养性,乐志山林,共在修心养性,而修心养性又是为了更

---

[1] 徐复观:《中国艺术精神》,第41页,沈阳:春风文艺出版社,1987年。
[2] (南朝)宗炳:《画山水序》,见俞剑华编著:《中国古代画论类编》,第583页,北京:人民美术出版社,2004年。

好地悟究"道"。"乐山乐水得静趣，一丘一壑自风流"〔沧浪亭"锄月轩"联〕。孔孟老庄之道共融于自然之山水一身，使山水内涵更为博大精深。

文人继承先秦文化内涵，认为山川乃是"道"融而成的，"嗟台嶽之所奇挺，实神明所扶持"。因而由山水而引发的感叹就不仅是鬼斧神工的自然美景，更重要的是对宇宙天地的根本认识，如《庐山诸道人游石门诗序》云："斯日也，众情奔悦，瞩览无厌。游观未久，而天气屡变。霄雾尘集，则万象隐形；流光回照，则众山倒影。开阖之际，状有灵焉，而不可测也。乃其将登，则翔禽拂翮，鸣猿厉响，归云回驾。想羽人之来仪，哀声相和，若玄音之有寄，虽仿佛犹闻，而神以之畅；虽乐不期欢，而欣以永日。当其冲豫自得，信有味焉，而未易言也。退而寻之，夫崖谷之间，会物无主，应不以情，而开兴引人，至深若此，岂不以虚明朗其照，闲邃笃其情耶！并三复斯谈，犹昧然未尽。俄而太阳告夕，所存已往，乃悟幽人之玄览，达恒物之大情，其为神趣，岂山水而已哉！于是徘徊崇岭，流目四瞩，九江如带，丘阜成垤，因此而推，形有巨细，智亦宜然。乃喟然叹宇宙虽遐，古今一契。灵鹫邈矣，荒途日隔，不有哲人，风迹谁存"。⁽¹⁾这篇诗序重在"乃悟"山水所蕴之"道"。以"山水悟道"是古代文人乐于采用的方式，寄情山水可使体静心闲，经山水而澄明心情，则可进入"肆觐天宗，爰集通仙"的境地。

"悟道"是对存在于天地之间的终极真理的悟觉，悟觉到这一终极真理，亦即进入"浑万物以冥观，兀同体于自然"——不知庄周为蝶还是蝶为庄周的"齐物"境界，亦即所谓"天人合一"的境界。

在古人那里，"自然"、"天"、"道"是相通的，它们相结合构成宇宙模式。关于古人天人关系的"天"有多层涵义，⁽²⁾而本文所论述的"天人合一"，其概念相当于今天广为人们所理解所接受的"天人合一"，即人与自然的和谐统一。它不同于哲学史家所论主要包括普泛性的、非审美的、主体与客体关系、思维与存在关系等在内的复杂的"天人合一"观。

中国传统文化精髓"天人合一"观的形成与中国文化中对自然的认识是紧密相连的。上古时期，人与天之间的关系表现为人与鬼神的关系，因为早

⁽¹⁾（晋）慧远：《庐山诸道人游石门诗序》。
⁽²⁾汤一介：《论"天人合一"》，载《中国哲学史》，2005年，第2期，第5-10页。

期的自然界已是人格化了的鬼神，因此最早的自然亦是附魅的自然。

周代殷制，人们对天人关系有了新的认识，由上古人们对鬼神的"畏"而进步到了"敬"的地步〔"敬鬼神而远之"〕，人参与到天的关系中，"与天地合其德"〔《易传·文言》〕，肯定天人之间有着相通的关系。可以说是古代天人合一思想的萌芽。

西汉武帝时期，董仲舒以阴阳、五行观念融入儒学，将姬周以来的天人之说进一步演化，由物类感应推出天人感应，加重了人在天人关系中的分量，创立"天人感应"的理论，"为人君者，取象于天"〔董仲舒《春秋繁露》〕，成为两周及秦汉时期的主要思维方式及行为方式。

到宋儒那里，天人关系进一步理论化、系统化，并发展成为占主导地位的社会哲学思潮，张载在中国文化史上第一个明确提出了"天人合一"的命题："因明致诚，因诚致明，故天人合一，致学而可以成圣，得天而未始遗人。"[1]并进一步阐述天人关系："乾称父，坤称母，予兹藐焉，乃混然中处。天地之塞，吾其体；天地之帅，吾其性。民，吾同胞；物，吾与也。"[2]。肯定人是自然界的一部分，人与自然界统一于物质性的气，并把"天人合一"作为人所追求的最高境界，最终确立了中国古代的"天人合一"观。

我国古代士人对山水自然的态度直接与古典哲学中的"天人合一"思想相联系，这是中国传统哲学美学思想的基本精神。先秦的儒家学派的孔子提出的"知天命"，"天生德于予"表达了人和天之间存在着一定的联系。而"仁者乐山，智者乐水"，"天寒知松柏之后凋也"等以比德审美观念来看待自然山水的美，也强调了人和自然之间的可比性。道家的"人法地，地法天，天法道，道法自然"和庄子"天地与我并生，万物与我为一"强调了人对自然的依赖，进入天人合一的境界。古人强调人不能违背自然不能超越自然界的承受力去改造自然、征服自然、破坏自然，只能在顺从自然规律的条件下去利用自然、调整自然，体验自然与人契合无间的一种精神状态。"天人合一"的思想一经确立，便成为中国古代数千年的主导文化，成为弥漫于全社会的文化传统。

[1] （宋）张载：《正蒙·乾称》。
[2] （宋）张载：《西铭》。

2. 山水精神与园林

中国人的这种厚重、深沉的山水自然意识，是中国园林成为自然山水园的精神发源地。"君子所以爱夫山水者，其旨安哉？丘园养素，所常处也，泉石啸傲，所常乐也。渔樵隐逸，所常适也。猿鹤飞鸣，所常亲也。尘嚣缰锁，此人情所常厌也；烟霞仙圣，此人情所常愿而不得见也。"[1]山水为君子所神往，但未必人人皆要居于深山，不居深山又不能忘情山水，于是人们以各种艺术形式表达对山水的热爱。中国古代文人造园以师法自然为法则，利用自然山水，顺应自然山水，园林叠山理水以及建筑、花卉、树木都要表现自然，模山范水，宛若天成，再现自然的天地万物及其壮丽景观，以三维空间模仿自然的形态，为君子所神往。

中国文人的思想常常将艺术提升到精神的高度，艺术是精神的表现形式，刘熙载言："艺者，道之形也"。[2]不论是儒家所强调的伦理道德感情的内在修养而达到的"天人合一"精神，还是道家所强调的"乘物以游心"遨游于无限的宇宙之中，同宇宙天地合为一体。在中国艺术家眼里，自然的外在想象是"道"的表现形式，只有作为"道"的表现形式才能成为艺术的表现对象，才具有艺术价值。

中国古典园林崇尚自然的造园原则，表面上是对自然形式美的模仿，而实际上是对潜在自然之中的"道"与"理"的探求。古典园林中，再现博大的自然景观是形，用自然景观体"道"则为意，而表现"天人合一"的境界就是神。因此，中国造园艺术中的自然，不仅仅是对自然山水形态的模仿，而是探求对"道"的理解，对自然山水的概括、加工、提炼了的自然，是充分显示了生命的和谐和宇宙的生生不息的运动变化着的自然，富有深邃的哲理性。此所以文人园林内涵能表现文人文化的根本所在。

古代文人以山水作为精神上的慰藉和悟道的途径，他们不仅欣赏、留连自然界的山水，而且还通过移天缩地的造园艺术，将山水景色移入园林，把朴素、淡雅有若自然的园林作为自然之道的化身。通过园林来体悟天地自然

---

[1] （宋）郭熙：《林泉高致·山水训》，见俞剑华编著：《中国古代画论类编》，第632页，北京：人民美术出版社，2004年。

[2] （清）刘熙载：《艺概·叙》，上海：上海古籍出版社，1982年。

之大美，关照宇宙生命之"道"，从而达到人性的回归和精神上绝对自由的超越境界。

古代园林对"道"的体悟始终是将达到"天人合一"的最高宇宙境界作为其艺术追求的终极。对"天人"关系的追求贯穿着中国园林的历史，园林形式也随着"天人"关系的认识而相应变化。上古时期人们基于对天的崇拜，先秦皇家园林"囿"以高耸的灵台为最主要的景观，[1]台的功能是登高以观天象、通神明，所谓"考天人之际，查阴阳之会，揆星度之验"[2]也，"台"是沟通天、人的交会之处，因此，突出灵台的单体效果也必然要比组织完备的景观体系、在各种景物间建立密切联系和合理比例更重要得多。

秦汉时期，董仲舒"天人感应"论的提出，直接影响了秦汉时期园林模式，秦汉园林亘延数百里的园林规模，包蕴山海、吞吐万物的景观内容，象天法地、俯仰乾坤的园林格局。"其宫室也，体象乎天地，经纬乎阴阳，据坤灵之正位，仿大紫之圆方，树中天之华阙，丰冠山之朱堂，因瑰材而究奇，抗应龙之虹梁。列棼橑以布翼，荷栋桴而高骧"。[3]园林的布局与董仲舒"法天而立道"的理论如影附形。"秦汉宫苑，对于以后历代中国古典园林，包括士人园林，同样具有开创性的意义，其原因首先就在于它第一次以园林的艺术形式完整而成功地表现了'天人之际'宇宙模式的空间特点，而这种宇宙模式在以后两千多年中一直是中国古代文化的哲学基础"[4]。

随着时代的进展，士大夫的生活和园林艺术不断变化，但"天人之际"

---

[1]《吕氏春秋》高诱注："积土四方而高曰台"。《说文解字》："台，观，四方而高者也"。段玉裁注："《释名》曰：'观，观也，于上观望也'。观不必四方，其四方独出而高者，则谓之台"。

"夏启有钧台之享"。〔《左传·昭公四年》〕

"纣为鹿台，七年而成，其大三里，高千尺，临望云雨"。〔《新序·刺奢》〕

周文王在园囿内修建灵台，"经始灵台，经之营之。庶民攻之，不日成之。"〔《诗经·大雅·灵台》〕

楚灵王的章华台"高十丈，其广十五丈"。〔《水经注·沔水》〕

吴国姑苏台"广八十四丈"，"高三百丈"。〔见《吴地记》〕此台"周旋诘屈，横亘五里，崇饰土木，弹耗人力。宫妓数千人，上别立春宵宫，为长夜之饮，造千石酒钟。夫差作天池，池中造青龙舟，舟中盛陈妓乐，日与西施为水嬉。吴王于宫中作海灵馆、馆娃阁〔宫〕，铜沟玉槛。宫之楹槛皆珠玉饰之。"〔《述异记》〕

[2]《白虎通·释台》。

[3]（汉）班固：《西都赋》，见（梁）萧统：《昭明文选》，第一卷，光绪十一年郯城于氏刊本。

[4] 王毅：《园林与中国文化》，第273页，上海：上海人民出版社，1990年。

宇宙观的空间原则却始终没有放弃。与秦汉相比，魏晋时期，自觉的山水审美出现，"从山阴道上行，山川自相映发，使人应接不暇。若秋冬之际，尤难为怀"[1]。画家顾恺之从会稽游玩回来，"人问山川之美，顾云：千岩竞秀，万壑争流；草木蒙笼其上，若云兴霞蔚"[2]。他们对自然山水发出由衷的讴歌，但文人更注重表现蕴涵在审美课题和审美主体深层的韵律。"采菊东篱下，悠然见南山。山气日夕佳，飞鸟相与还。此中有真意，欲辨已忘言"。〔图15〕陶渊明在诗中要表达的却不仅仅是园林景色的美，而是追寻在心灵深处体味到的和谐而永恒的宇宙韵律——"真意"，这才是魏晋文人追求的最高园林山水境界。

之后的艺术家都无不把神灵和表现人、自然、宇宙的关系作为园林艺术创作的最高境界，园林置于大自然中，使人体验天人合一的意境。白居易"仰观山，俯听泉，傍睨竹树云石，自辰及酉，应接不暇。俄而物诱气随，外适内和，一宿体宁，再宿心恬，三宿后颓然嗒然，不知其然而然"[3]。他在草堂中身心俱遗，正如《庄子》书中女偊之"心如死灰"，得道之境也。其他文人园林如："沧浪……前竹后水，水之阳又竹，无穷极，澄川翠干，光影会合于轩户之间，尤与风月为相宜"[4]。〔图16〕南园，"奇葩美木，争效于前，清泉秀石，若顾若揖。……升而高明显敞，如蜕尘垢；入而窈窕邃深，疑于无穷。"[5]通过园林山水景观的设置，或是通过与园外广大自然山水景观的联系，收天地无尽之景于一园之内、一堂之上，表现宇宙的无穷境界，人们身处园林，感觉到的却是无限宇宙。

无论是完备的园林景观体系抑或这些景观与宇宙的融合，其目的都是在于以审美的形式追寻理想的宇宙模式。然而对于中国古代哲学来说，无限广大和蕴涵万物仅仅是宇宙的外壳，而它的内涵则是"天人合一"，即人与宇宙

---

[1]（南朝）刘义庆：《世说新语·言语》，见刘义庆撰，张艳云校点：《世说新语》，第28页，沈阳：辽宁教育出版社，1997年。

[2]（南朝）刘义庆：《世说新语·言语》，见刘义庆撰，张艳云校点：《世说新语》，第28页，沈阳：辽宁教育出版社，1997年。

[3]（唐）白居易：《草堂记》，见《白居易集》，第934页，北京：中华书局，1999年。

[4]（宋）苏舜钦：《沧浪亭记》，见《中国历代名园记选注》，第21页，合肥：安徽科学技术出版社，1983年。

[5]（宋）陆游：《南园记》，见《中国历代名园记选注》，第74页，合肥：安徽科学技术出版社，1983年

[图15] 清·石涛《陶诗采菊图》轴
〔故宫博物院藏〕

[图16] 苏州沧浪亭

的融合。不论中国古代造园家是否意识到自己的创作与天人观的联系,他们实际上还是无时不受到它的制约,这就从根本上决定了在中国古典园林艺术中审美者的情感、意趣、对时空的感受等与园林景物的关系,要比诸多景物相互间的关系重要得多。"山水有清音","竹柏得其真"才体现着人与景物间情感的交流。进入"境心相遇"、"风景与人为一"、"心与天壤俱"、"心凝形释,与万化冥合"[1]的园林境界,使人通过与园林中小自然的相互交融,而达到"天人合一"的和谐境界。

〔二〕 明清文人园林的山水精神

1. 明清文人对古代"自然"观的继承

明清文人继承了中国古代的山水情思、自然的审美意识,袁中道认为:"天下质有而趣灵者莫过于山水"[2]"山水之清美,且足以发灵慧之性而助其深湛之思"。[3]从山水审美中感受到身心的愉悦,"望烟岚之窈窕突兀,听水声之幽闲涵澹,欣欣然沁心入脾,觉世间无物可以胜之"[4]。郑元勋的"山水竹木之好,生而具之,不可强也。……出郊见林水鲜秀,辄留连不忍归,故读书多僦居荒寺。年十七,方渡江,尽览金陵诸胜。又十年,览三吴诸胜过半,私心大慰,以为人生适意无逾于此。"[5]徐霞客更是"生有奇癖"、"性耽山水"、"厌弃世俗,欲问奇于名山大川",深入山水胜地,感受山水之美,"四望白云,迷漫一色,平铺峰下。诸峰朵朵,仅露一顶,日光映之,如冰壶瑶界,不辨海陆,然海中玉环一抹,若可俯而拾也。"[6]"江清月皎,水天一空,觉此时万虑俱净,一身与村树人烟俱熔,彻成水晶一块,直是肤里无间,渣滓不留,

---

[1] "大凡地有胜境,得人而后发;人有心匠,得物而后开。境心相遇,固有时耶?"〔唐〕白居易:《白蘋洲五亭记》,《白居易集》卷七十一"余扫轨林间,不知衰老,节物千变,花鸟泉石,领会无余。每适意时,相羊小园,殆觉风景与人为一。"〔宋〕张镃:《赏心乐事·序》,见《西湖游览志余》卷十"连峰入户牖,胜概凌方壶。时柱《白纻词》,放歌丹阳湖。水色傲溟渤,川光秀菰蒲。当其得意时,心与天壤俱。闲云随舒卷,安识身有无。"〔唐〕李白:《赠丹阳横山周处士惟长》,见《李太白集》卷九"……攀援而登,箕踞而遨,则凡数州之土壤,皆在衽席之下。其高下之势,岈然洼然,若垤若穴,尺寸千里,攒蹙累积,莫得遁隐。萦青缭白,外与天际,四望如一。然后知是山之特出,不与培塿为类,悠悠乎与颢气俱,而莫得其涯,洋洋乎与造物者游,而不知其所穷。……心凝形释,与万化冥合。"〔宋〕张元乾:《永遇乐·宿欧盟轩》,《芦川归来集》卷五〕

[2] (明)袁中道:《王伯子岳游·序》,见袁中道:《珂雪斋近集》下册,第40页,上海:上海书店,1982年。

[3] (明)袁中道:《珂雪斋集》卷十一"程中之文序",上海:上海古籍出版社,1989年。

[4] (明)袁中道:《西山小记》其十。

[5] (明)郑元勋:《影园自记》,见陈植、张公驰选注,陈从周校阅:《中国历代名园记选注》,第221页,合肥:安徽科学技术出版社,1983年。

[6] (明)徐霞客:《游雁荡山日记》。

满前皆飞跃也。"融入在美轮美奂的自然景色中，成为"水晶一块"，通体透明，尘渣无存。钱谦益念念不忘"重与名山做盟约"，"拂拭尘中眼，舒眉饱看山"。石涛则从山水中领略到其人性道德的一面，对培养人的精神气质都有资用的作用。"山之蒙养也以仁，山之纵横也以动，山之潜伏也以静，山之拱揖也以礼，山之纡徐也以和，山之环聚也以谨，山之虚灵也以智，山之纯秀也以文，山之蹲跳也以武，……是以仁者不迁于仁而乐山也。……夫水汪洋广泽也以德，卑下循礼也以义，潮汐不息也以道，决行激跃也以勇，……是故知者知其畔岸，逝于川上，听于源泉而乐水也。"[1]明清文人在青山绿水间畅游，表现出强烈的山水审美意识。〔图17〕

明清文人在山水审美的过程中，注重山水与我的关系，使抒发性灵成为艺术表现的时代潮流。"山川使予代山川而言也，山川脱胎于予也，予脱胎于山川也。……山川与予神遇而迹化也"[2]。通过人与山水的互动，将宋以来的写意风格得以延续。清代诗人沈德潜在《芍庄诗序》中就谈道："江山与诗人相为对待者也。江山不遇诗人，则巉巗渊沦，天地纵与以壮观，终莫能昭著于天下古人之心目。诗人不遇江山，则虽有灵秀之心，俊伟之笔，而孑然独处，寂无见闻，何由激发心胸，一吐其堆阜灏瀚之气？惟两相待两相遇，斯人心之奇际乎宇宙之奇，而文辞之奇得以流传于简墨"[3]。江山的壮观，有待于我们去发现；而人的灵性，则有待于江山去激活。只有在这种心与物的交融中，才能真正体验到山水之美，江山之美，自然之美。

明清文人以自然表达自我的情感并没有脱离宇宙的本有，他们通过山水审美，在探寻山水美、品赏山水美的同时体验到"天人合一"的美妙境界：黄宗羲通过山水的洗涤，如"电光一闪，透体通明"，感悟到"实无一事"，原来人与天是如此相通，了无隔阂，"遂与大化融合无际，更无天人内外之

---

[1] （清）石涛：《苦瓜和尚画语录》第十八章"资任"，见俞剑华编著：《中国古代画论类编》，第159页，北京：人民美术出版社，2004年。

[2] （清）石涛：《苦瓜和尚画语录》，见俞剑华编著：《中国古代画论类编》，第153页，北京：人民美术出版社，2004年。

[3] （明）沈德潜：《芍庄诗序》。

[图17] 明·谢时臣《溪山霁雪图》卷
〔故宫博物院藏〕

隔"①，于是体验到"天人合一"的境界。徐霞客在山水游历中进入山水审美

---

① "……于舟中厚设褥席，严立规程，以半日静坐，半日读书。……心气清澄时，便有塞乎天地气象，第不能常。在路二月，幸无人事，而山水清美，主仆相依，寂寂静静。晚间，命酒数行，停舟青山，徘徊碧涧，时坐磐石，溪声鸟韵，茂树修篁，种种悦心，而心不著境。过汀洲，陆行至一旅舍，舍有小楼，前对山，后临涧，登楼甚乐。偶见明道先生曰：'百官万务，兵革百万之众，饮水曲肱，乐在其中。万变俱在人，其实无一事。'猛省曰：'原来如此，实无一事也！'一念缠绵，斩然遂绝，忽如百斤担子，顿尔落地。又如电光一闪，透体通明，遂与大化融合无际，更无天人内外之隔。至此见六合皆心，腔子是其区宇，方寸亦其本位，神而明之，总无方所可言也。"见（清）黄宗羲：《明儒学案》卷五十八，东林学案一，"高攀龙"，载《文渊阁四库全书》，第 457-1004 页，台北：台湾商务印书馆。

的"天人合一"境界,"夕阳已坠,皓魄继辉,万籁尽收,一碧如洗,真是灌骨玉壶,觉我两人形影俱异,回念下界碌碌,谁复知此清光?即有登楼舒啸,釃酒临江,其视余辈独摄万山之巅,径穷路绝,迥然尘界之表,不啻霄壤矣。虽山精怪兽群而狎我,亦不足为惧,而况寂然不动,与大虚同游也耶!"[1]身外的一切都不足虑,豁然的超越和彻悟升起于心头。

明清文人"借彼物理,抒我心胸"借助于自然山水抒发心中的情感并将之理论化,是明清文人山水审美的发展。然而,从整体来说,明清时期,中国的山水审美开始落潮,他们的视野由名山大川转向文人园林。

2. 明清文人园林与山水精神

中国古代文人绘山水以当卧游,明清文人则将对山水的钟情表现在园林的建造上,在城市园林中创造出具有自然山水的艺术化的生活境域,以满足他们遍游天下的愿望,从而获得"不离轩堂而共履闲旷之域,不出城市而共获山林之性"[2]的理想生活境界。

明清园林注重山水塑造,"园林之胜,惟是山与水二物。无论二者俱无、与有山无水、有水无山不足称胜,即山旷率而不能收水之情、水径直而不能受山之趣,要无当于奇;虽有奇葩绣树、雕甍峻宇,何以称焉。"[3]叶燮从"美本乎天者也,本乎天自有之美也"的审美观照出发,推崇真山,"今夫山者,天地之山也,天地之为是山也。天地之前,吾不知其何所仿。自有天地,即有此山为天地自然之真山而已。……吾之为山也,非能学天地之山也,学夫天地之山之自然之理也。"[4]崇尚自然之真的园林美学思想。然而园林并非自然之山水,要创造出"有若自然"的园林景观,叶燮提出模仿"天地之山之自然之理"的法则,计成则提出造园应"以真为假,做假成真"的造园原则。在文人的园林中皆力求达到这一美学要求。沈复在品评园林时说道:"游陈氏

---

[1] (明)徐霞客:《浙游日记》。

[2] (清)沈德潜:《复园记》,见《苏州历代名园记》、《苏州园林重修记》,第99页,北京:中国林业出版社,2004年。

[3] (明)邹迪光:《愚公谷》,见陈植、张公驰选注,陈从周校阅:《中国历代名园记选注》,第193页,合肥:安徽科学技术出版社,1983年。

[4] (清)叶燮:《滋园记》。

[图18] 苏州拙政园

'安澜园',……池甚广,桥作六曲形,石满藤萝凿痕全掩,古木千章皆有参天之势,鸟啼花落如入深山。此人工而归天然者,余所历平地之假山园亭,此为第一。"[1]说明园林艺术的最高境界,是实现由人工之"假"最终归复到天然之"真"。

中国园林效法自然、抒发情趣,其布局自由流畅,"人们所要表现的是天然朴野的农村,而不是一所按照对称和比例的规则严谨地安排过的宫殿。……道路是蜿蜒曲折的……不同于欧洲那种笔直的美丽的林荫道。……水渠富有野趣,两岸的天然石块或进或退,……不同于欧洲的用方整的石块按墨线砌成的边岸。"〔图18〕游廊"不取直线,有无数转折,忽隐灌木丛后,忽现假山石前,间或绕小池而行,其美无与伦比"[2]蒋友仁是这样介绍圆明园的:"所有的花园里都有弯弯曲曲的河道纵横交叉,它们在小山之间流过,在有些地方,它们流到岩石之上,在那里下泻成瀑;有些时候,它们汇潴到山谷里,形成一片水,随面积的大小而得名为湖或海。这些河流或者湖泊的岸

---

[1] (清)沈复:《浮生六记》,第45页,北京:人民文学出版社,1994年。
[2] 刘天华主编:《十大名园》,第203-204页,上海:上海古籍出版社,1990年。

是不规则的，沿岸有护身。但这些护身不同于我们用人工打凿方整的石块做成的那种，那种太不自然了。他们的护身是用毛石做的，牢靠地立在木桩上。工匠们在它们身上花了很多功夫，花的功夫是为了使它们更加不整齐，使它们的形式更加粗犷。"[1]中国园林不是一般意义的"建筑"，而"是一种绘画，让自然事物保持自然形状，力图摹仿自由的大自然。它把凡是自然风景中能令人心旷神怡的东西集中在一起，形成一个整体，例如岩石和它的生糙自然的体积，山谷，树林，草坪，蜿蜒的小溪，堤岸上气氛活跃的大河流，平静的湖边长着花木，一泻直下的瀑布之类。中国的园林艺术早就这样把整片自然风景包括湖、岛、河、假山、远景等等都纳到园子里"。[2]明清文人园林从布局到景观对自然的模仿，形成了在世界上独树一帜的自然式园林。

明清文人园林"有若自然"的形式是对自然的表面模仿，更高的层次则是面对自然山水园林实现其对"道"的体悟，建造的园林也是反映了自然之道。"在未成之时，人不知其绝胜，既成之后，则皆以为不可易矣。大抵顺其自然，行所无事，因地之势，度土之宜，而以人事区画于其间。经理天下，无异道也。"[3]李果《墨庄记》："轩前架木苍郁，多叠石为小山，绝壁下为清池……前辈谓文人未有不好山水，盖山水远俗之物也，……俗远而后可以读书研理，可以见道。"[4]文人们在园林中体悟无穷天地之"道"。

明清园林趋于狭小，不能像前朝园林那样"延山引水"，然而不论园林体系怎样浓缩，它都必须永远在自己内部实现"万物我赖，亦又何求"，园林艺术在狭小的空间内构建最完备景物，使"天人合一"的宇宙观在园林中得到充分的显示："园之中，为山者三，为岭者一，为佛阁者二，为楼者五，为堂者三，为书室者四，为轩者一，为亭者十，为修廊者一，为桥之石者二、木者六，为石梁者五，为洞者、为滩若濑者各四，为流杯者二，诸岩蹬涧壑，不可以指计，竹木卉草香药之类，不可以勾股计，此吾园之有也。"[5]从这段描

---

[1] 刘天华主编：《十大名园》，第205-206页，上海：上海古籍出版社，1990年。

[2] 〔德〕黑格尔：《美学》，第三卷。

[3] （清）吴振棫：《养吉斋丛录》，转引自：张家骥：《中国造园论》，第209页，太原：山西人民出版社，2003年。

[4] （清）李果：《墨庄记》。

[5] （明）王世贞：《弇山园记》，见陈植、张公驰选注，陈从周校阅：《中国历代名园记选注》，第131页，合肥：安徽科学技术出版社，1983年。

述看，不仅构景要素类型齐备，而且各种要素本身又分为诸多类别。事实上，时至明清，无论是小小的庭园，还是大型园林的各个区域，都力图包罗一个完备的景观体系，使之成为整个宇宙、整个生活世界的缩影。"任杯中世界，逍遥一枕，但觉乾坤小。"

为了实现对园林空间"入狭而得境广"的要求，中国古典园林写意方法和纷纭万化的艺术技巧得以高度的发展，然而不论这些方法和技巧发展到多么精微的程度，不论这些方法是在多么具体细琐的拳石勺水、一斋半亭之类景物上体现出来的，决定其艺术目的和发展方向的哲学基础都仍然是"天人合一"的宇宙观，仍然是要在宇宙模式中表现出无限广大的空间这一根本要求。园林中"上下四方之宇"、"乾坤一草亭"等建筑之名，只有在"天人合一"宇宙观的基础上才可能出现。明清文人在游览山水园林时不仅表现出相当高的审美能力，更重要的是他们空前自觉地通过对和谐而永恒宇宙韵律的追求，在园林的审美活动中，体现着心灵与宇宙韵律间极深致精微的共鸣，体现"天人"凑泊的无限和谐，表现而实现"天人合一"体系的高度完善。

明清文人通过园林中的一景一物，感受到无限的宇宙空间，与宇宙的融合而达到"天人合一"的境界，始终是明清园林哲学、审美所追求的基本原则。通过审美过程，体验人与宇宙的交融，明代诗人李东阳在游历听雨轩时，通过园亭深深地感受到天地之交融："静观子既辟北轩作亭，……亭之前杂植群卉，而性独爱荷，置二盆池，种者常满。尤爱雨，雨至众叶交错有声，浪浪然，徐疾疏密，若中节会。静观子闲居独坐，或酒醒梦觉，凭几而听之，其心冥然以思，萧然以游，若居舟中，若临水涯，不知天壤间尘鞅之累为何物也！"①张诩在园记中说："予少从先君宦游临川，沿塘植柳，偃仰披拂于朝烟暮雨之间，千态万状，可数十本。塘之水微波巨浪，随风力强弱而变化，可数十丈。鹦燕之歌吟，鱼虾之潜跃，云霞之出没，不可具状，则境与心碍，既块然莫知其乐之所以。稍长，读昔人'柳塘春水漫'及'杨柳风来面上吹'之句，则心与句得，又茫然不知其妙之所寓。近岁养疴之余，专静久之，理与心会，不必境之在目；情与神融，不必诗之出口，所谓至乐与至妙者，皆

---

① （明）李东阳：《听雨亭记》。

不假外求而得矣。"[1]他在园林审美中体会到由"境与心碍"过渡到"理与心会"的过程。园林如果不能融入宇宙，单体建筑无论多么工巧，都只能是下品。"陈太一公于山之阳构为堂，名'函三馆'，构亭于巅，而以复道接之；规度甚佳，惜眺览不能出篱落外耳"[2]。

明清的文人园林艺术不论其造园手法如何千变万幻，但根本的目的只是一个，即以山水和生活环境的艺术形式在越来越狭小、越来越封闭的空间中建立起高度完整、和谐永恒、活泼灵动的"天人合一"的宇宙，此时的园林虽仍存在"海岛仙山"、"天上人间"等象征宇宙空间的景观，但已远远不是停留在描摹宇宙的表面层次上，而是在园林审美中越来越倾向于"情景交融"、"理与心会"，在狭小的空间内"仰观宇宙之大，俯察品类之盛"，以达到心与宇宙的契合。

明清文人园林"崇尚自然"的美学观，是对中国古代哲学思想上的自然精神的追慕，它是"道法自然"、"法天贵真"、"天人合一"的自然精神在园林美学中的表现。

二、"士志于道"——明清文人园林与隐逸文化

〔一〕 隐逸思想与园林文化

1. 中国古代隐逸文化

封建时代的中国是一个君主集权的专制制度的国家，在"普天之下莫非王土，率土之滨莫非王臣"这一总的统治原则之，决不能容许有任何一个城市或任何一个居民，可以自居于"王制"之外，而成为自由城市或自由居民。君主集权对于一切阶层包括士大夫阶层具有绝对的制约权。另一方面，士大夫集团在社会体制中占据重要的位置，他们的存在对保证社会机制的正常运

---

[1] （清）黄宗羲：《明儒学案》卷九，白沙学案二，"张诩·柳塘记"，载《文渊阁四库全书》，第457页，台北：台湾商务印书馆，1980年。

[2] （明）祁彪佳：《越中园亭记》之二"白马山房"，见陈从周、蒋启霆选编，赵厚均注释：《园综》，第402页，上海：同济大学出版社，2004年。

转具有重要的意义。但是，在中国古代历史上，那些坦荡、正直的文人或士大夫一旦步入官场，他们便无法摆脱以一种情感、正直、智慧和思想来抨击时弊或干预不公平的社会，他们总是以一种神圣的社会责任感与历史使命感在天真中成就自己，他们有自己的理想和自己的政治原则，在专制制度内不断地争取相对的独立地位，最终使自己陷入一种艰难的生存困境中。"中国古代社会形态的基本特点决定了其集权制度与士大夫阶层的关系必须具备两个相互平衡、相互依存的矛盾方面：前者对后者的绝对制约和后者相对独立的意志、道德、人格、情感、审美活动等。"[1]

儒家思想主张"士以道自任"，"士而怀居，不足以为士矣"。〔《论语·宪问》〕"士志于道"，"士不可以不弘毅，任重而道远。仁以为己任，不亦重乎？死而后已，不亦远乎？"〔《论语·泰伯》〕这是士人的最高人格理想。但"仕"却需要一定的条件："天下有道则见，无道则隐。邦有道，贫且贱焉，耻也；邦无道，富且贵焉，耻也"；〔《论语·泰伯》〕"君子哉蘧伯玉，邦有道则仕，邦无道，则可卷而怀之"。〔《论语·卫灵公》〕"古之人，得志，泽加于民；不得志，修身见于世。穷则独善其身，达则兼善天下。"〔《孟子·尽心》〕在政治理想与专制制度发生矛盾时，士大夫必须寻找一条保证自己的相对独立达到社会机制所能够容忍的程度的道路，就是采取隐逸的处世态度。文人得意时仕，失意时隐，自古而然。在这段与出仕生涯相伴随的仕途受挫时期，他们"不事王侯，高尚其事"，以"独善其身"，保持士大夫的独立人格。进行理想中道德的精神的自我修养，"进则思全忠尽职，退则思过"，出仕与隐退的原则，按照进取或行为规范进行修正和反复，无时无刻不反映出自我在身心两个方面必须保持的敏锐与良好的平衡。"在中国历史上，隐逸行为作为一种文化现象是与专制社会里的反抗精神相联系的。"[2]

古时有巢父、许由、伯夷、叔齐这样的逸民，他们或"隐居以求其志"，或隐居以避害全身，逍遥于天地之间而心意自得，成为后世隐居之士的典范。

---

[1] 王毅：《中国士大夫隐逸文化的兴衰》，载《文艺研究》，1989年，第3期，第55-64页。
[2] 〔日本〕根本诚：《集权社会的反抗精神》之"中国隐士研究"，东京：创价社，1952年。

专制政权建立后，士人社会生活发生了本质性的改变，[1]秦汉专制制度确立，要求在全国建立统一的秩序，对包括思想文化在内的各个领域都要求一体化，士人们必须服从专制政权的统治，而作为思想文化的载体，他们由于社会环境和生活条件的限制，形成了各自的文化观念和知识结构。对专制政治不能适应，常常有所不满和抵制，因此经常受到专制政权的压抑，许多士人对这种变化不适应，又无力改变现实，于是便选择了隐居方式。[2]

　　到了魏晋时期，社会动荡，政治斗争十分尖锐，许多士人对政治的态度，由忧患焦虑变为冷漠恬淡，由热心参政变为消极隐退。唯有到大自然中去寻求山林之趣、田园之乐，方能使自己的精神获得慰藉；唯有隐逸，才能保全自我。"处遁之时，不往何灾，而为遁尾，祸所及也。危至而后求行，难可免乎厉"。"忧患不能累，矰缴不能及，是以肥遁，无不利也"。[3]加之在向往自然的风气支配下，他们有过忠君的使命意识逐渐淡化，希望"垂纶在林野，交情远市朝"，渴求过"高蹈风尘外，长揖谢夷齐"，"啸傲遗世罗，纵情在独往"的逍遥生活。在社会动荡和山水审美的影响下，文人中普遍形成隐逸之风，张载的《招隐诗》有云："去来捐时俗，超然辞世伪，得意在丘中，安事愚与智。"[4]企图通过隐逸找到一块远离祸乱、自由舒畅、清静安宁的"乐土"，寻求自然与人生的妙趣，以实现人格的完整和身心的真正自由。因而山林游弋蔚然成风，魏晋士人常"率而相携，观原野，极游浪之势，不计远近，或经日乃归"[5]。"放情肆志，……欣然神解，携手入林。"[6]〔图19〕摆脱了尔虞我诈的官场，回到了可爱的大自然中，"结庐在人境，而无车马喧"，的确有一种返璞归真、怡然自得、无比欣喜的感受，人的精神世界此刻也得到了净化和升华。

---

[1] 刘泽华主编，孙立群、马亮宽、刘泽华著：《士人与社会》，秦汉魏晋南北朝卷，第200页，天津：天津人民出版社，1992年。

[2] 刘泽华主编，孙立群、马亮宽、刘泽华著：《士人与社会》，秦汉魏晋南北朝卷，第201-202页，天津：天津人民出版社，1992年。

[3] （三国·魏）王弼：《集校释》。

[4] （西晋）张载：《招隐诗》。

[5] （宋）李昉：《太平御览》，第四百零九卷，转引自《向秀别传》。

[6] 《晋书》卷四十九，列传第十九，"刘伶"，第1375-1376页，北京：中华书局，1974年。

[图19] 元·王蒙《葛洪移居图》轴
〔故宫博物院藏〕

表面上看来，他们隐居山林，与世无争，无拘无束，内心似乎很平静，但在他们的内心深处却有着难以抑制的痛苦，啸傲山林的生活终究还是难以使他们忘怀现实生活。嵇康就说："详观凌世务，屯险多忧虞。施报更相市，大道匿不舒。……权智相倾夺，名位不可居。鸾凤避罻罗，远托昆仑墟。"[1]这首诗明显流露出诗人隐居山林时心中的痛苦。自视清高撰写《闲居赋》的潘岳也作出"望尘雅拜"有辱于士风之事。谢灵运辞官隐居，寄情于山水之时的内心也是异常痛苦的。因此，魏晋士人不断地修正自己的隐逸思想，既不愿意放弃独立人格，又要维护传统礼教，使隐逸文化容纳在集权制度之内。魏晋文人力求逐渐消解仕与隐的矛盾，只要心向隐遁，隐逸的方式并不重要，在朝亦隐，在市亦隐。"夫隐之为道，朝亦可隐，市亦可隐。隐初在我，不在于物"[2]，向秀提出的"朝隐"理论，便迎合了官僚士人的心理。甚至有人认为隐于林泉是低层次的，隐于朝市才是高层次的。"小隐隐陵薮，大隐隐朝市"[3]。著名玄学家郭象就宣称："夫圣人虽在庙堂之上，然其心无异于山林之中"[4]；谢灵运也说："言心也，黄屋实不殊于汾阳；即事也，山居良有异乎市廛"[5]。这即是说，只要在精神上仰慕、追求"道"，那么即使高居朝庭为帝王将相，就如同在山林中巢居穴处一样，居"黄屋"〔宫殿〕与隐"汾阳"，坐"庙堂"与遁"山林"都是形异而实同。采取何种隐居的形式并不重要，重要的是只要心存冥意，心神超然无累，这样则可以身在庙堂之上，而心无异于山林之中。沈约《宋书》中隐逸传中写道："夫隐之为言，迹不外见，道不可知之谓也。若夫千载寂寥，圣人不出，则大贤自晦，降夷凡品。止于全身远害。……固知义惟晦道，非曰藏身。……贤人之隐，义深于自晦；荷蓧之隐，事止违人。论迹既殊，原心亦异也。……身隐故称隐者，道隐故曰贤人。"[6]沈约的"道隐"与"身隐"的区别则是对魏晋以来不断修正隐逸文化的

---

[1]（晋）嵇康：《答二郭诗三首》。
[2]《晋书》，卷八十二，列传第五十二，"邓粲"，第2151页，北京：中华书局，1974年。
[3]（晋）王康琚：《反招隐诗》，见（梁）萧统：《昭明文选》，第二十二卷，光绪十一年郴城于氏刊本。
[4]（晋）郭象：《庄子逍遥游注》。
[5]（南朝）谢灵运：《山居赋序》，见《宋书》，卷六十七，列传第二十七，"谢灵运"，第1974页，北京：中华书局，1975年。
[6]《宋书》，卷九十三，列传第五十三，"隐逸"，第2275-2276页，北京：中华书局，1974年。

内容、齐一儒道仕隐的新型隐逸文化的总结。也为唐宋隐逸文化的转变导夫先路。

唐代前期是一个蓬勃发展奋进的时代，出于政治的需要，统治者礼遇隐士，频繁求访栖隐者，"高宗天后，访道山林，飞书岩穴，屡造幽人之宅，坚回隐士之车。"[1]天子"自诏四方德行、才能、文学之士，或高蹈幽隐与其不能自达者，下至军谋将略、翘关拔山、绝艺奇伎莫不兼取"。[2]科举的普遍实行、盛世涵容一切的气度使皇权专制与士人的独立意识在隐逸欢愉的气氛中得到了圆满的协调和充分实现。魏晋士人的栖逸丘园、与世无争的隐逸态度在唐代士人那里受到挑战："酣歌激壮士，可以摧妖氛。龌龊东篱下，渊明不足群"。[3]魏晋后期仕隐齐一的隐逸思想得到了发展："朝罢沐浴闲，遨游阆风亭。济济双阙下，欢娱乐恩荣。"[4]一味地隐逸不再是唐代士人的理想，齐仕隐，一出入，作"丘壑夔龙，衣冠巢许"才是最佳境界。在这种文化气氛中，朝隐已成为普遍的现象。"归去卧云人"的山林之隐也已远离了士人们的价值观，[5]带有世俗化的"中隐"思想便应运而生。"大隐住朝市，小隐入丘樊。丘樊太冷落，朝市太嚣喧。不如作中隐，隐在留司官。似出复似处，非忙亦非闲。不劳心与力，又免饥与寒。终岁无公事，随月有俸钱。君若好登临，城南有秋山。君若爱游荡，城东有春园。君若欲一醉，时出赴宾筵。洛中多君子，可以恣欢言。君若欲高卧，但自深掩关。亦无车马客，造次到门前。人生处一世，其道难两全：贱即苦冻馁，贵则多忧患。惟此中隐士，致身吉且安。穷通与丰约，正在四者间。"[6]中隐思想与"大隐"、"小隐"形成鲜明的对比，就其本质来说，中隐也是一种吏隐，它以散官、闲官为隐，在"小隐"与"大隐"之间寻找一条折衷之途，大隐"要路多险艰"，集权制度

---

[1]《旧唐书》，卷一百九十二，列传第一百四十二，"隐逸"，第5116页，北京：中华书局，1975年。

[2]《新唐书》，卷四十四，志第三十四，"选举"，第1169页，北京：中华书局，1975年。

[3]（唐）李白：《九日登巴陵置酒望洞庭水军》。

[4]（唐）李白：《鼓吹入朝曲》。

[5]"卖药向都城，行憩青门树。道逢驰驿者，色有非常惧。亲族走相送，欲别不敢住。私怪问道旁，何人复何故？云是右丞相，当国握枢务。禄厚食万钱，恩深日三顾。昨日延英对，今日崖州去。由来君臣间，宠辱在朝暮。青青东郊草，中有归山路。归去卧云人，谋身计非误。"〔（唐）白居易：《寄隐者》，见《白居易集》卷一，第25页，北京：中华书局，1999年。〕

[6]（唐）白居易：《中隐》，见《白居易集》卷二十二，第490页，北京：中华书局，1999年。

下为官士人命运朝夕莫测,大隐不足为贵,小隐固然能摆脱尘俗的喧嚣获得人格的独立与自由,但"丘樊太冷落",时常有饥寒冻馁之忧,小隐亦不可取。唯有"中隐"是在夹缝中安生立命的最佳选择,实行"中隐"能够巧妙地在贵与贱、喧嚣与冷落、忧患与冻馁之间找到平衡点,调和入世与出世、兼善与独善的冲突。唐代隐逸已开始由注重外在行迹的山林之隐变为追求心性自由的中隐。

"中隐"思想的产生在隐逸文化中产生了深远的影响,颇有中庸色彩的论调,它一出现便得到中唐士人的普遍认同,并为两宋士人所普遍接受,宋代士大夫对白居易的"中隐"理论服膺。张孝祥亦作《中隐》诗,表达宋代士大夫的平衡仕隐关系,"小隐即居山,大隐即居廛。夫君处其中,政尔当留连。早晚有诏书,唤君朝远天。"[1]步趋"中隐"乃是社会机制对士大夫阶层的客观要求而非出于个人偶然的好恶,"中隐"理论和它所呈现的生活方式得到了后世文人的广泛的共鸣,促使隐逸文化朝着世俗化的方向发展。它完全实现了魏晋以来士大夫齐一仕隐出处的理想,充分实现了集权制度与士大夫相对独立性的平衡与统一。但"中隐"思想对大隐、小隐两端的舍弃也意味着隐逸纯粹性的丧失。

隐逸文化的嬗变过程是集权制度与士人的独立地位双向调节的过程,一方面士大夫努力使自己的相对独立的地位更适于集权体系的要求,另一方面皇权对士人文化的服膺则同时从另一端促进着两者的亲和。"在士大夫阶层越来越自觉地将自己的隐逸文化融入集权制度体系的同时,皇权也越来越深入地吸收着士人文化,包括隐逸文化的成果。"[2]士人隐逸思想的转变为园林文化的发展提供了存在的基础。

2. 心境的栖园——隐逸思想与园林

英国建筑理论家查尔斯·詹克斯在《中国园林之意义》一文中曾指出:"中国园林作为一种线性序列而被体验的、使人仿佛进入幻境的画卷,趣味无穷。……内部的边界做成不确定和模糊使时间凝固,而空间变成无限。显而

---

[1] (宋)张孝祥:《中隐》。
[2] 王毅:《园林与中国文化》,第 213 页,上海:上海人民出版社,1990 年。

易见，它远非是复杂性和矛盾性的美学花招，而是取代仕宦生活，有其特殊意义的令人喜爱的天地——它是一个神秘自在、隐匿绝俗的场所。"[1]

隐逸之士，为躲避繁杂的世俗事务，喧嚣纷扰的城市生活，命运多舛的政治生涯，纷纷以风雅自居，"高尚其志"，躲到清静的山水中去。他们都把寂静的山林和朴素的田野当作保持独立人格的理想栖隐之地，寄情山水成为士大夫的思想基础和社会风尚。

最初，为了求得安心的生活，采取苦行僧式的山林之隐，不少人选取远离世俗、人迹罕至的山林薮泽，作为自己的隐居之地。巢父"以树为巢，而寝其上"。但隐居山林并非易事，不少人过着常人难以忍受的艰苦生活。在山林老泉隐居不仅常为生活所累，有时还不得不屈志。《宋书·戴颙传》记戴勃、戴颙兄弟二人隐居于桐庐县深山中，"勃疾患医药不给"，戴颙无计可施，对戴勃说："兄今疾笃，无可营疗，颙当干禄以自济耳。""乃告时求海虞令，事垂行而勃卒，乃止"。后来戴颙不得不"出居吴下，吴下士人共为筑室"[2]。隐居环境的恶劣，使得士人对隐逸环境的要求开始改变。转而寄情山水田园，作为遗落世事、忘怀人寰的契机。

尽管士人退隐之动因不尽相同，一旦进入山水田园中，无不被宇宙自然之浩大，泉石佳木之质洁而感染，从而追慕心灵道德之纯净，心绪便渐趋宁静，心理也渐趋平衡，那一份难堪，那一份愤激便全然化解在静穆雍和的田园山水中。郭璞在《游仙诗》中写道："京华游侠窟，山林隐遁栖。朱门何足荣，未若托蓬莱。临源挹清波，陵岗掇丹荑。灵溪可潜盘，安事登云梯。"[3]陶渊明归隐后写出："白日掩柴扉，对酒绝尘想"〔《归田园居五首》〕，"园日涉而成趣，门虽设而常关"〔《归去来兮辞》〕，〔图20〕王维受挫遁世后"对倚檐前树，远看原上村"，在田园酣醉中怡情适性，沉浸在文学艺术的创作上。"迎清风以祛累，寄弱志于归波。……坦万虑以存诚，憩逍遥于八遐。"〔陶渊明《闲情赋》〕他们是把山水作为自己整体生活乃至生命的一部分，作为自己

---

[1] 〔英〕查尔斯·詹克斯在：《中国园林之意义》，转引自李浩：《唐代园林别业与文人隐逸的关系〔上〕》，载《山西广播电视大学学报》，1999年第1期，第50-55页；第2期，第37-41页。

[2] 《宋书》，卷九十三，列传第五十三，"戴颙"，第2276-2277页，北京：中华书局，1974年。

[3] （晋）郭璞：《游仙诗》，见朱东润：《中国历代文学作品选》，第1095页，北京：中华书局，1962年。

[图20] 清·焦秉贞《陶渊明归去来辞》扇
[故宫博物院藏]

淡泊心性的观照物,因而他们能"欣与厌俱冥",淡然相忘一时的欢乐与烦恼。于丘壑山水之间,创造一个自我的小天地。

中国古典园林崇尚自然的艺术特点与隐逸之士所向往的山水田园相符,且居园林之中可以免受山林岩穴之苦,建造园林便成为士大夫隐逸的主要手段和表现形式,满足他们"逍遥偃傲"的绝对要求。一些有隐逸倾向的士人在表达隐逸情思时,开始描绘他们理想的园林生活。如张衡在《归田赋》中对自己理想的隐居环境进行了这样的描绘:"谅天道之微昧,追渔父以同嬉。超埃尘以遐逝,与世事乎长辞。于是仲春令月,时和气清;原隰郁茂,百草滋荣。王雎鼓翼,鸧鹒哀鸣;交颈颉颃,关关嘤嘤。于焉逍遥,聊以娱情。"[1]他以清新的语言描绘出一幅春日百草丰茂、万物欣然的田园景色,表现了他对恬淡安适的隐逸生活的企盼。园林成为文人阶层的"独善其身"的隐逸思想理想的实现地。

魏晋以后文人园林的发展,为士人从艰辛的山林之隐转为园林之隐提供了条件,成为文人们寄情养志、体践高雅的天地,园林成了许多士人隐逸生活中不可缺少的一部分,并开始在园林中体玄悟道,寻求幽隐闲趣,成为他们躲离现实,慰藉自己精神的一块乐土。文人营建园林为的是能尽高栖之意,

---

[1] (东汉)张衡:《归田赋》,见(梁)萧统:《昭明文选》第十五卷,光绪十一年郏城于氏刊本。

"又可窥山水之好,初不尽出于逸兴野趣,远致闲情,而为不得已之慰藉。达官失意,穷士失职,乃倡幽寻胜赏,聊用乱世遗老,遂开风气耳。"[1]园林自然成了他们心灵的寄托和心志的栖憩之地。隐逸之士逐渐栖迟园林、寄情山水、啸吟风月,以此抒发政治受挫的愤懑,享受精神的怡然闲适与心灵的虚融清净,追求平静安闲的境界。

嵇康拒绝同司马氏合作,便把乐趣转向自家园林,"宅中有一柳树甚茂,乃激水圜之,每夏月,居其下以锻。"[2]江南陆氏世为吴臣,晋灭吴后,陆机、陆云兄弟便在华亭之园隐居十年。潘岳在郊外庄园"筑室种树,逍遥自得。池沼足以渔钓,春税足代耕。灌园粥蔬,以供朝夕之膳。牧羊酤酪,以俟伏腊之费"。[3]其他士人纷纷效仿,竞相构筑园林、别业,"兰亭修禊"、"金谷宴集"表现了魏晋士人群体逍遥遨游、仰俯自得的园林生活。

唐代,仕与隐的关系变得非常微妙,"朝隐"的遍及,"中隐"的理论应运而生,为致仕文人找到了心理平衡。隐逸的具体实践已不必归园田居,更不必遁迹山林,园林生活完全可以取而代之。而园林也受到了"中隐"所代表的隐逸思想之浸润,同时又成为其载体。"进不趋要路,退不入深山。深山太濩落,要路多险艰。不如家池上,乐逸无忧患……"[4]文人"将隐逸生活从山林、庙堂转换到了私家园林亭馆,从心迹上构筑精神世界的乐园,"[5]把理想寄托于园林,把感情倾注于园林,凭借近在咫尺的园林而享受隐逸之乐趣。唐代中隐思想的产生是文人隐逸思想的转折点,对后世的隐逸文化产生了巨大的影响,为人们隐逸园林寻找了理论依托。也正因如此,唐代归隐羡隐的士大夫文人对园林十分看重、投入与沉迷。唐代文人园林的发展为实现仕与隐的浑融无间提供了有效的途径与保障。晚唐贯休在回顾了阮籍"车迹所穷,辙恸哭而反"的命运后,对自己能够居于精美完备的园林之中而免遭此苦颇为得意:"石垆金鼎红藻嫩,香阁茶棚绿巘齐。坞烧崩腾奔涧鼠,岩花浪籍斗山鸡。蒙庄环外知音少,阮籍途穷旨趣低。应有世人来觅我,水重山

---

[1] 钱钟书:《管锥编》,第1036页,北京:中华书局,1986年。
[2] 《晋书》,卷四十九,列传第十九,"嵇康",第1372页,北京:中华书局,1974年。
[3] (西晋)潘岳:《闲居赋》,见(梁)萧统《昭明文选》,第十六卷,光绪十一年郯城于氏刊本。
[4] (唐)白居易《闲题家池寄王屋张道士》,见《白居易集》,卷三十六,第821页,北京:中华书局,1999年。
[5] 李红霞:《唐代士人的社会心态与隐逸的嬗变》,载《北京大学学报》,2004年,第5期,第114-120页。

叠几层迷。"[1]白居易"歌酒优游聊卒岁,园林萧散可终身",园林就是他标榜的"中隐"思想的"物化"。宋朱文长筑"乐圃",意取春秋隐士长沮、桀溺的田耕之乐,商山四皓采芝隐逸之乐,严子陵、郑宏渔樵之乐,陶渊明、白居易隐居之乐。[2]唐宋士人纷纷建造私园,过着亦官亦隐、亦隐亦官,脱掉朝服穿僧服,朝见归来掩柴扉,"妻孥熙熙,鸡犬闲闲,悠哉游哉"的生活。〔图21〕园林别业成为唐代以后亦官亦隐士人的保持心理平衡的理想去处,是失意文人的心灵的栖园,北宋文人苏舜钦在《沧浪亭记》中说:"人固动物耳,情横于内而性伏,必外寓于物而后遣,寓久则溺,以为当然,非胜是而易之,则悲而不开。惟仕宦溺人为至深,古之才哲君子,有一失而于死者多矣,是未知所以自胜之道。予既废而获斯境,安于冲旷,不与众驱,因之复能乎内外失得之源,汪然有得,笑傲万古,尚未能忘其所寓目,用是以为胜焉。"[3]文人们便心安理得地在园林中慰藉他们失意的心灵和实现他们的隐逸愿望。

园林是隐逸人格精神最直观感性的外化物之一,也是将隐逸本质贯彻得最彻底的艺术样式。园林在相当大程度上弥补了归隐羡隐的士大夫在政治受挫后的心理失衡,并完成其人格精神的改造与构建。士人在园林艺术中找到了维持自身心理平衡的支撑点。唐代以后,士人们基本上将园林视为隐逸的场所。

〔二〕 明清市隐风尚与文人园林

1. 明清市隐风尚的形成

明清是中国君主专制的高峰时代,明代政治舞台风云变幻,祸福莫测,

---

[1] (唐)贯休:《山居诗二十四首》。

[2] (宋)朱文长《乐圃记》:"大丈夫用于世,则尧吾君,舜吾民,其膏泽流乎天下、及乎后裔,与稷、契并其名,与周、召偶其功;苟不用于世,则或渔、或筑、或衣、或圃,劳乃形,逸乃心,友沮、溺,肩绮、季,追严、郑,蹑陶、白,穷通虽殊,其乐一也。"见陈植、张公驰选注,陈从周校阅:《中国历代名园记选注》,第30页,合肥:安徽科学技术出版社,1983年。

[3] (北宋)苏舜钦:《沧浪亭记》,见陈植、张公驰选注,陈从周校阅:《中国历代名园记选注》,第22页,《合肥:安徽科学技术出版社,1983年。

[图21] 南宋·刘松年《四景山水画》卷
〔故宫博物院藏〕

官场倾轧，仕途艰难，在专制统治下不得已而为之的阳明避世保身理论对明代文人的思想、处世方式产生极大的影响，他们在心灵深处逐渐确立起以自然、适意、清净、淡泊为特征的人生哲学与生活情趣，以企求内心得到平衡，在高压政治下明代文人采取韬晦保身的处世方式，并持续有明一代。清代异族的入侵，使得具有强烈民族意识的汉族文人饱受精神上的折磨，许多文人绝迹官场。他们想借山居、隐逸，保全自身，也保持政治、文化的纯洁，保全文化的传延。

明代中叶以后，商业经济日益昌盛，特别是文化中心吴中地区，成为"各省富商巨贾云集之地"，明人王锜在《寓圃杂记》中描述了当时吴中地区的繁盛景象，[1]原本宁静的世界开始变得躁动，市民生活愈来愈多姿多彩，歌馆酒楼，流连忘返，酣歌醉舞，百态竞陈。商业经济的发展带来了崭新的思想意识和人生态度。

在这种情况下，文人们既厌恶现世，又不愿割断世情，舍弃丰富的人间享受，去做一个打熬自苦的隐士；既要依赖城市发达的经济，又难以在嘈杂喧嚣的闹市中领略生活的清幽之境；他们十分渴望随心所欲地遨游天下名山大川，以摆脱城市的困拘，世俗的烦扰，但又脱离不了居于都市的生活现实，正如屠隆所言："尘嚣易生厌恶，既生厌恶，乃思逃于清虚。久寂易生凄凉，既生凄凉，必眷念旧日荣华光景。"袁宏道在他的文章中亦道出了这种矛盾："长安沙尘中，无日不念荷叶山乔松古木也。因叹人生想念，未有了期。当其在荷叶山，唯以一见京师为快。寂寞之时，既想热闹；喧嚣之场，亦思闲静。人情大抵皆然。如猴子在树下，则思量树头果；及在树头，则又思量树下饭。往往复复，略无停刻，良亦苦矣。"[2]文人们的出世思想与现世享受之间的矛盾，就像袁宏道笔下的这只猴子，既思树头果，又想树下饭。既向往山林的寂静与自由，又留恋世俗的热闹与生活，因而普遍地产生一种身在闹市、向往山林的矛盾心态。

---

[1] （明）王锜：《寓圃杂记》第五卷，第42页，见《元明史料笔记丛刊·寓圃杂记、谷山笔尘》，北京：中华书局，1997年。

[2] （明）袁宏道：《兰泽、云泽两叔》，见《袁宏道集笺校》卷二十一"瓶花斋集之九——尺牍"，第747页，上海：上海古籍出版社，1981年。

与此同时，明清统治者严禁隐士的存在，朱元璋颁布昭令："山林岩穴隐逸之士，有司旁求搜访，以礼敦遗赴京，量才录用"。[1]朱元璋认为隐士是一批心存"不为君用"的异己，征召出世后动辄借故残杀。"率土之滨，莫非王臣。寰中士大夫不为君用，是自外其教者，诛其身而没其家，不为之过"[2]。清代对待隐士同样采取限制的态度，清初就有缉拿隐逸的事发生。在这般政治高压下，真正的隐居是难以实现的。古代可以有卞随、务光遁迹于深渊，伯夷、叔齐采薇于高山，渊明采菊东篱下，以期摆脱现实政治的束缚，保持自己独立的人格和理想，然而对明清文人来说，前贤们走过的这些道路已经是"荒途而难践"了。明清文人出处皆危，如此的遭遇，使得他们意识到：在集权制度下，士人的相对独立必须被置于集权制度所允许、所需要的限度之内，否则他的存在是不可能的。怎样于夹缝中得以安身立命？在仕与隐、显与潜的隙间走出一条道路来无疑是明清文人急待思索与抉择的严峻命题。隐逸文化内涵的变化就势在必然，有志于隐遁山林的文人们不得不修改隐逸的方式。

社会的变化使明清文人们对"仕"与"隐"的认识亦产生变化，明初高启就说："夫鱼潜于渊，兽潜于薮，常也；士而潜于野，岂常也哉？盖潜非君子之所欲也，不得已焉尔。当时泰，则行其道以膏泽于人民，端冕委佩，立于朝庙之上，光宠煊赫，为众之所具仰，而潜云乎哉！时否，故全其道以自乐，偶耒耜之夫，谢干旌之使，匿耀伏迹于田亩之间，唯恐世之知己也，而显云乎哉？故君子之潜于野者，时也，非常也。"[3]认为隐逸并非士人之常态，也不是士人应该走的道路。一向以隐逸为失意文人最佳去向的传统观念开始贬值，黄宗羲论及关于"台阁"、"山林"之文章，指出"盖文章之道，台阁山林，其体阔绝。台阁之文，拔俗治本，辖辐道义，非山林黼黻不以设色，非王霸损益不以措辞。"故其文有一种宏大深沉的气象，如万石之钟的洪音。而"山林之文，流连光景，雕镂酸苦，其色不出于退红沈绿，其辞不离于叹

[1]（明）《太祖实录》卷一七八。
[2]（明）《大诰·续编》，"苏州人才"第十三。
[3]（明）高启：《高青丘集·凫藻集》卷二。

老嗟卑"。[1]故其文也卑弱小气,为较之毫厘分寸之细响,表现对隐逸风气的不满。清人张沙白认为山林鸟兽之声不过鸟兽生命之需求,并非毫无所求之天籁,人声相聚同一道理。"若曰厌苦人生而欲逃之山林,听夫无所求而自然之鸣,是与鸟兽同群而薄斯人之谓也。"[2]

在明清政治、经济及思想风气的影响下,一方面作为封建士大夫文人,在其命运舛厄之时,难免不生隐遁之想;另一方面,要再像前世隐士们那样,守着一份可观的田产,在琴棋书画里悠然自得,或遁迹山林,过着与世隔绝的生活已十分困难。不论就客观社会环境而言,或是就主观精神境界而论,这样的条件都在逐渐削弱或者消失。而明清文人仍要保持古代文人隐逸的状态,其隐逸形态则必将发生变化,于是主张"市隐"的多了起来,身不脱闹市而求隐居,只要保持人格的独立,精神的超脱,"内无所营,外无所冀",无往而不可隐,居市可隐,做官也可隐,端居不动而心有天游,立朝居市而超然尘外,以一种虚静的心态应对世态,即使身在庙堂,也可做湖海之游:"含香之暑,如僧舍,沉水一炉,丹经一卷,日生尘外之想。兰省簿牍,有曹长主之,了不关白,居然云水闲人。独畏骑款段出门,捉鞭怀刺,回机薄人,吹沙满面,则又密想江南之青溪碧石,以自愉快。吾面有回机吹沙,而吾胸中有青溪碧石,其如我何?……五鼓入朝,清雾在衣,月映宫树,下马行辇道,经御沟,意兴所到,神游仙山,托咏芒术。身穿朝衣,心在烟壑,旁人徒得其貌,不得其心,以为犹夫宰官也。"[3]认为"市朝无拘管,何处不渔蓑?"而且视隐于市朝者为尤其难得,故称"大隐"。沈周《市隐》中说得好:"莫言嘉遯独终南,即此城中住亦甘。浩荡开门心自静,滑稽玩世估仍堪。壶公溷迹无人识,周令移文好自惭。酷爱林泉图上见,生憎官府酒边谈。惊车过马常无数,扫地焚香日再三。"[4]

"市隐"观念原非明代特有,东晋诗人王康琚《反招隐》诗中写道:"小隐隐陵薮,大隐隐朝市",颐养"天和",守持"至理",脱略行迹而勿矫其

---

[1] (明)黄宗羲:《南雷文案》卷二。
[2] (清)张沙白:《市声说》,转引自蒋星煜编著:《中国隐士与中国文化》,第91页,上海:上海书店,1992年。
[3] (明)屠隆:《白榆集》卷十"答李惟寅"。
[4] (明)沈周:《沈石田先生诗文集》卷五。

性，就成"大隐"，即隐于朝市的"市隐"。唐代白居易的"中隐"理论则是折中型的一种推展。明代以前，"小隐"于山林，"中隐"于留司的隐逸现象大量存在，而隐于朝市的"大隐"并未形成一种景象。将隐逸风度从山林转移入城市，一变"放怀青云外，绝迹穷山里"的"超世"、"出世"形态，从心迹上构成"市隐"性格的是明代，特别是在吴中地区"普遍构成一种人文心态，并由此辐射成为浓重的文化'场'，覆盖面遍及一个地域，则肇自明初到中叶成化、弘治、正德、嘉靖四朝，一百年得以充分发展，稳定成地域性的文化精神,即特定时空间群体性趋从的一种意识形态"。[1]"市隐"——于城市中求隐居，将志同道合的人组成一个精神舒畅的社交界，但绝不远离人群，不是在山里闭门不出孤立的仙人，而是保持他们在社会中的独立性。为了形成这样一个团体，经济上的繁荣与和平的确立则是他们所最希望的。明代中后期的江南正好是具备了这样的条件，因此，在明代的吴中地区形成了普遍的市隐风尚。文徵明在《顾春潜先生传》中高度概括"市隐"观念的内涵："或谓昔之隐者，必林栖野处，灭迹城市。而春潜既仕有官，且尝宣力于时；而随缘里井，未始异于人人，而以为浅，得微有戾乎？虽然，此其迹也。苟以其迹，则渊明固曾为建始参军，为彭泽令矣。而千载之下，不废为处士，其志有在也。渊明在晋名元亮，在宋名潜。朱子于《纲目》书曰：'晋处士陶潜'，与其志也,余于春潜亦云。"[2]它泯灭了隐者必须"灭迹城市"的界限，适志而行，行不乖怪，即使上对皇权纲绩，也无乖戾之嫌。如此就能安然地隐于市、隐于园林木石间。

  明代市隐方式在吴中形成之后，在文人中形成了一种普遍的风尚，直至清代，士人无论是布衣、仕宦基本上都遵循着这一条"市隐"的道路，吴宽"好古力学，至老不倦，于权势荣利，则退避如畏然。在翰林时，于所居之东治园亭，杂莳花木，退朝执一卷日哦其中，每良辰佳节为具召客，分题联句为乐,若不知有官者。"[3]从此可以看出吴宽在京供职时的生活状况，从"仕"的侧面表现以志驭迹、心隐身不隐的"市隐"特点。明代具有布衣特色的文

---

[1] 严迪昌：《市隐心态与吴中明清文化氏族》，载《苏州大学学刊》1991 年，第 1 期，第 80-89 页。

[2] （明）文徵明：《文徵明集》卷二十七。

[3] 严迪昌：《市隐心态与吴中明清文化氏族》，载《苏州大学学刊》1991 年，第 1 期，第 80-89 页。

化群体以沈周、文徵明、唐寅为代表的吴中文人社群，以诗文书画自娱，布衣终身，过着远离政治的半隐生活。甚至文人中一些因为受政治迫害而"不入城"的"山人"也"十九市廛"。明末文人陈继儒，既有"晚嗜缁衣黄冠之学"结茅隐居，焚香晏坐之时，"但有关旱潦转输，或大不便于民与国者，乡兖嗫嚅而不敢出，仲醇〔继儒〕慷慨弗顾，委屈辩析，洞中肯綮，往往当事动色，默夺其意而潜寝之。"[1] 其隐于乡野，而心在庙堂，故有"山中宰相"之"美誉"。这就已经显示了和前代隐逸的区别，也显示了明清时期文人出世与入世思想间的矛盾、徘徊与痛苦。

无论是伯夷、叔齐隐居深山，东方朔的"避世于朝廷间"，白居易"中隐"思想，还是明清的"市隐"思想，都是士大夫与皇权统治相互作用的结果，集权制度和士大夫阶层以更加适应对方的双向自我调节，是中国封建文化由不成熟、不自觉走向成熟和自觉的重要一环。强大的专制体制迫使隐逸文化的发展不断地适应专制体制，隐逸文化的发展是文人阶层的"独善"不断与专制体制融合、不断被专制制度侵蚀的结果。"士人阶层与集权制度以相互适应对方为目的的双向调节反映到隐逸文化之中，也就是它们两大基本方面之间的亲和日益自觉。隐逸文化的性质及其发展方向为中国传统社会形态的特点所严格制约着。正是这种制约决定了它必将走向自己的反面：从外部来看，隐逸文化保持士大夫相对独立的表面目的，必将越来越多地为保证宗法集权制度的延续这一根本目的所取代；从内部来看，隐逸文化两大方面的不断亲和也将最终使他们融为一体，从而导致隐逸文化的彻底变性。"[2]

2. 明清园林与文人市隐风尚

明清文人园林不仅是文人们实现独立人格的世尘之外的存身之地，更重要的意义是文人的宇宙观和人性理论获得了高度融洽统合为一体。他们通过园林来滋养"天性"，在园林的审美过程中，使心灵得到净化，使人性得以复归。这是古代文人早已采用过的隐逸方式，然而形成一种较为普遍的社会风

---

[1] （清）姜绍书辑：《无声诗史》卷四。

[2] 王毅：《园林与中国文化》，第641页，上海：上海人民出版社，1990年。

气,却有赖于明清时期城市私家园林的兴盛。

明清文人市隐风尚促进城市园林的发展,使文人既能享受山林般的清风朗月,同时又不用脱离市朝。城中的热闹与繁华自不同于隐遁山林薮泽的单纯朴素,但园林中的假山池泉、密林芳草和幽径却与山林薮泽相类,使身处其中的人顿生"都内今朝似方外"的感受。对于既怀抱市井生活又企慕隐逸逍遥的文人而言,它无疑是一种完满境界的实现。随着明清文人"市隐"的处世态度普遍形成,"城市山林"便成为实现隐逸的最佳方式。文人园主们"既贪图城市的优厚物质供应,又不想受劳顿之苦,寻求'山水林泉之乐',因此就在邸宅近旁经营既有城市物质享受,又有山林自然意趣的'城市山林',来满足他们各方面的享乐欲望。"[1]于是遍造"园林",以满足士人泉石啸傲、渔樵隐逸的愿望和卧游之兴。沈周年轻时曾被举为"贤良方正",但他拒绝应征,决意隐遁,筑有竹居,以为隐居之所。"遥知有竹处,便是隐君居。诗中大痴画,酒后老颠书。人生行乐尔,世事其何如?"[2]拙政园主王献臣进士出生,历任御史、巡抚等职,因官场失意,乃致仕还乡,"余自筮仕抵今,余四十年,同时之人,或起家至八坐,登三事,而吾仅以一郡倅,老退林下,其为政殆有拙于岳者,园所以识也"[3]。取潘岳《闲居赋》中"此亦拙者之为政也"之句名园,道出园名之隐退寓意。〔图 22〕明清文人在城市构建园林,自比上古隐逸圣贤,是明代自前期演变以来的吴地"市隐"心态的需要。

明清城市园林的发展反过来又适应了"若以城市中而求隐居"的明清社会文人的市隐思想。"市居之迹于喧野,山居之迹于寂野,惟园居在季孟间耳。"[4]大量城市园林的建造又为文人普遍的"市隐"风尚提供了土壤。"足征市隐,犹胜巢居,能为闹处寻幽,胡舍近方图远?得闲即诣,随兴携游"[5]。甚至有园林直接冠以"市隐"之名。"招隐堂"、"小隐堂"、"隐圃"、"桃园小隐"、"笠

---

[1] 刘敦桢:《苏州古典园林的自然意趣》,转引自:伍蠡甫《山水与美学》,上海:上海文艺出版社,1985年。
[2] (明)沈周:《有竹居图·徐有贞题跋》,转引自陈正宏:《沈周年谱》,载《朵云》,1991年,第1期。
[3] (明)文徵明:《王氏拙政园记》,见《文衡拙政园诗画册》,上海中华书局影印本。
[4] (明)陈继儒:《梅花楼记:眉公先生晚香堂小品》,转引自王毅:《中国园林与中国文化》,第649页,上海:上海人民出版社,1990年。
[5] (明)计成:《园冶·相地》,见张家骥:《园冶全释》,第183页,太原:山西古籍出版社,2002年。

[图22] 明·文徵明《拙政园诗画册》

泽渔隐"、"乐隐"、"平泉小隐"〔图23〕等直接以隐逸思想为题名。"网师园"为乾隆年间光禄寺少卿宋宗元从官场"倦游归来"修建而成,借故址万卷堂"渔隐"之名,托"渔隐"原意,自比渔人,遂以"网师"颜其园,以表"隐居自晦之志"。退思园则语出《左传》"进思尽忠,退思补过"之句。〔图24〕文人们钦羡"筑室种数,灌园鬻蔬,逍遥自得,享闲居之乐"的生活,于园林中求得心理的平衡,享受园居生活的快乐,并宣其"明贤胜士"之志。

明清小型私家园林的大量构建,把文人一贯在内心构建精神绿洲的传统,用非常和谐的手段外化为"适志"、"自得"的物态环境。园林的主人〔包括参与设计规划者〕多为文学家、学者、诗人和画家,属于文人阶层,他们的思想归宿,始终离不开儒道两家所设置的精神家园。他们中的大部分人,信守的也是先哲的道德观、价值观和人格意识,在官场上以道自任,隐退后,又追求并标志人格的完善。于是,园林就成为他们避世远祸、澡雪精神、保持独立人格的载体,文人园林也就演化而来成为"市隐"风尚的产物。

明清时期大量园林的出现正是明清时期隐逸文化与专制制度之间妥协在艺术上的另一种表现形式。可以解决文人"仕"与"不仕"的矛盾,既可以满足文人"隐匿"的心理需求,也便于文人"出仕"的

[图23] 苏州耦园"平泉小隐"

[图24] 吴江退思园

实际需要。前面已经说过文人仕与不仕都是有条件的，而"城市园林"则可以满足文人出入两全的可能，它可使"凡朝夕之奉，燕游之乐，不求而足，……开门而出仕，则跬步市朝之上。闭门而归隐，则俯仰山林之下。于以养生怡性，行义求志，无适而不可"。[1]艺术家借助于艺术形式表达心中的感受，艺术形象不是为形象而形象，是通过形象来达意抒情的。"古来豪杰不得志于时，则渔耶樵耶，隐而不出。然尝托意于柔管，有韵语无声诗借以送日。故伸毫构景，无非拈出自家面目"。[2]通过艺术形象，于塑造艺术典型的同时，寄托自己的情思、意境。明清的艺术家正是通过园林等艺术形式来表达身在市朝、心想林泉的愿望。

明清时期的大多数文人追求"结庐在人境,而无车马喧"的生活境地,虽囿于市井，但仍不忘将性情、兴致致力于自己拓一片小园，植一片绿丛，以留给自己回想、遐思的余地。求出一种"引天风于庭柱，招野雉戏花径"的情趣。〔图25〕事实上，是为自己创造出方寸间的广阔。这别一天地恰好起到了接引自然与人的交流，抒发胸臆的作用。束束清溪恰似万顷碧波，使人坦荡、无为，屈曲小径犹如廊引人随，通花渡壑，使人心静、神怡。反映了文人从积极入仕到消极离仕，以自然为师，仿自然而又稍稍脱于自然的一种思想情态。

栖迟园林、寄情山水，啸吟风月，以此抒发政治受挫的愤懑，享受精神的怡然闲适与心灵的虚融清净，追求平静安闲的境界是明清文人的理想。明清士人园林呈现自然、雅致的情趣，用佳山胜水、修竹古木、冬梅花篱、白鹅紫鸳等表现园主人对归隐生活的向往，是托物言志的再创造。园中寄寓的对天地灵秀、淡泊胸襟的意趣追求，明清园林中最核心的要素，并不是简单的"清风朗月"、"河英岳秀"的山水景观的再现，而是明清文人对"逍遥偃傲"的绝对要求。古代隐逸文化的出现，促进了士人对宇宙、自然的思辨和亲和；其文化思想又促进了私家自然园林的发展，园林空间成为士人精神寄托和其文化创造的空间载体；而"士文化"则是其园林空间景物的思想根基。

---

[1] （北宋）苏轼：《灵璧张氏园亭记》，见陈从周、蒋启霆选编，赵厚均注释：《园综》，第448页，上海：同济大学出版社，2004年。

[2] （明）沈颢：《画麈》，见卢辅圣主编：《中国书画全书》第四册，第815页，上海：上海书画出版社，1993年。

[图25] 明·陆治《花溪渔隐图》页
〔故宫博物院藏〕

明清文人园林的传统文学艺术意趣——文心画境

"艺术品必须是由许多互相联系的部分组成的一个总体,而各个部分的关系是经过有计划改变的。"[1]"中国古典园林几乎把当时可能出现的门类艺术以及其他的精神文化种类全部综合到自己的一统领域之内,或者说,把人类种种生机、活力都根植于自己肥沃的园地里,让这些精神性因素生长发育成为精神世界的丛林。这样,园林就成为洋溢着感人的审美情氛和文化意味的艺术空间,或者说,就成为充满着多元性人文内涵的审美主体的精神家园。"[2]

苏轼评价王维"诗中有画""画中有诗",成为衡量中国文人艺术的标准,文人园林,以自然美作为审美对象,并将诗情画意融入园林,"诗扬心造化,笔发性园林",追求诗的意境和画的美景,以文为义,成为"凝固的诗",以画为景,形成"立体的画"。

一、"凝固的诗"——明清文人园林的诗意

〔一〕"筑圃见文心"——中国古典诗文对文人园林的影响

园林是由山水、建筑、花木构成的物质世界,但当你走进文人园林时,感受到的不仅仅是视觉的享受,还有一份精神的享受,那是因为"中国古典园林有一个十分重要的美学定性,这就是除了按重量规律对形而下的物质进行精神性的艺术安排,即除了把形而上的精神转化为有重量的物质实体——建筑等类型外,还着重地借助于文学这门'把精神作为精神来表现的艺术',充分发挥文学语言形而上的审美功能,使园林建筑的造型以及山水、花木更能渗透审美主体的精神因素,使物质精神互渗互补,相得益彰"。[3]中国园林与中国古典诗文的关系最为密切,可以说是盘根错节,难分难离,因此,"研究中国园林,似应先从中国诗文入手,则必求其本,先究其源,然后有许多问题可迎刃而解,如果就园论园,则所解不深。"[4]

---

[1]〔法〕丹纳著,傅雷译:《艺术哲学》,第 28 页,北京:人民文学出版社,1997 年。
[2] 金学智:《中国园林美学》,第 235 页,北京:中国建筑工业出版社,2005 年。
[3] 金学智:《中国园林美学》,第 237 页,北京:中国建筑工业出版社,2005 年。
[4] 陈从周:《中国诗文与中国园林艺术》,第 239 页,见《中国园林》,广州:广东旅游出版社,1996 年。

西汉毛苌的《毛诗序》中说："诗者，志之所之也，在心为志，发言为诗。情动于中而形于言，言之不足故嗟叹之，嗟叹之不足故咏歌之，咏歌之不足，不知手之舞之，足之蹈之也。"中国之文艺精神，体现最为完善者无疑是诗，诗之为诗，可以是兴观群怨之诗史，可以是遭际感怀之记录，可以是心灵境界之体察。园林艺术与中国诗文相结合，作为个人的世界与园林艺术的完美结合物，往往是文人自身情感的抒发。

中国古典园林尤其是文人园林在构园、造园、题园、咏园诸环节均离不开诗文，可谓园因文造。一座园林，在起始阶段往往经主人由诗文境界而构思，以至于设计出富有诗情画意的园内景观；而后请文人、画家、书家等共商造园事宜，用诗文概括出园内各景观的意境；园林付之营造，则往往追求"境若与诗文相融洽"，即揣摩诗情文心来造园，造出具有诗情画意的园林境界；园成之后，题咏匾额、楹联。诗文在园林中的主要作用，还在于促使景象升华到精神的高度，亦即对园林意境的开拓。

园林借助于景物题署的"诗化"来获致象外之旨是从宋代开始的。北宋文人苏舜钦的"沧浪亭"〔图26〕取自《孟子·离娄》"沧浪之水清兮，可以濯我缨；沧浪之水浊兮，可以濯我足"之句，以"沧浪"为名，寓意让个人的荣辱得失在"沧浪"水中淡化、消融。

宋代园林无论从形式还是内容，文人意味增加，除沧浪亭外，司马光名其园为"独乐园"，取孟子"独乐乐，不如与人乐乐；与少乐乐，不如与众乐乐"〔《孟子·梁惠王》〕之句，《独乐园记》中曰："志倦体疲，则投竿取鱼，执衽采药，决渠灌花，操斧剖竹，濯热盥手，临高纵目，逍遥相羊，唯意所适……踽踽焉，洋洋焉，不知天壤之间复有何乐可以代此也。因合而命之曰：'独乐园'"①。明独善其身之意，言志达性。朱长文的"乐圃"、沈括"梦溪"等文人园林，园题抒发园主人的襟怀，引导游赏者的联想。从诗词中寻求诗意，使园林突出地具有文学意味、抒情功能和文化色彩。不但有特定予以的园名，而且其中景点也均有诗情或富于文化内涵的系列题名。宋代完全将文心融入文人园林中了。"通过历史性和共时性相结合的考察，可以这样说，从

---

① （宋）司马光：《独乐园记》，见陈植、张公驰选注，陈从周校阅：《中国历代名园记选注》，第26页，合肥：安徽科学技术出版社，1983年。

[图26] 苏州沧浪亭外景

总体上看有没有自觉出现或大量出现带有文学意味或文化色彩的题名，使作为物质建构的园林文学化、心灵化，这是宋代园林和唐代园林的区别之一"[1]。

明清时期的文人园林继承了宋以来的文学化传统，使用古代诗文已为定式，李斗《扬州画舫录·虹桥录上》中有关"冶春诗社"的片断叙述："'秋思山房'后，厅事三楹，额曰'槐荫厅'，联云：'小院回廊春寂寂〔杜甫〕；朱栏芳草绿纤纤〔刘兼〕。'由厅入冶春楼，联云：'风月万家河两岸〔白居易〕；菖蒲翻叶柳交枝〔卢纶〕。'……阁道愈行愈西，入'香影楼'，盖以文简'衣香人影'句名之，联云："堤月桥边好时景〔郑谷〕；银鞍绣毂盛繁华〔王勃〕。'"[2] 匾联与建筑景观相互映照、相互生发。园林的对额、题名只要撷取古代诗文特别是名篇中的几个字，由这个极小的暗示而使人联想起有关的句群，乃至联想起作者及其被引用的整个作品，联想起有关的人物、思想、事件、景色和审美情趣等。

明清造园艺术家们往往通过文学题咏和景观布局，将中国文学史上许多

[1] 金学智：《文心·园林、景点的题名〔下〕》，载《苏州教育学院学报》，1999年，第4期。
[2] （清）李斗：《扬州画舫录》，第239页，北京：中华书局，2001年。

著名文学家的诗文意境，融进园林，达到境域与诗文相融洽，也正是因为揣摩诗意构园，所以园林各景区也就具有寓意深远的诗文意境。

运用古典诗文是为了借助于过去的审美信息，引发人们的艺术情思，规范人们的接受定向，拓展人们的诗意联想，扩大作品的审美信息。一般说来，园林中文学性的题名、匾额、对联，或揭示点拨，或启发诱导，或深化拓展，或由景入情，或迁想妙得，或追虚捕微，或兴会感神，园林中文学语言的功能，也不只是状物、写景、抒情，而且还有言志、记事等。从这一视角看，园林美对形而上的文学语言的综合，极大地丰富了园林空间的精神内涵，极大地增加了园林所储存的信息量，它能使游人深入其境，览景物而生情思。明清文人园林之所以富于诗情画意，富于典雅美丽的神韵风致，一个重要的原因就是由于文学性的点缀、形容、渗透、生发、升华。正如德国著名哲学家海德格尔所说："这并不意味着：诗意只是栖居的装饰品和附属物。栖居的诗意也不仅意味着：诗意以某种方式出现在所有的栖居中。……作诗首先让一种栖居成为栖居。作诗是本真的栖居。但我们何以达到一种栖居呢？通过筑造。作诗，作为栖居，乃是一种筑造。"[1]

文人园林作为文人艺术的一支，并不是以造型艺术为目的，它以其苍宇的无限、湖海的宏博、山峦的雄浑高峻、流水的明净潺潺、植物的百艳纷呈，以三维空间存在的艺术，表现出"文之极也"，"从于心者也"。诗云："主人无俗态，筑圃见文心。"[2] 是对明清文人园林文学化的概括总结。

〔二〕 古代诗文在明清文人园林中的表现

明代书画艺术大师董其昌说："大都诗以山川为境，山川亦以诗为境。名山遇赋客，何异士遇知己，一入品题，情貌都尽。"[3] 古典园林以命名或题额使园林渗透和充盈着诗意或文意，从而使有限的建筑、山水、花木、禽鱼，传达出抒情性非常浓厚的诗情来，甚至能把人们审美感受中的想象、情感、理

---

[1] 〔德〕海德格尔著，孙周兴编：《海德格尔选集》，第465页，上海：三联书店上海分店，1996年。
[2] （明）张岱：《陶庵梦忆·西湖梦寻》，第30页，上海：上海古籍出版社，1982年。
[3] （明）董其昌：《画禅室随笔》卷三"评诗"，见 卢辅圣主编：《中国书画全书》，第三册，第1025页，上海：上海书画出版社，1992年。

解诸因素引向更为明确的观念或主题,导向更为深邃的内涵中。

园林的题名、匾联与园林的关系很像中国绘画中画与题跋的关系,方薰在《山静居画论》中论述绘画与题跋的关系时说:"以题语位置画境者,画亦由题益妙。高情逸思,画之不足,题以发之。"[1]即画面未能充分表达的高情逸思,可以通过题跋进一步升华。这种理论也适用于三维空间的立体的画——园林。正如《红楼梦》中贾政所云:"若大景致,若干亭榭,无字标题,任是花山柳水,也断不能生色"。[2]题名、匾联可以阐发园林的功能、作用,还能够充分表达建筑的意蕴和情思,具画龙点睛之妙。

至明清时期,借助诗文题名写意之风愈演愈烈,仅以王世贞弇山园为例,其中景点题名竟有近两百个之多。明清园林臻于"文之极"的程度,成为文人园林的杰出典范。

1. 园名景名诗文化

《管子·心术》曰:"物固有形,形固有名"。园林、建筑命名最初只是一个符号标志,至宋以后文人学士但凡筑园必在园名上下一番工夫,以求有深意。

园名、匾联在明清的文人园林中占有重要的位置,明人张岱在评价园林命名时言:"造园亭之难,难于结构,更难于命名。盖命名俗则不佳,文又不妙。"[3]明清文人的筑园缘由、所表达的内心感受都要用题名、匾联表达出来。园林题名正如古人所云"凡人身之所涉,性之所好,每有寄托,必思自立名字以垂于后,即园林何独不然"。[4]园林题名、匾额表达了园主人的心声,也增加了园林的诗情画意、文人情趣,园林的文学化、艺术化之生成亦导源于此。

园名或出自典籍,或出自文人诗句,都是为了借此表达园主一定的意义,

---

[1] (清)方薰:《山静居画论》,见俞剑华编著:《中国古代画论类编》,第241页,北京:人民美术出版社,2004年。

[2] (清)曹雪芹:《红楼梦》,第十七回。

[3] (明)张岱:《与祁世培书》,见陈从周、蒋启霆选编,赵厚均注释:《园综》,第495页,上海:同济大学出版社,2004年。

[4] (清)褚廷璋:《网师园记》,见陈从周、蒋启霆选编,赵厚均注释:《园综》,第264页,上海:同济大学出版社,2004年。

[图27-1] 苏州留园濠濮亭

或对前代名士风流的仰慕、归隐独善其身的志向、和谐平安的愿望等。表达着种种不同的艺术情思，蕴蓄着种种不同的文化意蕴。

苏州留园"濠濮亭"，〔图27-1、图27-2〕亭中匾题"林幽泉胜，禽鱼目亲，如在濠上，如临濮滨"。北海、避暑山庄有"濠濮间想"，以及"鱼乐园"、"知鱼"、"知鱼槛"、"知鱼濠"等景点，留园观云台匾额为"安知我不知鱼之乐"，皆源自《庄子·秋水》，以表达体悟天地的本真之性，驻留自然的精神。苏州拥翠山庄的抱瓮轩，出自《庄子·天地》汉阴丈人"将为圃畦，凿隧而入井，抱瓮而出灌，搰搰然用力甚多而见功寡"之句。范成

[图27-2] 版画《御制避暑山庄诗》之濠濮间想

[图28] 苏州留园 "汲古得修绠"

大题其园斋:"汉阴无械可容机,岁晚功名一衲衣。槁木闲身随念懒,浮云幻事转头非"。[1] 吴廷翰《瓮园记》中曰:"吾园宁拙毋巧,甘抱瓮以终身,而不能一日为桔槔也。"[2] 其《瓮园》中更称:"花间抱瓮睡,雨后荷锄吟。性懒平生癖,机王万虑沉。古人如可做,惟有汉阴心。"[3] 缘自庄子的弃绝机心,纯任自然的人生态度。庄子这种挣脱世俗尘累,追求身心自由,物我同一、人鱼同乐、悠然自怡的情感境界,与明清士人提倡的恬淡寡语、闲雅超脱之情相契合,为明清士人竞相标榜。

吴江的退思园,园名退思,意取"退而思过"之意。语出《左传·鲁宣公十二年》"林父之事君也,进思尽忠,退思补过"。苏州留园的"汲古得修绠"取自《荀子·荣辱》:"短绠不可以汲深井之泉,知不几者不可与及圣人之言。"〔图28〕圆明园的"坦坦荡荡"源自《易经》"履道坦坦"和《尚书》"王道荡荡"之语。《礼记》、《诗经》等先秦经典文学增加了明清园林的文化

---

[1] (宋)范成大:《题漫斋壁》。
[2] (明)吴廷翰:《吴廷翰集·湖山小稿》,下卷。
[3] (明)吴廷翰:《吴廷翰集·湖山小稿》,上卷。

[图29] 苏州网师园"真意"

内涵,圆明园"鱼跃鸢飞"来源于《诗经·大雅·旱麓》"鸢飞戾天,鱼跃于渊","藏修息游"则取自《礼记·乐记》。

  魏晋士人"俯仰自得,游心太玄"的超然精神吸引、感召着明清文人。清代岭南梅州的人境庐,取自陶渊明诗句,表现超脱尘世,归园田居之意。《归田园居》诗五首及《归去来兮辞》,以及陶渊明大量的田园诗成为明清文人园林的主题意境,苏州有"归田园居"、"五柳园"〔《归田园居》之一"榆柳荫后檐,桃李罗堂前"。〕、"耕学斋"、"三径小隐"〔《归去来兮辞》〕等。苏州网师园"真意"门额〔图29〕,取自"此中有真意,欲辨已忘言"〔《饮酒》之五〕,上海"日涉园"、苏州"涉园"取自"园日涉以成趣,门虽设而常关"。〔《归田园居》之一〕苏州拙政园取名于西晋文学家潘岳《闲居赋》:"灌园鬻蔬,以供朝夕之膳,此亦拙者之为政也。"苏州怡园"松籁阁",拙政

[图30] 苏州沧浪亭"印心石屋"

园"听松风处",承德"万壑松风",是物化的晋代风流,梁朝被誉为"山中宰相"的陶弘景,栖隐山林,《南史》记载他"特爱松风,庭院皆植松,每闻其响,欣然为乐。有时独游泉石,望见者以为是仙人"。文人们钦羡他高雅的品位,在园林中以他的爱好而置景。无锡"寄畅园"则是引自王羲之诗句:"三春启群品,寄畅在所因"。

　　园景题名中包含的内容非常丰富,涵盖了中国文化的各个方面,苏州留园"活泼泼地",来自佛教经典《景德传灯录·无住禅师》"真心者,念生亦不顺生,念灭亦不依寂。……活泼泼平常自在。"还有如"无尽藏"就《大乘义章》"德广难穷名为无尽,无尽之德包含曰藏"取意。"不二斋"则有《维摩诘经不二法门品》之意,皆取自佛家。苏州沧浪亭"印心石屋"石额,〔图30〕额取自《景德传灯录》"衣以表信,法乃印心"之意。宋苏轼《书〈楞伽经〉后》:"吾观震旦所有经教,惟《楞伽》四卷可以印心",言佛家为印证于心而顿悟,与得意忘言、直契道本的庄玄精神殊途同归。沧浪亭的"看山楼"〔图31〕则意取宋代吉州青山惟政禅师的《上堂法语》中说的悟道的

[图31] 苏州沧浪亭看山楼

三种境界:"老僧三十年前,未参禅时,见山是山,见水是水;及至后来,亲见知识,有个入处,见山不是山,见水不是水;而今得个休歇处,见山只是山,见水只是水。"

园景题名表达园主的造园思想,苏州"耦园"因耦与偶通,寓指夫妻二人双双隐居归田,同耕共织之意。〔图32〕"网师园"暗含"渔隐"之意。都表达了园主归隐田园、独善其身的理想。随园,原名"隋园",是江宁织造隋赫德之旧园。袁枚购得后,重新修建,改名为"随"。随既与原名谐音,同时又是造园方法和园主为人处世心态的反映:"闻之苏子曰:'君子不必仕,不必不仕',然则余之仕与不仕,与居园之久与不久,亦随之而已。"[1]"随"字含义至深,其随遇而安之意足供后人反复回味。

文人园林的很多景点是历史文化的实物留存。它们可以使游人的联想和

---

[1] (清)袁枚:《随园记》,见陈植、张公驰选注,陈从周校阅:《中国历代名园记选注》,第361页,合肥:安徽科学技术出版社,1983年。

[图32] 苏州耦园

想象超时空地奔驰，赞叹人类文明的灿烂结晶，启示对未来的无限信心。

2. 楹联

楹联是文人园林文学化的另一种形式，也是汉民族特有的一种文学形式，它"汲取《诗经》的对偶规范，诸子百家的渊博学说，辞赋的修辞文采，骈文的对仗声律，唐诗的风范格韵，民间的桃符形式，以及书法的造型艺术，融于一体，集情意韵形之美，收雅俗共赏之效"。[1] "楹联"的出现较晚，据学者考证，对联当产生于唐代，到北宋逐渐得到推广。[2] 宋元时代在园林中有对联，尚无"楹联"。吴自牧在《梦梁录》所记南宋临安园内使用匾联的情况，如德寿宫中有楼阁，"匾曰：聚远，屏风大书东坡诗：'赖有高楼能聚远，一时收拾付闲人'之句。其宫御四面游玩庭馆，皆有名匾"。[3] 仅见有匾，并未

---

[1] 《中国楹联大辞典·前言》，南京：江苏科学技术出版社，1991年。

[2] 徐伯安：《桃人·桃符·对对子——题园、题景源流小考》，见宗白华等著：《中国园林艺术概观》，第181-188页，南京：江苏人民出版社，1987年。

[3] （宋）吴自牧：《梦梁录》卷八"德寿宫"。

有联。明末计成著《园冶》对楹联未著一字。到清康熙十年〔1671年〕，李渔著《闲情偶寄》，在"居室部"中，才对联匾专加论述。"由此可证，即使明代已有'楹联'，也还没有成为园林建筑和景境意匠的一种必要手段，但在清代，'楹联'就成为园林中不可缺少的东西了。"①

园林中的园名、匾额，常提炼自诗文，而"楹联"往往直接摘录唐人的诗句。浙江海盐县的"绮园"，有石联曰："两水夹明镜"、"双桥落彩虹"，就是直接取自李白的《秋登宣城谢朓北楼》。《扬州画舫录》中辑录了部分扬州的园林中集唐人诗句的楹联，"深柳读书堂"联为：会须上番看成竹〔杜甫〕，渐拟清引到画堂〔薛远〕。"烟渚吟廊"〔内院外临水〕：阶墀近洲渚〔高适〕，亭院有烟霞〔郭良〕。倚虹园"妙远堂"：河边涉气迎芳草〔孙逖〕，城上春阴覆苑墙〔杜甫〕。西园"觞咏楼"：香溢金杯环满座〔徐彦伯〕，诗成珠玉在挥毫〔杜甫〕。苏州网师园琴室有联云："山前倚杖看云起，松下横琴待鹤归"，源自王维《终南别业》"行到水穷处，坐看云起时"，和苏东坡《放鹤亭记》"鹤归来兮，东山之阴，其下有人兮，黄冠草履，葛衣而鼓琴，躬耕而食兮，其余以汝饱。归来归来兮，西山不可以久留。"之意。沧浪亭锄月轩的楹联"乐山乐水得静趣，一丘一壑自风流"，出句自《论语·雍也》"仁者乐山，智者乐水"中化出，对句取自辛弃疾《鹧鸪天》"书咄咄且休休，一丘一壑也风流。"以表隐栖山林之乐。

园林中的楹联，大多出于名家之手，有即景自撰联，有古人诗文名句的集联，有移花接木之联，异彩纷呈，意象纵横：或描摹形神，挥洒淋漓。或景融哲理，余香袅袅，如"梧竹幽居亭"对联："爽借清风明借月，动观流水静观山"；沧浪亭"翠玲珑"对联："风篁类长笛，流水当鸣琴"〔图33〕；沧浪亭观鱼处对联"共知心似水，安见我非鱼"〔图34〕；拙政园小沧浪楹联"清斯濯缨浊斯濯足，智者乐水仁者乐山"〔图35〕。或感事抒怀，述志道情，如留园"五峰仙馆"对联："历宦海四朝身，且住为佳，休辜负清风明月；借他乡一廛地，因寄所托，任安排奇石名花"；曲园"乐知堂"对联："三多以外有三多，多德多才多觉悟；四美之先标四美，美名美寿美儿孙"。或记事励德，启迪心性，如网师园"濯缨水阁"对联："曾三颜四，禹寸陶

---

① 张家骥：《中国造园论》，第167页，太原：山西人民出版社，2003年。

[图33] 苏州沧浪亭"翠玲珑"匾联

[图34] 苏州沧浪亭观鱼处楹联

[图35] 苏州拙政园小沧浪楹联

[图36] 苏州网师园"濯缨水阁"匾联

分"〔图36〕；拙政园"绣绮亭"对联："处世和而厚，生平直且勤"。或述古道今，情思悠悠，如沧浪亭"明道堂"对联："百花潭烟水同情，年来画本重摹，香火因缘，合以少陵配长史；万里流风波太险，此处缁尘可濯，林泉自在，从知招隐胜游仙。"所谓"清吟追陶谢，逸韵慕嵇阮"，文人从自然、社会中感悟到的人生真谛、宇宙隐语以及内心情思，借助这些高言妙句而物态化，从而感性地呈现在我们的面前。

　　园林的匾联是构成明清文人园林景境的一部分，文辞之隽永，书法之美妙，常令人一唱三叹，徘徊不已。形式上不仅起到建筑的装饰作用，而且有空间构图和空间流向的标志的功能；其内容更具文人气息，有韵景点景的意义，园名匾联最重要的作用是引发游人的形象思维，从而由物境进入审美的境地。在文人园林中，园名匾联是创造园林意境的重要手段，它表现为文学书法等艺术对园林的渗透，或可称为园林艺术向文学书法的借用，两者的相融是可能的而且是必然的。园林楹联多角度、全方位体现出我们民族的文化、民族的精神。从明清的文人园林中，可以品味中国文化之精华。

[图37] 苏州拙政园见山楼

〔三〕 文人园林的诗文意境

园林中大量摄取古典诗文设置园名景名以及楹联，直接点化中国古代诗文精华，徜徉园中，细细咀嚼玩咏，犹如徜徉于诗文之中。通过造园之法及园景布置、意境营造体现古代诗文意境是文人园林诗化的另一种表现形式。

"山川以诗为境"，文人园林将诗文意化为园林境，从而使受空间局限的山石溪泉和建筑亭台等园林景观有了深远隽永之感。

明清文人园林在园景的设置和布局中充满诗一般的意境，明代顾大典的"谐赏园"，全园构思以陶渊明隐逸思想为内涵，园中"载欣堂"、"静寄轩"等景点，就是以陶渊明的诗文《归来辞》为设景依据的；桥面平台，曰"舒啸"；园内小溪曰"武陵一曲"，全园体现了陶渊明归园田居的园林诗意境。拙政园及狮子林的"见山楼"〔图37〕，取"采菊东篱下，悠然见南山"诗句意境，园内诸多景物，以及它们与园外天地宇宙大自然的融合关系，使园林审美者从静中无意得之，身临其境，忘记自身存在，使人联想到陶诗"此中有真意，欲辨已忘言"的高远诗境和深邃哲理。

退思园中流溢着宋词的意境。园池中遍植荷花、菰蒲，有姜白石的风雅之气，"水香榭"中夏日里绿荫荷香，清风徐来，冷香飞动，沁人心脾，"嫣然摇动，冷香飞上诗句"的境界飘然而至；背临荷池的"菰雨生凉"轩，秋日里雨打菰蒲，"翠叶吹凉，玉容销酒，更洒菰蒲雨"的意境油然而生；湖中"闹红一舸"则自岸边突出水面，微风吹来，仿佛扁舟随风荡漾，这几处景名皆由姜白石《念奴娇·闹红一舸》一词化出[①]。

拙政园"远香堂"，北临池水，小亭翼然，林木翠郁，叠石玲珑，夏日荷蕖满池，清香远溢，恰如周敦颐《爱莲说》中所描绘的"香远益清，亭亭净植"之意境。

苏州怡园园主顾文彬特别喜爱宋词，其园中景点的许多题名、对联，都集自宋词，蔚为大观。这就构成了怡园一道著名的风景线。"坡仙琴馆"的集句联为："步翠麓崎岖，乱石穿空，新松暗老；抱素琴独向，绮窗学弄，旧曲重闻。"各句均集自宋代苏轼之词。上联第一句出自《哨遍·为米折腰》："亲戚无浪语，琴书中有真味。步翠麓崎岖，泛溪窈窕，涓涓暗谷流春水……"其"琴书中有真味"与"坡仙琴馆"十分吻合，在景色的设置中亦暗藏苏轼诗意，如"翠麓崎岖"的假山曲蹊，〔图38〕"暗谷流春水"的"抱绿湾"；第二句出自《念奴娇·赤壁怀古》，而琴馆南庭院亦即拜石轩北庭院恰恰也是怪石嶙峋，玉骨玲珑，具有"乱石穿空"意象；第三句也出自《哨遍·为米折腰》："磋旧菊都荒，新松暗老，吾年今已如此！但小窗容膝闭柴扉，策杖看孤云暮鸿飞。"这种心境以及"归去来兮"的情调，也与顾文彬建园之初衷相合。而且怡园多松，且有"松籁阁"的建构，〔图39〕有"碧涧之曲，古松之阴"的品题，有"听松"刻石，这与"新松暗老"不无契合之处。下联三句，出自苏词《水龙吟·小沟东接长江》、《水龙吟·楚山修竹如云》、《行香子·冬思》，而且又紧扣琴馆之实景，构思可谓绝妙！

游览文人园林可品味出诗词的境界：网师园若晏小山词，清新不落套；留园秀色夺人，犹吴梦窗词；拙政园中部，清空骚雅，如姜白石词风；沧浪亭蕴含哲理，耐人涵咏，则具宋诗神韵；怡园仿佛清词，集萃式的传统词派的模拟……化诗意为园境，是中国园林创造的一种独特方法，从而使园境与

[①] （宋）姜夔《念奴娇·闹红一舸》："闹红一舸，记来时、尝与鸳鸯为侣。三十六陂人未到，水佩风裳无数。翠叶吹凉，玉容销酒，更洒菰蒲雨。嫣然摇动，冷香飞上诗句。日暮青盖亭亭，情人不见，争忍凌波去？只恐舞衣寒易落，愁入西风南浦。高柳垂阴，老鱼吹浪，留我花间住。田田多少，几回沙际归路。"

[图38] 苏州怡园玉延亭

[图39] 苏州怡园松籁阁

诗境合二为一,人们便由此称园林为"凝固的诗"。

先人们的诗文不仅以其美妙的诗句打动明清文人,更是因其内含的心路历程、人生的艺术精神感染了明清文人。明清文人园林中文学化的倾向，传承了中国文人的文化传统，自然之美对于中国文人而言不过是审美的表层含义，而最能够打动文人心灵的还是内心的感受。在这些对古典情怀的追忆中，对古典诗文的追寻中，表达了明清文人对中国古典文化精华的吸取，对传统的"道"的继承。古代诗文以最凝练、最优美、最富有音乐感的语言节奏表达人们的心声。

二、"立体的画"——明清文人园林的画境

〔一〕 绘画与文人园林的关系

"绿杨影里，海棠亭畔，红杏梢头"，"小红桥外小红亭，小红亭畔，高柳万蝉声"，犹如一幅幅清幽、淡雅的山水风景画展现在人们面前，这就是明清文人园林的画境。

中国造园艺术与山水画艺术，都是以表现自然山水为主题。"山水画，是用绘画艺术的手段再现三维空间的自然风景于二维平面画幅上，是在平面上经营空间。被西方称为'自然式''风景式'的诗情画意的中国园林，它不但是空间的现实，它更是空间艺术的描写，是一种艺术的空间。"[1]把文人园林的全景投合于一个平面，将会惊叹于园林设计与一幅绘画何其相似，是一幅并非用画笔而是用树木、溪水和建筑等构成的图面。〔图40〕所以有人认为"只有优秀画家能设计优秀庭园"，"绘画与造园的关系正如画家和造园者之间的关系一样密切，故而二者总是形迹相连。""一切园事皆是绘事"。[2]人在园林中，可谓生活于三维空间的山水画里，而将园林之境表现于平面上，亦可得一绝妙之山水画，正如杨慎所言："会心山水真如画，妙手丹青画似真。"二者无论在历史、理论、作品、从事者……均互有相通，可谓一体之两面，"今日园林主，多为将相官，终身不曾到，只当图画看。"[3]"以画入园，因画成景"为中国古典园林的构园传统，《园冶》论掇山是"时遵图画"，故园林

---

[1] 杨鸿勋：《江南园林论》，第13页，上海：上海人民出版社，1994年。
[2] 童寯：《园论》，第50页，天津：百花文艺出版社，2006年。
[3] 黄长美：《中国庭园与文人思想》，第57页，台北：明文书局，1985年。

[图40] 园林小景

有"立体的画"之称。

绘画乃造园之母。纵观中国文人园林的发展过程，与中国绘画特别是山水画的发展有非常密切的关系，中国文人园林几乎是随着山水画的成长而发展，随着山水画不同时期的特点的变化而变化。山水画的发展是山水造园艺术的兴起和发展的启导因素，而后者的兴盛又反过来促进了前者的发展，形成了中国历史上两者同步发展的密切关系。

文人园林出现于晋宋时期，也正是中国山水画萌芽的时代。晋宋士大夫移情山水，逍遥于山水之间的同时，自觉地"以山水为美的对象，追寻山水主要是为了满足追寻者的美的要求"。[1]这时期对自然山水的审美是从自然而转向自觉的阶段,陶渊明的田园诗,谢灵运的山水诗,陶弘景的山水散文,顾恺之的山水画,宗炳的山水画论相继产生,山水艺术的出现便不期然而然地符合了文人对美的观照。

在以山水美为核心的时代美学思潮直接影响下,文人园林开始出现,以表现自然为创作原则,崇尚自然的园林审美在文人园林创作伊始便已形成。特别是山水画论的出现为文人园林的塑造导其先路。山水画论之祖兼大山水画家顾恺之、宗炳、王微,把山水画作为独立的画科加以理论阐述,分别著《画云台山记》、《画山水序》、《叙画》。宗炳《画山水序》,是中国最早一篇山水画论,它的出现标志着山水画已完全脱离人物而彻底独立。他指出山水画的功能主要在于"畅神",使人精神愉快,"披图幽对,坐究四荒,不违天励之丛,独应无人之野。峰岫峣嶷,云林森渺,圣贤暎于绝代,万趣融其神思,余复何为哉?畅神而已,神之所畅,孰有先焉!"[2]山水画以"畅神"为其审美裁判,山水画的宗旨是师法自然而不模仿自然,重在写意。画上的景物不同于真山实水,它已是通过画家审美眼光观察所及的产物,寄予了画家的思想感情。往往以有限笔墨写无限意境,给人联想,使人回味。受山水画的影响,园林创作由单纯地模仿自然山水进而至于适当地加以概括、提炼,园林的规划设计由此前的粗放转变为较细致、更自觉的经营,造园活动升华到艺术创造的境界。"所居舍亭山,林涧环周,备登临之美"。[3]"园小暇日多,民淳纷务屏。辟牖期清旷,开帘候风景。泱泱日照溪,团团云去岭。……池北树如浮,竹外山犹影"。[4]此时的园林具备了天趣自然的情韵和萧散简远的山水画之美,它是中国文人园林萌芽的时期。

隋唐时期,绘画追求形、意兼顾,"画无常工,以似为工,学无常师,以真为师,故其措一意,状一物,往往运思,中与神会"。[5]运思先于象形、达意,即以意为主。隋唐绘画以"……其画山水松石,踪似吴生,而风致标格

---

[1] 徐复观:《中国艺术精神》,第197页,沈阳:春风文艺出版社,1987年。
[2] (南朝)宗炳:《画山水序》,见俞剑华编著:《中国古代画论类编》,第584页,北京:人民美术出版社,2004年。
[3] 《宋书》,卷六十六,列传第二十六《王敬弘传》,第1732页,北京:中华书局,1974年。
[4] (南朝)谢朓:《新治北窗和何从事诗》,见《先秦汉魏晋南北朝诗》,卷四"齐诗",北京:中华书局,1983年。
[5] (唐)白居易《记画》,见《白居易集》,第937页,北京:中华书局,1999年。

特出"①的王维,"始用渲淡,一变钩斫之法",创造了以水墨代青绿渲染的画法。他的绘画在抒发个人情感方面则更进了一步,以至苏东坡说:"吴生虽妙绝,犹以画工论,摩诘得之于象外,有如仙翮谢笼樊,吾观二子皆神俊,又于维也敛衽无间言。"②王维的水墨画受到后来士人的尊崇,因其符合了士大夫的追求"淡雅""写意"的审美取向;更重要的是王维的"画中有诗",以绘画书写胸中逸气。明人吴宽评价道:"右丞胸次洒脱,中无障碍,如冰壶澄澈,水镜渊渟,洞鉴肌理,细现毫发,故落笔无尘俗之气。"③

唐代山水画的兴起对唐代的造园艺术产生极大的影响。特别中唐以后山水画家,亲自参与造园,王维晚年筑辋川别业,将绘画构入园林,直接影响了唐代文人园林的风格。"至其卜筑辋川亦在图画中,是其胸次所存无适而不潇洒,移志之于画过人宜矣。……后来得其仿佛者犹可以绝俗也。正如《唐史》论杜子美谓'残膏剩馥,霑丐后人之意'。况乃真得维之用心处耶。"④唐代文人画家参与造园,使文人园林景物构置的艺术性较之上代又有所升华,文人园林已不是前代自然山水的简单概括,而是将诗画情趣逐渐赋予园林山水景物,通过山水景物而诱发游赏者的联想活动、意境的塑造,亦已处于朦胧的状态。此时的文人园林着意于刻画园林景物的典型性格,以及局部的细致处理,在造园风格上写意与写实相结合。诗人、画家直接参与造园活动,园林布景脱离了纯粹的叠山理水的匠人活动,而是进入了艺术的殿堂,成为一门独立的艺术品类,并赋予它以诗情画意的品性——即诗在园林里,画在园林里,或者说园林里有诗、有画。这一特有品性,使得诗、画和园林间有了可以相互点染、相互烘托的内在联系。唐代是文人画的滥觞之时,亦为文人园林自觉追求诗、画相融的时期,为明清文人园林"诗情""画意"的追求奠定了基础。

五代、北宋时期,山水画得到长足的发展。"林泉之志,烟霞之侣,梦寐在焉,耳目断绝。今得妙手郁然出之,不下堂筵,坐穷泉壑,猿声鸟啼,

---

① 《唐朝名画录》,见卢辅圣主编:《中国书画全书》,第一册,第166页,上海:上海书画出版社,1992年。

② (北宋)苏东坡:《凤翔八观·王维吴道子画》。

③ (明)吴宽:《书画鉴影》。

④ 《宣和画谱》卷十,见卢辅圣主编:《中国书画全书》,第二册,第89页,上海:上海书画出版社,1992年。

依约在耳，山光水色，恍漾夺目。此岂不快人意，实获我心哉？此世之所以贵夫画山水之本意也。"[1] 北宋米芾父子、苏轼、文同等文人参与绘画活动，将文人意趣加入绘画中，士大夫崇尚画中的情思、意趣，"写意"的审美裁判在画论史上逐渐占据一席之地，画中意境受到文人的重视。夏文彦评苏轼画竹"留心墨戏，作墨竹师文与可，枯木奇石，时出新意，木枝干虬屈无端，石皴老硬。大抵写意不求形似。"[2] 欧阳修评："萧条澹泊，此难画之意，画者得之，览者未必识也。故飞走迟速，意浅之物易见，而闲和严静，趣远之心难形。若乃高下向背，远近重复，此画工之艺耳。"[3] 苏东坡更为强调画的意境、文人笔墨："论画以形似，见与儿童邻。赋诗必此诗，定知非诗人。诗画本一律，天工与清新。"[4] 要求画家追求深广的意境，写出自己的心声，画出士人的气节，从此奠定了文人画的地位。

受到宋代"文人画"的影响，加之宋代文人广泛参与造园活动，司马光、欧阳修、苏轼、王安石、苏舜钦、米芾等涉足造园，直接把画论同造园艺术结合起来，进一步推动了文人园林的发展。此后，人们不仅用作山水诗的手法来经营园林，而且更多地注意用山水画论来指导造园，即所谓"悉依画本"的做法。人们对优秀的园林开始用"宛若画本"一词作为最高评价。如果说王维时代尚属于依园作画，而这一时期则是依画作园了。[5] 周密在《吴兴园林记》中记载某园假山的情况："……盖子清胸中自有丘壑，又善书画，故能出心匠之巧。"[6]

文人的艺术意趣必定影响园林的艺术风格，"写意"的风格逐渐渗透到园林要素叠山、理水、建筑、花木的各个方面。为了在园中构建完整的自然环境，造园家越来越普遍而自觉地运用诸如以方寸之水、数尺之石象征沧溟五

---

[1] （宋）郭熙：《林泉高致》，见俞剑华编著：《中国古代画论类编》，第632页，北京：人民美术出版社，2004年。

[2] （元）夏文彦：《图绘宝鉴》卷三〔宋〕，见卢辅圣主编：《中国书画全书》，第二册，第869页，上海：上海书画出版社，1992年。

[3] （元）吴海：《题刘监丞所藏〈海岳庵图〉》。

[4] （宋）苏东坡：《书鄢陵王主薄折枝二首》。

[5] 徐伯安：《桃人、桃符、对对子——题园、题景源流小考》，见宗白华等著：《中国园林艺术概观》，第184页，南京：江苏人民出版社，1987年。

[6] （宋）周密：《吴兴园林记·俞氏园》，见陈从周、蒋启霆选编，赵厚均注释：《园综》，第349页，上海：同济大学出版社，2004年。

岳的"写意"手法。欧阳修咏一小假山曰:"匠智无遗巧,天形极幽探。谓我看山者,为山列前檐。颓垣不数尺,万巇由心潜。或开如断裂,或吐似谽谺。或长随靡迤,或瘦露崆嵌。阴穴觑杳杳,高屏立巉巉。后出忽孤耸,群奔沓相参。"[1]"写意"的艺术手法正符合文人士大夫"胸次洒落,如风梶月牖"的胸怀,也符合文人士大夫"似与不似间"的艺术理想。受文人画的影响,宋代园林呈现为"画化"的表述,体现了园林的画的情趣,同时也深化了园林意境的涵蕴,中国古典园林到宋代大体上已完成其向写意的转化,园林与诗画相容的过程基本完成。

明代画派林立,董其昌分南北宗,将王维奉为文人画之鼻祖。董其昌之所以如此,那就是他感悟到了文人艺术"画中有诗"的王维风格。"文人之画自王右丞始,其后董源、巨然、李成、范宽为嫡子,李龙眠、王晋卿、米南宫及虎儿皆从董、巨得来,直至元四大家黄子久、王叔明、倪元镇、吴仲圭皆其正传。吾朝文、沈则又远接衣钵。若马、夏及李唐、刘松年,又是大李将军之派,非吾曹当学也。"[2]董其昌分南北宗最重要的意义在于确立了文人画在中国画中的主导地位。

明清,从文人园林整体布局来看,完全被艺术化了的园林风景占据,富有"诗情画意"景色的园林风格形成。明清文人园林在园林的立意、布局、构图、意境等方面与绘画原理相互借鉴、相互融合。不少园林作品甚至直接以某画家的笔意,某流派的画风引为造园粉本,"园者,画之见诸行事也。……我于郑子之影园而益信其说。……风雨烟霞,天私其有;江湖丘壑,地私其有;逸志冶荣,人私其有;以至舟车榱桷,草木鱼虫之属,靡不物私其所有。"[3]张岱记某园"肆后精舍半间,列盆池小景,木石点缀,笔笔皆云林、大痴"。[4]叶燮记涉园"南涧西崖皆黄石坡,高者为石壁,仿黄子久画"[5]。董其昌说"幸

---

[1] (宋)欧阳修:《和徐生假山》。

[2] (明)董其昌:《画旨》,见《明代画论》,第174页,长沙:湖南美术出版社,2002年。

[3] (明)茅元仪:《影园记》。

[4] (明)张岱:《琅嬛文集》。

[5] (清)叶燮:《涉园记》,见陈从周、蒋启霆选编,赵厚均注释:《园综》,第366页,上海:同济大学出版社,2004年。

有草堂、辋川诸粉本……盖公之园可画，而余家之画可园"[1]。文人园林受到文人画的直接影响，更重诗画情趣，意境创造，贵于含蓄蕴藉，其审美多倾向于清新高雅的格调。

明清文人园林建造的兴起，对绘画产生一定的影响，成为画家喜于描绘的图式，园林画的增加是明代绘画一个显著的特点。文人园林绘画可以追溯到唐代王维的《辋川图》，发展到宋元，出现不少园林画作品，朱德渊《秀野轩图》、黄公望《富春山居图》、倪瓒《水竹居图》、王蒙《青卞隐士图》等，此时的园林画注重于居室户外的景色描绘，人物不占重要位置而容纳于宏伟的山川景色之中，仍属于山水画之列。明代的园林画前期受元代文人画影响较深，多以表现山水或人物故事为主，而非园林景致本身。明代中期吴门四家一统画坛时期，园林画发生了很大的变化，它独立于山水画之外，成为专门的题材种类，逐渐注重园林本身的描绘，以朴素的文人笔墨描绘家乡园林美景以及园林中的人文活动，形成新型园林画。

从绘画的形式看，有册页形式的园林风景画，以连续的图案展现园林的景色。沈周《东庄图》系描绘其友吴宽之家园，以画页的形式逐一展现庭园景致，亭台小巧，修篁树木，布局舒展，境界游景，颇具诗情画意，恰当地表现了主人高雅的人品。文徵明《拙政园诗画册》〔见图 5、22、52、85〕系为拙政园主王献臣所作，图册凡卅景，园中景致"梦隐楼"、"若墅堂"、"繁香坞"、"倚玉轩"、"小飞虹"、"芙蓉隈"、"小沧浪"……逐一描绘拙政园的景致，景各系诗，且以为记。"有声画、无声诗，两臻其妙"[2]。张宏《止园图》、杜琼《南村别墅十景图册》均属此列。还有单幅园林景图，文伯仁的《南溪草堂图》描绘的是江南望族顾氏的庄园"南溪草堂"重修后的景致。《求志园图》是钱榖应友人张凤翼之请，描绘其家"旦而旭、夕而月、风于春、雪于冬"[3]的景色，王世贞所撰《求志园记》中的采芳径、文鱼馆、香雪廊皆按图可索，抚记展图。还有一种园林画以室名为题，或以园主人的别号为题，称为"别号图"。描绘园林建筑，室内陈设，室外环境，从而构成一幅典型的园

---

[1] （明）董其昌：《兔柴记》。
[2] （明）文徵明：《文衡山拙政园诗画册·拙政园图册木庭昂跋》，上海：上海中华书局影印本。
[3] （明）王世贞题跋：《求志园记》。

林小景画。但是画家用心之处不在于描绘园林景色，而是根据斋室、别号之名的寓意，来撷取借以突出主人园居活动。杜琼《友松图》〔见图54〕，文徵明《深翠轩图》〔见图51〕和《猗兰室图》、《真赏斋图》〔见图55〕，刘钰的《清白轩图》，沈周的《杏林书馆图》等，突出园林中意味较深景致，重点描绘园林人物心理。

随着山水的发展，文人园林日渐普遍，园林造景亦随着文人绘画风格的变化而如影随形。"名人山水多简洁，清人山水多繁缛，其影响两代叠山，不无关系。"[1]

〔二〕 文人园林布置与绘画之理

中国园林的地形地貌，是自然山水风景的艺术概括；而园林中的山水布置，又是自然风景的艺术再现。文人园林受文人画的影响而具有"诗化"、"画化"的特点，园林中有关园林布局、地形地貌的创作与植物配置，和中国绘画艺术有着血肉相联的关系，山水画与园林这两种艺术之间相互借鉴、相互启迪。

从南北朝山水画出现，文人参与绘画，经过历代画家文人的不断发展，建立了完整的绘画理论体系，画论著作卷帙浩繁，内容丰富，造园论著却寥若晨星。实际上，对于文人园林而言，异常发达的山水画论是一种可借鉴的理论，因而，营构山水园林往往借助山水画谱和画论作为其艺术创作的根据。中国绘画中的鸟瞰动态连续风景画构图，与园林布局有着十分密切的联系，所以，许多构园原则和艺术手法与中国山水画布局基本上是相同的。"昆阆之形，可围于方寸之内。竖划三寸，当千仞之高；横墨数尺，体百里之迥"[2]。这是画理，亦造园之理。郭熙《林泉高致》中曰："山水有可行者，有可望者，有可游者，有可居者。画凡至此，皆入妙品。"[3] 可行、可望、可游、可居，也是园林艺术的基本思想。风景画之所谓可行、可望、可游、可居，只是对读者的生活体验为基础的联想而言，文人园林则以其空间实体提供了可行、可

---

[1] 陈从周：《梓翁说园》，第17页，北京：北京出版社，2004年。
[2] （南朝）宗炳：《画山水序》，见俞剑华编著：《中国古代画论类编》，第583页，北京：人民美术出版社，2004年。
[3] （宋）郭熙：《林泉高致》，见俞剑华编著：《中国古代画论类编》，第632页，北京：人民美术出版社，2004年。

望、可游、可居的现实条件。因此明清时期在园林创作中,必然运用了绘画艺术的传统手法,而历代山水花鸟画论不仅对绘画起了理论指导的作用,同时对园林创作,也直接起了理论指导的作用。

绘画理论一向有"意在笔先"、"胸有成竹"的说法,王维的《山水论》开篇则说"凡画山水,意在笔先"。[1]清代方薰认为,"先具胸中丘壑,落笔自然神速。"[2]清代邹一桂在《小山画谱》中指出:"意在笔先,胸有成竹,而后下笔,则疾而有势,增不得一笔,亦少不得一笔。"[3]作画落笔之前,必须先有腹稿,画山水,则丘壑之宾主位置,起伏开合,均以先有明确的创作意图;写花木,则行干、布枝、着花、添叶,亦须予有意匠。"意在笔先,为画中要诀。作画于搦管时,须要安闲恬适,扫尽俗肠,默对素幅,凝神静气,看高下,审左右,幅内幅外,来路去路,胸有成竹;然后濡毫吮墨,先定气势,次分间架,次布疏密,次别浓淡,转换敲击,东呼西应,自然水到渠成,天然凑拍,其为淋漓尽致无疑矣。"[4]画论中指出山水布局先从整体出发,大局下手;然后再考虑局部,穿插细节。"意在笔先"是画家作画的基本要领,在绘画过程中统筹全局,起着重要的作用。

文人造园亦讲究立意,要审视地势、考察风景,造山理水必须根据地形、地势与建筑的关系等因素,要以综合的意匠经营,即在规划下笔之前,对山水形象有整体构思。"是惟主人胸有丘壑,则工丽可,简率亦可。否则强为造作,仅一委之工师陶氏,水不得潆带之情,山不领回接之势,草与木不适掩映之容,安能日涉成趣哉?"[5]造园之前没有对地形地势总体的观察,勾勒出园林的整体布局,草草动工,园林也就无趣可言。园林理论家计成总结了"胸有成竹"、"意在笔先"在园林建造中的作用。

"咫尺千里"、"小中见大"可谓是山水画与明清文人园林的共同特点之一,他们同样是运用"以小见大"的方式表现自然界,在有限的空间内表现出无限的景观。南朝陈姚最《续画品并序》对萧贲所画团扇山水的评价为"咫

---

[1] (唐)王维《山水论》,见俞剑华编著:《中国古代画论类编》,第596页,北京:人民美术出版社,2004年。
[2] (清)方薰:《山静居画论》,见俞剑华编著:《中国古代画论类编》,第233页,北京:人民美术出版社,2004年。
[3] (清)邹一桂:《小山画谱》,见俞剑华编著:《中国古代画论类编》,第1171页,北京:人民美术出版社,2004年。
[4] (清)王原祁:《雨窗漫笔》,见俞剑华编著:《中国古代画论类编》,第169页,北京:人民美术出版社,2004年。
[5] (明)计成:《园冶·题词》,见张家骥:《园冶全释》,第143页,太原:山西古籍出版社,2002年。

[图41] 苏州留园冠云峰

尺之内，而瞻万里之遥；方寸之中，乃辨千寻之峻。"[1]王微"以一管之笔拟太虚之体"。明代唐志契在《绘事微言》中说："盖山水所难在咫尺之间，有千里万里之势。"[2]中国山水画的特点是在咫尺之内展现无穷的自然山水。明清的文人园林亦是在狭小的空间中展现的大自然无穷的美景，计成说园林是："多方胜景，咫尺山林。"文震亨"一峰则太华千寻，一勺则江湖万里"和李渔的"一卷代山，一勺代水"，都表达了在有限的园林中表现出无限的自然的创作方法。明清园林所追求的是自然山林以及"天人之际"的宇宙体系高度浓缩于园林小天地中，所谓"芥子纳须弥"，力求在城市坊里隙地的景象空间再现自然，犹如绘画之缩千里江山于尺素，也是大自然的概括和典型化。〔图41〕陈所蕴《啸台记》中记述"予家不过寻丈，所衷石不能玩艺，山人一为点缀，遂成奇观，诸峰峦岩洞，岑巘溪谷，陂坂梯磴，具体而微。山人能以芥子纳须弥，可谓个中三昧矣。"[3]明清的文人园林借助于绘画中的写意手法

---

[1] （南朝）陈姚最：《续画品并序》，见俞剑华编著：《中国古代画论类编》，第372页，北京：人民美术出版社，2004年。

[2] （明）唐志契：《绘事微言》，见俞剑华编著：《中国古代画论类编》，第737页，北京：人民美术出版社，2004年。

[3] 转引自《明代上海的三个叠山家和他们的作品》，载《文物》，1961年，第7期，第56-58页。

将自然景色形象地表现在有限的空间之内。

传统画论中强调"主从分明","宾主相生",画家们认为,"凡画山水,先立宾主之位,次定远近之形,然后穿凿景物,摆布高低。"[1]山水画中的主景是何等重要,它往往是整幅构图的枢纽,血脉流通的关键。它有一种凝聚力,把其他的山水树石形象聚引到自己的周围,组合成完美的构图。在山水画中,非常强调主景突出,"主山正者客山低,主山侧者客山远,众山拱伏,主山始尊;群峰盘互,主峰乃厚。"[2]郭熙说:"山水先理会大山,名为主峰,主峰已定,方作以次近者、远者、小者、大者。以其一境主之于此,故曰主峰,如君臣上下也。林石先理会一大松,名为宗老。宗老已定,方作以次杂窠、小卉、女萝、碎石。以其一山表之于此,故曰宗老,如君子小人也。"[3]主景先定,然后峰峦拱抱,树木向背,安置于适当位置,使得纵横起伏,迂回勾托,跌宕欹侧,舒卷自如。

明清文人园林的构成也离不开不同类型、不同层次的主体的章法创构。在园林空间里,主体控制着、统驭着宾体,宾体围绕着、映衬着主体,于是,主从分明、宾主相生同样是明清文人园林遵循的另一条设计原理。计成说:"凡园圃立基,定厅堂为主。"〔《园冶》"立基"〕厅堂是园林建筑的主体建筑,先确定厅堂的基址位置,就可以把握全局,合理地安排其他园林景致。清人沈元禄说,"奠一园之体势者,莫如堂;据一园之形胜者,莫如山"。[4]苏州拙政园的主厅远香堂,居园之正中,比景区内的其他个体建筑面积大,装修精美,屋顶华丽,显示出与众不同的地位、风采和气势。山水、花木、建筑等一切景观都因之而设,围绕它而展开,起到"奠一园之体势"的作用。〔图42〕

"高低起伏","错落有致"是画面布景所强调的,李成《山水诀》曰:"千岩万壑,要低昂聚散而不同;叠巘层峦,但起伏峥嵘而各异。"[5]明代龚贤在《龚安节先生画诀》中说:"二株一丛,必一俯一仰,一欹一直,一向左一

---

[1] (宋)李成:《山水诀》,见俞剑华编著:《中国古代画论类编》,第616页,北京:人民美术出版社,2004年。
[2] (清)笪重光:《画筌》,见俞剑华编著:《中国古代画论类编》,第806页,北京:人民美术出版社,2004年。
[3] (宋)郭熙:《林泉高致》,见俞剑华编著:《中国古代画论类编》,第642页,北京:人民美术出版社,2004年。
[4] 转引自童寯:《江南园林志》,第35页,北京:中国建筑工业出版社,1984年。
[5] (宋)李成:《山水诀》,见俞剑华编著:《中国古代画论类编》,第618页,北京:人民美术出版社,2004年。

[图42] 苏州拙政园远香堂

向右……"[1] 这些对山水树石布置的审美观在园林风景布局的要求上也基本相同。计成在《园冶》中说："园地惟山林最胜，有高有凹，有曲有深，有峻有悬，有平而坦，自成天然之趣，不烦人事之功。"[2] 乾隆皇帝亦言："室之有高下，犹山之有曲折，水之有波澜。故水无波澜不致清，山无曲折不致灵，室无高下不致情。然室不能自为高下，故因山以构室者，其趣恒佳。"[3] 高低错落的布局也是明清园林景观布置的主要方法之一。

中国画的"计白当黑"也就是绘画布局虚实相间的审美裁决。清方薰曰："所谓画法即在虚实之间。虚实使笔生动有机，机趣所之，生发不穷。"[4] 清代蒋和说绘画要"虚实相间，宾主相映，上下相生，乃成章法"。[5] 绘画布局之时，应疏密相间，虚实相生，使画面参差变化而不窒塞。园林设计与绘画一

---

[1] （明）龚贤：《龚安节先生画诀》，见俞剑华编著：《中国古代画论类编》，第784页，北京：人民美术出版社，2004年。

[2] （明）计成：《园冶·题词》，见张家骥：《园冶全释》，第179页，太原：山西古籍出版社，2002年。

[3] （清）乾隆帝：《御制塔山南面记》，见《清高宗御制诗文全集》，第十册，第666页，北京：中国人民大学出版社，1993年。

[4] （清）方薰：《山静居画论》，见俞剑华编著：《中国古代画论类编》，第233页，北京：人民美术出版社，2004年。

[5] （清）蒋和：《写竹杂记》，见俞剑华编著：《中国古代画论类编》，第1188页，北京：人民美术出版社，2004年。

[图43] 苏州拙政园

样讲究虚实相间,"若夫园亭楼阁,套室回廊,叠石成山,栽花取势,又在大中见小,小中见大,虚中有实,实中有虚,或藏或露,或浅或深,不仅在周回曲折四字,又不在地广石多徒烦工费。"[1]〔图43〕虚以接实,实以衬虚,曲折有致,正是中国园林的特点所在。

造园与绘画讲究曲中寓直,灵活应用,曲直自如。画家讲画树要无一笔不曲。造园追求"曲中寓直,直中寓曲"的园林意趣。"端方中需寻曲折,到曲折处还定端方,相间得宜,错综为妙。"〔《园冶》卷一"装折"〕钱泳《履园丛话》也阐述了这个道理[2]。

其他如"山以水为血脉,以草木为毛发,以烟云为神采。故山得水而活,得草木而华,得烟云而秀媚。水以山为面,以亭榭为眉目,以渔钓为精神。故水得山而媚,得亭榭而明快,得渔钓而旷落,此山水之布置也"。[3] 山以水为血脉,水得地而流,地得水而柔;盖山主静,必得流动之水,方显生气,山水结合,相映成趣,这些都是造园之理与画理相通之处。

---

[1] (清)沈复:《浮生六记》,第19页,北京:人民文学出版社,1994年。
[2] (清)钱泳:《履园丛话》卷二十,"园林",第545页,北京:中华书局,1997年。
[3] (宋)郭熙:《林泉高致》,见俞剑华编著:《中国古代画论类编》,第638页,北京:人民美术出版社,2004年。

[图44] 苏州艺圃

在历史上有许多的造园家与画家亦常是合而为一的。晋时谢灵运为庐山慧远筑台凿池，开文学、绘画与庭园结合之先例，其后唐朝王维之辋川别业，元朝倪瓒之狮子林，明清时期的文人园林有不少画家参与其中，他们以山水为皴擦在三度空间里作"画"。明代初年的苏州著名画家刘珏，在苏州齐门外相城购寄傲园。沈周筑"有竹居"，"风流文采，照映一时"。文徵明曾孙文震亨、文震孟兄弟二人也是著名的造园理论家，文震亨亲自筑香草垞，文震孟筑药圃〔即今存之艺圃〕〔图44〕等。明代苏州徐默川的紫竹园，是文徵明为其布画、仇英为其藻饰的。东山依绿园，是清隐士吴时雅私园，园林规划经营者全为高手：著名画家王石谷亲手绘图、叠石名家张然为之叠山、诗人叶九来加以品题，园林诗情画意俱足。耦园筑时请的是画家顾法设计的；退思园的设计者是画家袁东篱。怡园〔图45〕乃园主之子著名画家顾承亲自设计，并邀请画友任阜长等画家参与商榷后拟出稿本。不仅画家参与造园活动，造园家精通绘画之事者也不乏其人，如明代米万钟、张南阳、周秉忠、计成，清朝张涟、张然、戈裕良等人，皆以造园著名，亦擅长绘画。他们将文人画的意境构思、美学意念、意态风格乃至线条色彩、技法手段等运用到文人园的立意、布局、设计中，借用文人画中写意的手法，构建了文人园林"师造化夺天工"的空间写意性格。

[图45] 苏州怡园

〔三〕 园景如画——园林画境的追求

明清文人园林的造景，取材于自然山水，但并不是名山大川的具体模仿，也不是自然界的一草一木，一山一水的机械照搬，而是将大自然的景色经过取舍、概括和艺术加工以后而得到的美，注入了艺术美的成分，构成园林的"画意"。"讨论到真正的园林艺术，我们必须把其中绘画的因素和建筑的因素分别清楚。花园并不是一种正式的建筑，不是运用自由的自然事物而建成的作品，而是一种绘画。"[1]

文人园林，"奇亭巧榭，构分红紫之丛；层阁重楼，迥出云霄之上；隐现无穷之态，招摇不尽之春。槛外行云，镜中流水，洗山色之不去，送鹤声之自来。境仿瀛壶，天然图画，意尽林泉之癖，乐余园圃之间"[2]。文人园林是充满诗意的天然图画。〔图46〕

园林艺术是集中反映自然山水美的艺术。明清文人园林应用一系列的创作原则处理园林地形地貌，经过改造、整理，或者创造山水风景，使之曲折有法，虚实相济，高低错落，使山水之美更集中、更精炼而更便于观赏。正

---

[1] 〔德〕黑格尔：《美学》第三卷。
[2] （明）计成：《园冶》，见张家骥：《园冶全释》，第214页，太原：山西古籍出版社，2002年。

[图46] 苏州留图

因为如此，无论是大型的以真山真水为主的帝王园林，还是创造山水的中小文人园林，都表现出自然风景美，呈现出"画"一般的美景，犹如一幅充满意境的山水画卷展现在眼前："水绘之义：绘者，会也。为其亘涂水派，惟余一面，竹杠可通往来，南北东西，皆水绘，其中林峦葩卉，块圠掩映，若绘画然。……逾亭而往，芙蕖夹岸、桃柳交荫而蜿蜒者，曰'画堤'。……'水绘园'门，门夹黄石山，如荆浩、关仝画……"[1]当我们漫步园中，廊引人随，峰回路转，眼前是美丽的天然图画，你感到是空间和时间有机地融合在一起的活的艺术形象，是大自然美的缩影。

造园好似绘画，"峭壁山者，靠壁理也。藉以粉壁为纸，以石为绘业。理者向石皴纹，仿古人笔意〔图47〕，植黄山、松柏、古梅、美竹，收之园窗，宛然镜游也。"[2]〔图48〕"刹宇隐环窗，仿佛片图小李；岩峦堆劈石，参差半壁大痴"。[3]园林中的建筑、山石、花术都充满了画意。

[1]（清）陈维崧：《水绘园记》，见陈从周、蒋启霆选编，赵厚均注释：《园综》，第84页，上海：同济大学出版社，2004年。
[2]（明）计成：《园冶》，见张家骥：《园冶全释》，第300页，太原：山西古籍出版社，2002年。
[3]（明）计成：《园冶》，见张家骥：《园冶全释》，第168页，太原：山西古籍出版社，2002年。

［图47-1］明·吴瓘《古木竹石图》卷
〔故宫博物院藏〕

［图47-2］苏州拙政园海棠春坞

园林本身如一幅天然图画，借助于门窗的框景作用，更似一幅美丽的山水画。李渔的"无心画"、"尺幅窗"，就是利用门窗做画框，将窗外之自然美景收入室内，成为一幅幅绘画小景。〔图49〕张岱在描写"火德庙"中说："南北两峰，如研山在案；明圣二湖，如水盂在几。窗棂门楹，凡见湖者，皆

[图48] 苏州沧浪亭一景

[图49] 园林框景

[图50] 苏州拙政园"与谁同坐轩"

为一幅画图，小则斗方，长则单条，阔者横披，纵则手卷，移步换影，若遇韵人，自当解衣盘礴。画家所谓水墨丹青，淡描浓抹，无所不有。"[1]展现了园林画一般的美景。拙政园"与谁同坐"轩〔图50〕，依水而筑，构作扇形，轩内有一扇面小窗，将窗外小景框在窗内，构成一幅美景。"翠竹幽居"亭，四面设圆洞门，窗外犹如四幅图画，其景观正如亭中对联所云："爽借清风明借月，东观流水静观山"。

园林的画意一方面表现在其自觉运用绘画原理，塑造出美如画的视觉形象；另一方面，也是更为重要的，园林追求文人画的尚意、抒情、简淡的特点。

谢赫的"气韵生动"奠定了中国艺术精神的特征，张彦远"以气韵求其画，则形似在其间矣"。苏东坡"论画以形似，见于儿童邻"。倪瓒画竹"不求形似"，这些都表达了文人绘画对"气韵"和"尚意"的追求，也正道出了园林创作的契机。实际上园林表现与生活现实总是不会相同的，描写自然风

---

[1] （明）张岱：《陶庵梦忆、西湖梦寻》，第94页，上海：上海古籍出版社，1982年。

景的园林景象当然不可能与大自然相等同。明清的文人园林以表现自然山水为目的,而我们仔细考察细节并作逻辑分析,就会得出一个反论:"写意园林比西方规则式园林更不'自然'"[1]。正是这种看似的"不自然"体现了中国文人艺术表现现实介于"似与非似","真与不真"之间,中国传统文人艺术历来摒弃写实主义的创作思想,而主张透过表象把握住生活中更为深刻的、本质的内容,即生活的真实,按古典艺术论的术语就是要"传神"或"神似"。如钱谦益描写其园林:"耦耕堂东南之芜地,瓦砾丛积,登之有异焉,因而为台,状如敦丘。起屋半间,以障风雨。于是厓之为拂水,石之为三沓,峰之为石门、石城,合沓攒簇于寻丈之内。灌木簇丛,仰承屃屭。纷红骇绿,蔽亏变换。"[2]以池中小山为蓬莱,于寻丈之内叠石以为石门、石城〔"石城"即今苏州吴县灵岩山〕,从再现真实的自然景观来说,这些模仿简直近于儿戏,然而从表现审美情感和意趣来看,它们都是真正的艺术创作。文人园林与绘画艺术一样追求的并非真正的山水景观,而是追求神似的意境,《园冶》中曰:"或有嘉树,稍点玲珑石块;不然,墙中嵌理壁岩,或顶植卉木垂萝,似有深境也。"[3]以几片山石或数枝藤萝即表现出山林般的"深境",这便是典型的文人造园艺术。

明清文人园林造园艺术注重园林艺术"意态"的表现,它是经过造园家主观的舍取,其中融化着造园家的思想感情和趣味,它不是自然外部形态的简单模仿,而是寓有情趣的"人化的自然"。为表达一定思想情趣的景象,也是有所夸张和变形的。

中国绘画与园林之所以关系密切,并不仅限于画理与造园之理的互借,园林景致美如画等方面,而是因为二者需要的文化背景相似,义理相通,它们本身结合了文学、哲学之思想,意蕴深远。颇为文人所好,成为文人怡情养性与寄托身心之艺。

---

[1] 黄一如:《自然观与园林伴生的历史》(博士学位论文),上海:同济大学,1992年。
[2] (清)钱谦益:《朝阳谢记》,转引自王毅:《园林与中国文化》,第431页,上海:上海人民出版社,1990年。
[3] (明)计成:《园冶》,见张家骥:《园冶全释》,第297-298页,太原:山西古籍出版社,2002年。

明清社会艺术思潮对文人园林的影响

"'时代思潮'。……凡文化发展之国,其国民于一时期中,因环境之变迁与夫心理之感召,不期而思想之进路,同趋于一方向,于是相与呼应汹涌如潮然。始焉其势甚微,几莫之觉;浸假而涨——涨——涨,而达于满度;过时焉则落,以渐至于衰熄。凡'思'非皆能成'潮';能成潮者,则其思必有相当之价值,而又适合于其时代之要求者也。凡'时代'非皆有'思潮',有思潮之时代,必文化昂进之时代也。"[1]丹纳在《艺术哲学》中说要了解一件艺术品就必需了解它所属的时代的精神和风俗概况。[2]园林是社会历史发展的产物,其发展受到社会生产力水平的高低、社会意识形态与文化艺术发展的进程的影响,并反映特定历史时期人们的社会意识和精神面貌,表现出鲜明的时代特征,具有时代性、民族性和地域性。

一、 明清文人思想基调对园林的影响

〔一〕 明清时期文化的困境

1. 明清时期文化的钳制

时代思潮由环境之变迁与心理之感召等因素造成,其中环境一项,包含范围很广,而政治现象,关系最大。中国的政治体制,创建于秦汉而延续两千多年,经过不断的完善,到明清时发展为专制主义君主集权制度登峰造极的时代。由这种政治制度派生出极端严酷的文化专制政策,一方面,朝廷将儒学规定为士人必须崇奉的官方哲学,并将科举制度进一步完善化,以收买、罗致广大士人;另一方面,又推行凶恶的迫害政策,实行文化钳制,编织文网,对文人中的异端加以威胁、恐吓,对于在思想、文化上稍有"越轨"、"悖逆"表现的士人,予以无情的镇压。

明初政府对士人采取专制和集权的统治,压制文人思想。"寰中士夫不为君用,罪至抄劄。"[3]《明史·刑法志二》记载:"及〔洪武〕十八年〔1385年〕

---

[1] 梁启超:《中国近三百年学术史》,第12页,天津:天津古籍出版社,2003年。
[2] 〔法〕丹纳著,傅雷译:《艺术哲学》,第4-7页,北京:人民文学出版社,1997年。
[3] 《明会要·刑法一·律令》。

《大诰》成,序之曰:'诸司敢不急公而务私者,必穷搜其原而罪之'。凡三《诰》所列凌迟、枭示、种诛者,无虑千百,弃市以下万数。贵溪儒士夏伯启叔侄断指不仕,苏州人才姚润、王谟被征不至,皆诛而籍其家。寰中士夫不为君用之科,所由设也。其《三编》稍宽容,然所记进士、监生罪名,自一犯至四犯者共三百六十四人。"[1]不但进士、监生在明初遭遇至酷,各地生员也在专制权力的严密监视之下。洪武十五年〔1382年〕"颁禁例十二条于天下,镌立卧碑,置明伦堂之左。其不遵者,以违制论"。[2]这些禁条中包括生员不许上书建言、不许纠党结社、不许妄刊文字等。国初吴中四杰〔高启、徐贲、杨基、张羽〕无一善终。"北郭十子"也大抵无好下场。

在知识分子的对待上,最为后世诟病者,就是对士气的"椓丧"。"戮辱太迫、大臣无耻",是风气至此一变的关节。如王夫之《读通鉴论》中的痛切之言:"等贤而上之,则有圣人;等贵而上之,则有天子。故师一善者,希圣之积也;敬公卿大夫者,尊王之积也。此陛尊、廉远、堂高之说也。郡县之天下,夷五等,而天子孤高于上,举群臣而等夷之,贾生所以有戮辱太迫、大臣无耻之叹焉。呜呼!秦政变法,而天下之士廉耻泯丧者五六矣。汉仅存之;唐、宋仅延之而迄不能延之;洪武兴,思以复之,而终不可复。诚如是其笞辱而不怍矣,奚望其上忧君国之休戚,下畏小民之怨渎乎!身为士大夫,俄加诸膝,俄坠诸渊,习于呵斥,历于桎梏,褫衣以受隶校之凌践,既使之隐忍而幸于得生。则清议之讥,非在没世而非即唾其面,诅咒之作,在穷簷而不敢至乎其前,又奚不可之有哉?"[3]又:"子之于父母,可宠、可辱,而不可杀。身者,父母之身也。故宠辱听命而不惭。至于杀,则父母之自戕其生,父不可以为父;子不能免焉,子不可以为子也。臣之于君,可贵、可贱、可生、可杀,而不可辱。刑赏者,天之所以命人主也,贵贱生死,君即逆而吾固顺乎天。至于辱,则君自处于非礼,君不可以为君;臣不知愧而顺承之,臣不可以为臣也。故有盘水加剑,闻命自弛,而不可挫。抑臣之异于子,天之秩也。人性之顺者不可逆,健者不可屈也。贾生之言以动文帝,而当时之

---

[1]《明史》,卷九十四,志第七十,刑法二,第2318页,北京:中华书局。
[2]《明史》,卷六九,选举志一,第1686页,北京:中华书局。
[3](清)王夫之:《读通鉴论》卷二,文帝十三,第38-39页,北京:中华书局,1975年。

大臣，抑有闻而愧焉者乎？微直当时，后世之诏狱廷杖而尚被章服以立人之朝者，抑有愧焉者乎？使诏狱廷杖而有人自裁者，人君之辱士大夫，尚可惩也。高忠宪曰：'辱大臣，是辱国也。'大哉言乎！故沈水而逮问之祸息。魏忠贤且革其凶威，况人主哉？"[1]我们翻阅这一时期的文人著作，类似的论述可以说非常普遍。

清代异族的入侵，具有强烈民族意识的汉族文人饱受精神上的折磨。"民族意识之结晶"的社团如东越诸社、三吴诸社、西湖八子、南湖九子等兴起于大江南北。清代政府一方面继承和发展了明代的绝对君主专制，另一方面又加入了残酷的民族歧视和民族压迫政策，由此而产生出来的文化政策，是以扼杀民族思潮，巩固清廷在精神领域的统治地位为目标的。清政府设置博学鸿词科，招纳"学行兼优，文词卓绝之人"。为政府搜罗人才的同时，又强烈压制人们的反清情绪，防止叛逆思想的产生，对一切异端加以剿灭，便兴起了绵亘康、雍、乾数朝的文字狱，对文人学士的残忍迫害，对著作的不可胜计的禁毁，使专门针对知识分子的封建的文化专制的悠久传统达到历史上的又一高峰。

清代的文化钳制政策多为压制汉族人民的民族意识，清统治者认为，汉人民族意识一日不消灭殆尽，清廷一日不得巩固；而汉人民族意识的阐扬者、传播者，主要是士人，这些士子是"人文渊薮，舆论的发纵指示所在"[2]，因此必须加以特别的管制。而清代文人畏文字狱之斧钺，一头栽进经学，以此朴学大兴。

明清的文化钳制政策，限制文人思想的发展，又由于朝廷的残酷的文化政策，大量士子不敢自由思想，导致文化基调的转向。特别是清代大兴文字狱，使得明清之际萌发的自由思想的发展道路被粗暴地切断了，广大士人绝口不提国事，转而埋头古籍的考证和整理，所谓"避席畏闻文字狱，著书都为稻粱谋"。〔龚自珍《咏史》〕诚如梁启超所说："凡当主权者喜欢干涉人民思想的时代，学者的聪明才力，只有全部用去注释古典。"[3]因此出现了"为考

---

[1] （清）王夫之：《读通鉴论》卷二，文帝十四，第39-40页，北京：中华书局，1975年。
[2] 梁启超：《中国近三百年学术史》，第17页，天津，天津古籍出版社，2003年。
[3] 梁启超：《中国近三百年学术史》，第23页，天津，天津古籍出版社，2003年。

据而考据"、"不谈义理"的乾嘉学派。乾嘉学派虽然在古代文化的整理方面做了浩大的工作,有不容忽视的贡献,但就中国文化的进程而言,毕竟是一种畸形的发展。

2. 商品经济的发展对传统文化的冲击

明代中期以后,社会经济特别是商业有了长足的发展。明清城市经济的发展引起思想界的变化,"其中最具特色者,则是传统儒家伦理与商人精神之间的冲突,乃至形成新的商人伦理。"[1]明清出现了一批手工业市镇,与之相应,商人的地位向上超越,到清代已出现士、商、农、工的说法。这意味着一种历史新动向的出现。

由于商品经济发展,加之科举取士日益艰难,士人对商人的态度发生改变,李梦阳为商人王文显所作的墓志铭中说:"文显尝训诸子曰:夫商与士异术而同心。故善商者处财货之场,而修高明之行。是故虽利而不汗。善士者引先王之经,而绝货利之径。是故必名而有成。故利以义制,名以清修,各守其业。"[2]李贽论商人道:"且商贾何鄙之有?挟数万之货,经风涛之险,受辱于关吏,忍垢于市易,辛勤万状,所挟者重,所得者末。然必交结于卿大夫之门,然后可以收其利而远其害,安能傲然而坐于公卿之门者!"[3]在明代士人中,肯定商人或者不讳言富强者不乏其人,郭子章之说堪称一例:"儒生讳言富,则孔子足食,《大学》生财,非矣。讳言强,则孔子足兵,《周易》除戎,非矣。立国以仁义为干,富强为枝,舍富强,专谈仁义,犹木有干而枝叶不附也,槁且立见。"[4]一些理学之士也纷纷发表新论,为商人祖言,可说明明代士商互动之广泛性。明代理学家吕柟说:"商亦无害。但学者不当自为之,或命子弟,或托亲戚皆可。不然,父母、妻子之养何所取给!故日中为市,黄帝、神农所不禁也。贱积贵卖,子贡亦为之。但要存公直信厚,不可

---

[1] 陈宝良:《明代的致富论》,载《北京师范大学学报》〔社科版〕,2004年,第6期,第34-45页。
[2] 余英时:《士商互动与儒学转向》,见余英时:《现代儒学的回顾与展望》,第216页,北京:三联书店,2004年。
[3] (明)李贽《焚书》。
[4] 郭子章:《蠙衣生黔草》,转引自陈宝良:《明代的致富论——兼论儒家伦理与商人精神》,载《北京师范大学学报》〔社科版〕,2004年,第6期,第34-45页。

刻薄耳。"⑴东林党人顾宪成也认为，言"富"并不足讳，"富而好礼，可与提躬；富而好行其德，可与泽物"⑵。

在日益发展的商品经济面前，传统的儒家道德面临着前所未有的挑战，儒家倡导"五常"，以仁、义、礼、智、信处理人际关系，是儒生安身立命之本，而商人经商，以致富为目的，势必与儒家伦理发生冲突："有贫生与富翁比屋以居，清旦具衣冠，之邻翁，请所以致富之术，翁曰：'致富之术无他，在去其五贼而已。五贼者，仁、义、礼、智、信也。五者有其一，则穷鬼随之矣。'"⑶东林党人也提出新的"义利"关系论："以义诎利，以利诎义，离而相倾，抗而两敌。以义主利，以利佐义，合而两成，通为一脉。"⑷这种说法虽有些偏激，但说明了商品经济时期商人的精神与儒家思想所引发的冲突。

传统的儒家思想崇尚"礼义"，而不重"财货"，《论语》有"富不可求"之语，《孟子》有"为富不仁"之说，无不体现出"仁"与"富"的冲突关系。而在这种明朝晚期开始的"士商互动"、以求利为时尚的社会风气影响下，明代儒家中出现对富户加以适当保护的思想，这与传统的儒家"不患贫而患不均"的平均主义思想相抵触，它的出现与明代中叶以后商人阶层的兴起不无关联。"富民"的思想在明代中叶以后不断地在儒家的著作中出现，而成为儒家思想一种的新基调。十五世纪末丘濬借《周礼》"大司徒以保息六养万民"之文，发挥"藏富于民"的观点："诚以富家巨室，小民之所依赖。国家所以藏富于民者也。小人无知，或以之为怨府。先王以保息六养万民，而于其五者皆不以'安'言，独言'安富'者，其意盖可见也。是则富者非独小民赖之，而国家亦将有赖焉。彼偏隘者往往以抑富为能，岂知《周官》之深意哉！"⑸对传统"抑富济贫"的平均主义思想公开提出质疑。祁彪佳论救

⑴（明）吕柟：《泾野子内篇》，转引自陈宝良：《明代的致富论——兼论儒家伦理与商人精神》，《载北京师范大学学报》〔社科版〕，2004年，第6期，第34-45页。

⑵（明）顾宪成：《明故处士景南倪公墓志铭》。

⑶（明）赵世显：《芝莆丛谈》，转引自陈宝良：《明代的致富论——兼论儒家伦理与商人精神》，载《北京师范大学学报》〔社科版〕，2004年，第6期，第34-45页。

⑷（明）顾宪成：《泾皋藏稿》，转引自陈宝良：《明代的致富论——兼论儒家伦理与商人精神》，载《北京师范大学学报》〔社科版〕，2004年，第6期，第34-45页。

⑸（明）丘濬：《大学衍义补》卷十三"蕃民之生"，转引自余英时：《现代儒学的回顾与展望——从明清思想基调的转换看儒学的现代发展》，见余英时：《现代儒学的回顾与展望》，第150页，北京：三联书店，2004年。

荒时也提出"藏富于民"的观念,他说:"救荒要在安富。富民者,国之元气也。……富者尽而贫者益何所赖哉!"[1] 王夫之也特别注重商人的社会功能,"卒有旱涝,长吏请蠲赈,卒不得报,稍需日月,道殣相望。而怀百钱,挟空券,要豪右之门,则晨户叩而夕炊举矣,故大贾富民者,国之司命也"。[2] 所引各家之言,代表了儒家思想的一个新的动向。

〔二〕 明清文人思想基调的转变

明清政治、经济、社会的变动,引起文人思想的动荡,出现形形色色的思想与观念,特别是晚明更是最具"活力"与"多样性"的思想时代。最具特色的则是传统文人思想基调发生了转变。

1. 由程朱理学到阳明心学

理学拥有最深厚的基础,最广远的历史,但离历史的生长〔新出现的市民性〕却最远。理学在明清时期从朱熹的"理",经陆象山的"心"到王阳明的"良知",思想的发展由理学逐步走向心学。

明初,朱元璋以程朱注疏为八股取士的标准,正式确立程朱的正统地位;永乐时期,在明成祖的主持下,《五经大全》、《四书大全》、《性理大全》三书编撰成,程朱理学遂定于一尊。在这种政治气氛下,程朱理学不仅是标准教科书,更是与孔孟经典一样重要的原典,解经的自由度几乎不存在,程朱注疏成了研讨儒家经典的必由之路。八股取士制度下的朱程理学,其时已经逐渐僵化教条,完全成为士子猎取功名的敲门砖。"自有宋儒传注,遂执一定之说,学者始疑而不通,不能引申触类。不能引申触类,亦何取于读经哉?"[3] 而明亡的责任,后来也一部分地被推到了八股取士上:"秦以焚书而五经亡,本朝以取士而五经亡。今之为科举之学者,大率皆帖括熟烂之言,不能通知大义者也。"[4]

---

[1]（明）祁彪佳:《祁彪佳集》卷五"救荒全书小序",第90页,上海:上海中华书局,1960年。
[2]（清）王夫之:《黄书·大正》。
[3]（明）何良俊:《四友斋丛说》卷一。
[4]（清）顾炎武:《日知录》卷一"朱子周易本义"。

为矫时弊,王阳明倡导心学,提倡出"心即理"、"致良知"的命题。王阳明提出即心即理,因此,外在的理就变成内心的主体要求,"吾心的一点灵明"所激发的"良知",是与完全外在的理无关的。

王阳明心学还导出了与程朱分野的重要观念:无善无恶说[1]。正是在无善无恶的意义上,心学承认了人性的自然本性,即哲学上所谓的自然人性论,在这种无先天规定的自然人性中,人之利欲情欲,皆属正常。正是在这个意义上,王学开启了晚明时期思想解放的大门。王门后学李贽便宣称:"穿衣吃饭即是人伦物理",又说"如好货,如好色,如勤学,如进取,如多积金宝,如多买田宅为子孙谋,博求风水为儿孙福荫,凡世间一切治生产业"等等,"原是要紧之事,亦原是最难之事。"[2] 从王阳明经王畿、王艮到李贽,持儒家之理的"良心"翻转变为肯定人欲的"童心"。童心者,私心也。"阳明先生之学,有泰州、龙溪而风行天下,……泰州之后其人多能以赤手搏龙蛇,传至颜山农,何心隐一派,遂复非名教所能羁络矣"。[3] 泰州学派可称为明代思想界最为激烈的变革派,而李贽又是深受泰州学派影响的异端思想家代表。李贽标举的"真"即是千百年来,传统文化体系中始终作为礼法名教平衡因素而存在的"自然之性"。

以"真"、"自然"为目的,乃至为宇宙本体,明儒崇"真"、"自然"之论比比皆是,王艮从不学不虑之旨,转而标之曰"自然",这是泰州学派中的有名例子。陈献章说:"自然之乐,乃真乐也,宇宙间复有何事!"[4]

晚明的文艺创造,皆可落实到一条主线,即主情,无论是性灵、自适,还是从欲、重人伦,皆可从心学中找出思想根源。

2. 明哲保身的思想基调

明代政府对文人行为和言论的钳制,导致明代文人采取韬晦保身的处世

---

[1] (明)王阳明《传习录下》:"无善无恶是心之体,有善有恶是意之动,知善知恶是良知,为善去恶是格物。"

[2] (明)李贽:《焚书》卷一。

[3] (清)黄宗羲:《明儒学案》卷三十二,"泰州学案一",见《文渊阁四库全书》第457-505页,台北:台湾商务印书馆。

[4] (清)黄宗羲:《明儒学案》卷五,白沙学案一,陈献章:"论学书"见《文渊阁四库全书》第457-505页,台北:台湾商务印书馆。

方式，初期的文人、画家大多数绝意仕进，隐遁山林，以书画自娱。如沈周之祖"孟渊〔澄〕被荐，不受官。好自标致，恒著道衣，逍遥林间"。[1]苏州地区的祝颢、刘珏、史鉴、杜琼、吴宽、李应桢等文人，大多过着隐逸的生活。〔图51〕明儒中鲜有以陈政事、论治道著称者。王阳明的奏疏都是讨论具体事物的，只有《乞宥言官去权奸以章圣德疏》涉及治道，但他即因此下诏狱、谪龙场。泰州学派领袖王艮初谒阳明，纵言及天下事，阳明避而不谈，阳明曰："君子思不出其位"。王艮又说："某草莽匹夫，而尧舜君民之心，未尝一日忘。"阳明答道："舜君深山与鹿豕木石游居，终身忻然，乐而忘天下。"由此可领悟到阳明的致良知教不直接涉及政治理论，而是转向社会。王艮初见阳明时豪气尚盛，但后来逐渐接受阳明的态度并写了一篇《明哲保身论》，"爱人而不知爱身，必至于烹身割股，舍生杀身，则吾身不能保矣。吾身不能保，又何以保君父哉！"[2]主张以避开政治的曲折方式来抗拒专制。明儒中亦有视此为阳明学说之病痛者，东林儒学就不以"明哲保身"为然，在明亡前奋戈一击，变曲折反抗为公开訾议，终酿成"一堂师友，冷风热血，洗涤乾坤"[3]的悲壮场面。李贽的过激言行亦招来杀身之祸。政治上受到排斥的文人，组成颇具规模的东林党、复社就是历史上前所未有的空前危机感的直接反映。

清儒则以考证为"明哲保身"，即章炳麟所谓"家有智慧，大凑于说经，亦以纾死"。

〔三〕 明清文人思想基调对文人园林的影响

残酷的现实，使士人惊悚、抑郁、彷徨、苦闷，逐渐泯灭了建功立业的理想，崩溃了政治自信心，明末思想基调的转变，"明哲保身"的处世态度和"心学"注重内心反思的哲学观的兴起，文人们在心灵深处日益确立起以自然、适意、清净、淡泊为特征的人生哲学与生活情趣，以企求内心得到平衡。"决意浮名，不干寸禄，山居避乱，反以无事为荣"[4]，造就了闲情逸致，

---

[1]（明）沈周：《沈石田先生诗文集》卷十"附录"。
[2]（明）王艮：《王心斋先生全集》卷四。
[3]（清）黄宗羲：《明儒学案》卷五十八，"东林学案一"，见《文渊阁四库全书》，第457-985页，台北：台湾商务印书馆。
[4]（清）李渔：《闲情偶寄》，颐养部，行乐第一，第249页，延边：延边人民出版社，2003年。

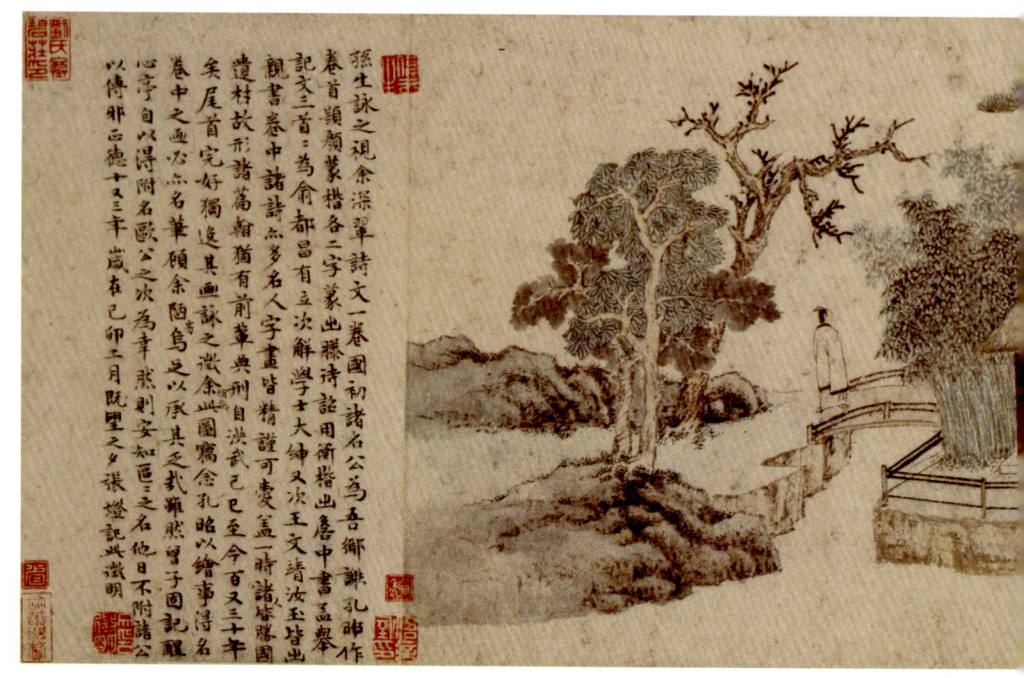

[图51] 明·文徵明《深翠轩图》卷
〔故宫博物院藏〕

风流优雅的生活风尚。

他们"治园亭,莳花木",构建超世出尘的精神绿洲,精心外化为"适志"、"自得"的生活空间。官至内阁重臣的王鏊,"以志不得行归里",在苏州东山陆巷村筑园,林泉之心愿始得满足,欣然以"真适"名园。园中以湖光山色、风月禽鸟、稻蔬花木成景。诗曰:"家住东山归去来,十年波浪与尘埃","黄扉紫阁辞三事,白石清泉作四邻",自此过着"十年林下无羁绊,吴山吴水饱探玩……清泉一脉甘且寒,肝肺尘埃得湔浣"的生活。[1]

主吴中风雅之盟者三十余年的文徵明,五十四岁时曾授职翰林院待诏,他目睹了官场的凶险和黑暗,"高官腆仕,人所慕乐,而祸患攸伏,造物者每消息其中。使君得志一时,而或横罹灾变,其视未杀斯世而优游余年,果孰多少哉?"[2]十分直白地说:"谁令抛却幽居乐,掉鞅来穿虎豹鞋。"五十七岁

---

[1] (明)王鏊:《游穹窿山》。
[2] (明)文徵明:《王氏拙政园记》,见陈植、张公驰选注,陈从周校阅:《中国历代名园记选注》,第101页,合肥:安徽科学技术出版社,1983年。

获准南归苏州,写了一首《还家志喜》:"绿树成荫径有苔,园庐无恙客归来。清朝自是容疏懒,明主何尝并不才。林壑岂无投老地,烟霞常护读书台。石湖东畔横塘路,多少山花待我开。"自构玉磬山房,以翰墨自娱。

顾大典,曾官至福建提学副使,由于不受请托,为忌者所指谪,贬禹州知州,自求解官,归吴江,家有"谐赏园"。他"入则扶持板舆,出则与昆弟友生觞咏为乐,江山昔游,敛之丘园之内,而浮沈宦迹,放之何有之乡,庄生所谓自适其适,而非适人之适,徐徐于于,养其天倪,以此言赏,可谓和矣"[1]。

明代万历年间的邹迪光,四十岁左右被罢官,回乡建"愚公谷"。布衣终身的沈周,以书画传家,在相城西宅构园"有竹居"。因科场案受牵连的苏州才子唐寅,彻悟了人生,"此生已谢功名念,清梦应无到古槐。"筑圃桃花坞,名园为桃花庵,日饮其中,卖画为生。"但愿老死花酒间,不愿鞠躬车马

---

[1] (明)顾大典:《谐赏园记》,见陈植、张公驰选注,陈从周校阅:《中国历代名园记选注》,第110页,合肥:安徽科学技术出版社,1983年。

[图52] 明·文徵明《拙政园诗画册》

前。闲来写幅丹青卖,不使人间造孽钱"。拙政园主王献臣"直躬殉道",为朝官所不容,遂"非久被斥",其后旋起旋废,年老解官回乡,钦羡晋潘岳的园林生活,"昔潘岳氏仕宦不达,故筑室种树,灌园鬻蔬,曰:'此亦拙者之为政'也。"以潘岳自况,"正聊以宣其不达之志焉耳!"于是在其园林中,"筑室种树,灌园鬻蔬,逍遥自得,享闲居之乐"。[1]而终此一生。〔图52〕

明代末年,名震一时的冒襄〔1611-1693年〕当清兵入侵之时,举家逃往浙江盐官。从夏至冬,辗转颠沛,在马鞍山"遇大兵,杀掠奇惨","仆婢

---

[1] (明)文徵明:《王氏拙政园记》,见陈植、张公弛选注,陈从周校阅:《中国历代名园记选注》,第101页,合肥:安徽科学技术出版社,1983年。

杀掠者几二十口，生平所蓄玩物及衣具，靡孑遗矣"。回归故里隐居，建"水绘园"，在那儿过着隐逸的生活。并将水绘园改名为水绘庵，据嘉庆《如皋县志》云："'水绘园'在城东北隅，'中禅'、'伏海寺'之间。旧为冒一贯别业，名'水绘园'，后冒襄栖隐于此，易'园'为'庵'。"[1]决心隐居不仕。当时名士钱谦益、吴伟业、王士祯、孔尚任、陈维崧等纷纷前来如皋相聚，在园中诗文唱和。时人说："士之渡江而北，渡河而南者，无不以如皋为归。"水绘园盛极一时。

翻开明清文人园记、笔记，处处可见文人退隐城市山林的文人生活场景，闲适的园林环境为文人们提供了进行内心修养的最佳处所。

二、明清文人艺术思潮对园林的影响

〔一〕 明清文人艺术思潮与园林

"中国之政教理论之反动，往往造成文艺思想之解放，在'中国不绝如缕'的时期，从'名教本于自然'而上升为'越名教而任自然'，反映到文艺思潮，就开始了一个'文学的自觉时代'，'或如近代所说是为艺术而艺术的一派。'"[2]而明清时期的政治与文化困境，则开启了文艺思潮的突围。

1. 明清文人艺术思潮

艺术与经济政治的发展经常是不平衡，就像潇洒不群、飘逸自得的魏晋风度却产生在动荡、混乱、灾难的社会和时代一样，提倡复古主义和颂扬浪漫的人文主义双重思潮的晚明景象，也在同样一个政治混乱的年代得到综合。

明清时期，统治者极力推崇程朱理学，以此作为官定正统哲学。在保守的文化思潮的统治下，明初产生了以"台阁重臣""三杨"〔杨士奇、杨荣、杨溥〕为代表的"台阁体"诗，点缀升平，"应制"、"颂圣"，平庸呆板，毫无生

---

[1] 转引自陈植、张公驰选注，陈从周校阅：《中国历代名园记选注》，合肥：安徽科学技术出版社，第310页，1983年。
[2] 鲁迅：《魏晋风度及文章与药及酒之关系》，见《鲁迅选集》，第二卷，北京：人民文学出版社，第380页，1983年。

气,相习成风,明代中叶"竟陵派"起而矫之,将发端于明开国之初的文学复古主义从涓涓细流汇集成潺潺小溪。明清中期,在士大夫"上接尧舜,下承汉唐"的政治理想下,弘治年间的"前七子"〔李梦阳、何景明、徐祯卿、边贡、康海、王九思和王廷相〕以及嘉靖年间的"后七子"〔李攀龙、王世贞、谢榛、宗臣、梁有誉、徐中行、吴国伦〕,以"文必秦汉,诗必盛唐"的复古主张为号,力图矫正"台阁体"之弊,走上了"物不古不灵,人不古不名,文不古不行,诗不古不成"的复古化道路,将明代文学复古运动推衍成滔滔大江。到清代,入关后的满族统治者仍然奉此种制度为圭臬,清初康熙时,朱熹被列为孔庙"十哲之次",尊为"圣贤",康熙亲自刊定朱子理学,制文讲解,八股取士之风一如既往,这种僵化的学术风气在官方正统领域里势力极大。清代由于理学盛行,加之文字狱风气中残酷的思想统治,文坛中,这种复古模仿论调也颇为流行。

然而,文人的艺术是以情感表现为其最本质的特征,它的所有特征全都围绕这个核心而形成。在明以前,情感表现就已经是中国文艺最本质最明显特征,是文人吟诗作画的自觉追求。要让文人艺术在复古之中泯灭纯然属于自己的个性和情感,显然是不可能的。明代后期各种社会矛盾的剧烈冲突,商品经济的发展,引起各种思潮的变化,而在艺术领域各种思潮异常活跃。因此,在明清艺坛存在复古倾向的同时,一直就存在着强大的反复古势力的人文思潮。

首先向封建复古思潮发起冲击的是李贽的童心说。李贽的美学带有强烈的思想解放和人文主义的色彩,他主张"童心说","童心"就是"真心"或"赤子之心"。"夫童心者,〔真心也〕,绝假纯真,最初一念之本心也。……童子者,人之初也,童心者,心之初也。"他认为只有保持"童心"的纯真,才能写出天地间的至文,"天下之至文,未有不出于童心者也",失却童心,则必然是"假人言假言,而事假事,问假文乎,盖其人既假,则无所不假矣"。他还以童心为基础,认为情感是纯真的、自然的,"盖声色之来,发乎情性,由乎自然,是可以牵合矫强而致乎?故自然发于情性,则自然止于礼义,非情性之外复有礼义可止也。……莫不有情,莫不有性,而可一律求之哉!"[1]

---

[1]（明）李贽：《焚书》卷三《童心说》。

童心说在文艺上起到开创性的作用,而在文艺思潮中,"情"则更与审美的性质相合,张琦在《衡曲麈谭·情痴悟言》中说:"人,情种也。人而无情,不至于人矣,遏望其至人乎?"与李贽的失却童心就失却真人之论是一样的。汤显祖的唯情说则达到了理论的高度。他认为文学艺术的本质就是"情",各种文学艺术都是由"情"产生出来的,文学艺术所以能感动人,也是因为有"情"。"人生而有情,思欢怒怨,感于幽微,流乎歌啸,形诸动摇。"[1] "世总为情,情生诗歌,而行于神。天下之声音笑貌大小生死,不出乎是。"[2] 审美的核心范畴和审美理想就是对"情"的追求。

晚明艺术美学中公安三袁的"性灵"说抨击"前后七子"的文学理论,"矫以清新轻俊",认为艺术应该表现"性灵",也就是指一个人的真实的情感欲望。这种情感欲望,是每个人自己独有的,是每个人的本色,所以袁氏兄弟也像李贽一样,特别强调"真人"、"真声"、"真文":"吾谓今之诗文不传矣。其万一传者,或今闾阎妇人孺子所唱《擘破玉》、《打草竿》之类,犹是无闻无识真人所作,故多真声,不效颦于汉、魏,不学步于盛唐,任性而发,尚能通于人之喜怒哀乐嗜好情欲,是可喜也。"[3]

上述的童心说、性灵说、唯情说,他们注重"个性",都讲究"至情",高扬了人的个性。无论我们对晚明的这些变异精神之部分是否有所高估,[4] 但这些理论在晚明确实掀起了一股人文主义文化思潮。人们以异乎寻常的勇气,大胆冲决理学的藩篱,通过对传统伦理道德的质疑和反思,给人的价值和人生的意义以全新的诠释和界定。

2. 明清文人艺术思潮中的人文主义表现

文人艺术以情感表现为其本质特征,然而在强调对天对道的追求的中国古代,"我"的存在是与天、地、道并存的,以个体价值存在的似乎非常少见。历史上也曾有过文人强调过自身存在的价值,强调过自我情感的表现。

---

[1] (明)汤显祖:《玉茗堂文之七·宜黄县戏神清源诗庙记》。
[2] (明)汤显祖:《玉茗堂文之四·耳伯麻姑游诗序》。
[3] (明)袁宏道:《叙小修诗》,见《袁宏道集笺校》卷四,第188页,上海:上海古籍出版社,1981年。
[4] 龚鹏程:《晚明思潮》"自序",北京:商务印书馆,2005年。

中国古代的文艺思想,由于绵延数千年的从"诗言志"起源的情感论而使中国艺术在历代都不同程度地带上主观情感特征。但是这种情感性,由于源远流长的"天人合一"观念而融入天人体系之中。"天人既无二,于是亦不必分别我与非我。我与非我原是一体,不必且不应将我和非我分开。于是内外对立消弥,而人与自然融为一片",[1]天人合一观念没有主张人格的独立,而是强调主客观无间融合。这种哲学观始终贯穿着中国文化艺术发展的道路。对普遍的"道"的忘我追求,观念的外在性与统一性必然削弱艺术家自身独特的个性。无论是魏晋文人的"神与物游",还是唐代文人"外师造化,中得心源",都将个人的情感消融在"天人合一"的哲学体系中了。

因此当代美学家奥斯本说过:"艺术为自我表现,而自我表现的这种观念对东方的思想习惯来说是格格不入的。中国艺术是以表现'道'的普遍原则来加以评价的,艺术家的自我表现仅仅在这样一个范围内才得到承认,即他能使自己与普遍的'道'相融洽,以至于可以通过它本性的表现来最为一种'道'的媒介手段而起作用。"[2]正因为这种原因,尽管情感论在发展,情感表现程度在增加,但缘情传统却始终难以发展到"自我表现"的高度。情感表现在明清之前的艺术理论中有"情"、"性情",有"气韵"、"气",有"趣"、"士气"等,但基本上没有"我"的地位。

明清复古与反复古思潮,正如钱钟书所说:"二事根本抵牾,竟能齐驱不悖",两股艺术思潮统一于"情"之中。李梦阳认为:"天下无不根之萌,君子无不根之情。忧乐潜之中而后感触应之外,故遇者因乎情,诗者形乎遇"(《梅月先生诗序》)。徐祯卿主张"诗以言其情","夫情能动物,故诗足以感人"。后七子的的王世贞指出,情是诗歌的本原,"性情之真是诗歌的命脉所在,"有窒情而后有诗"(《札记内篇》)。复古派如此,反复古派亦如此。正如上面所列以李贽为代表反复古派均以"情"为表现,进而强调自我意识。袁宏道在《叙小修诗》中,以"独抒性灵,不拘格套"论诗,又说"非从自己胸臆流出,不肯下笔",就是对自我意识的肯定。清代黄宗羲批判追逐时尚者是"以己之性情,顾使耳目口鼻皆非我有,徒为殉物之具"。

---

[1] 张岱年:《中国哲学大纲·绪论》,北京:中国社会科学出版社,1994年。

[2] 〔英〕奥斯本著,朱狄译:《论灵感》,北京:北京师范学院出版社,1986年。

对不尊重自我情感者予以贬斥。他在《陆钐俟诗序》中为诗下了一个重要定义："诗也者，联属天地万物，而畅吾之精神意志者也。"[1]"畅吾之精神意志"是此前未见的说法，以及造《金介山诗序》中所说的"夫以己之性情，顾使之耳目口鼻皆非我有，徒为殉物之具，宁复有诗乎！"[2]在诗中表现自我意识当较前朝更为强烈。顾炎武主张要不忘诗中有我，"不似则失其所以为诗，似则失其所以为我。"[3]王夫之在《姜斋诗话》卷二中也说："立门庭者必锢钉，非锢钉不可以立门庭。盖心灵人所自有，而不相贷，无从开方便法门，任陋人支借也。"[4]对真性情和自我意识同样很重视。叶燮的论"识"更突出"我"："天地有自然之文章，随我之所触而发宣之，必有克肖其自然者，为至文以立极。我之命意发言，自当求其至极者。昔人有言：'不恨我不见古人，恨古人不见我。'又云：'不恨臣无二王法，但恨二王无臣法。'……我能是，古人先我而能是，未知我合古人欤？古人合我欤？"[5]高扬自我意识之论的累积、发展，终至启发了后来的袁枚的简捷而明确之论："为人，不可以有我，有我，则自恃倨用之病多"，"作诗，不可以无我，无我，则剿袭敷衍之弊大"。[6]

艺术家在人文思潮的感召下，艺术作品也表现出鲜明的个性。明末唐志契就把"我"之性情用来阐述山水画理论，认为"山性即我性，山情即我情；水性即我性，水情即我情"。[7]沈颢又以强烈的自我表现精神看待绘画创作："伸毫构景，无非拈出自家面目。"[8]石涛在《画语录》中更把自我意识强调到了前无古人的崇高地位，开篇就以"一画之法，乃自我立"[9]，强调了自我在绘画中的重要作用。这些都是涉及"我"在艺术中的核心作用，并以"终归之

---

[1]（清）黄宗羲：《南雷文定》第四集《陆钐俟诗序》。
[2]（清）黄宗羲：《南雷文约》卷四《金介山诗序》。
[3]（清）顾炎武：《日知录》卷二十一《诗体代降》。
[4]（清）王夫之著，戴鸿森笺注：《薑斋诗话笺注》，卷二，第120页，北京：人民文学出版社，1981年。
[5]（清）叶燮著，霍松林校注：《原诗·内篇》，第25页，北京：人民文学出版社，1979年。
[6]（清）袁枚：《随园诗话》卷七，上册第216页，北京：人民文学出版社，1982年。
[7]（明）唐志契：《绘事微言》，见俞剑华编著：《中国古代画论类编》，第742页，北京：人民美术出版社，2004年。
[8]（明）沈颢：《画尘》，见卢辅圣主编：《中国书画全书》，第四册，第815页，上海：上海书画出版社，1992年。
[9]（清）石涛：《苦瓜和尚画语录》，一画章第一，见俞剑华编著：《中国古代画论类编》，第147页，北京：人民美术出版社，2004年。

于大涤"的自我表现为艺术追求的最终目标和最高境界。明清之际的另一位伟大的画家八大山人的作品以鲜明的个性呈现在世人的眼前,表达了它自身刚直狷介、傲岸不羁的天性。他的"八大山人"之称谓据清初陈鼎为其所作传中,引八大自己之言曰:"八大者,四方四隅,皆我为大,而无大于我也",表现出强烈的自我意识。

3. 明清文人艺术思潮影响下的明清园林艺术

园林艺术的发展有独特的轨迹,同时具有鲜明的时代特征。在明清文人艺术思潮的环境中,复古思潮和人文主义和自我个性的张扬等氛围影响下的明清的文人造园活动,尊崇雅朴、清赏之美,反对人工的雕饰、造作之风,讲究天然。园林理论家的造园理论正反映了这一社会的艺术思潮。

在明代复古文艺思潮的左右下,文震亨对造园理论的阐述,集中体现了晚明士大夫的这种审美趣味。品鉴"长物"是士大夫才情修养的表现,借品鉴长物品人,构建人格理想,标举人格完善,在物态环境与人格的比照中,美与善互相转化,融为一体,物境成为人格的化身。他提倡的古雅绝俗的审美取向为晚明士人的共同审美取向。〔见"明清文人园林的发展概况"一章〕他的审美思想受明代特别是晚明复古风潮的影响更为直接。文震亨坚持固守复古道路,其心也古,其物力求古人神韵,不屑与近俗为伍,造就了其尚古的审美裁判。同时也出现了许多墨守成规、蹈袭窠臼的现象:"乃至兴造一事,则必肖人之堂以为堂,窥人之户以为户,稍有不和,不以为得,反以为耻。"[1]特别是一些通侯贵戚"掷盈千累万之资以治园圃,必先谕大匠曰:亭则法某人之制,榭则遵谁氏之规,无使稍异,"[2]造成园林建造程式化泛滥的现象。

而针对复古风潮而兴起的反复古、反世俗的思潮,渴望摆脱一切束缚,以感性冲突突破理性的思想框架,掀起追求个性自由的思想解放思潮,给文人园林注进了新的生机。计成在《园冶》一书中集中地阐述了他的造园理论,他提出"三分匠人,七分主人"的造园理论,特别强调了园林设计者在园林艺术中的重要位置,"我"在艺术中的核心作用。李渔受这种思潮的影响,他

---

[1] (清)李渔:《闲情偶寄》,第124页,延边:延边人民出版社,2003年。
[2] (清)李渔:《闲情偶寄》,第124页,延边:延边人民出版社,2003年。

的《闲情偶寄》是一本讲感性、感官、感受的感悟性著作。园林建造李渔倡导个性,竭力反对墨守成规,强调创作源于心灵真情,体现了率性而为、纯任自然的美学情趣。〔见"明清文人园林的发展概况"一章〕

在明末的文化思潮影响下形成"复古"和"性灵"两种园林审美风尚,"启美其心也古,其物力求古人神韵;笠翁刻意求新,不落前人窠臼。启美涵养君子,不屑与近俗为伍;笠翁性情中人,每多浅率狂妄。启美其人其情藏在纸背,笠翁沾沾自喜情状跃然纸上。"[1]然而,它们之间并不相违背,明清文人将缘情言志当成文艺思潮的鲜明标志和反抗僵化传统的复古思潮的重要手段的同时并没有完全违背复古道路,如,"唐宋派"是最早起来反对"前后七子"的文学集团,但他们在创作实践上也"文字法度一不敢背于古"。李贽、"公安三袁"等也曾流露出宗法汉魏唐诗、讲究法度的某些倾向。以提倡"率真"造园的李渔在提到房屋墙壁的建造时说:"壁间留隙地,可以代厨。此仿伏生藏书于壁之义,大有古风。"[2]并没有放弃古典的精神。园林艺术受到当时人文思潮的影响,用园林艺术为手段表现文人的情感,计成在《园冶》中将"情"寄于园林设计之中,"片山多致,寸石生情";"山林意味深求,花木情缘易逗";"因借无由,触情俱是";"物情所逗,目寄心期"。将自我的情感与园林构思融为一体,升华为引人入胜的园林景象。明清艺术思潮在古典的基础上加入时代的精神,文人园林艺术也是在这种遵古与创新的思潮影响下形成明清时期的园林艺术特点。

〔二〕 意境论的盛行对园林意境的影响

1. 意境论的盛行

意境,作为中国艺术中独有的特性,根植于中国文化土壤中,从"立象以尽意"〔《周易·系辞上》"子曰'书不尽言,言不尽意'。然则圣人之意,其不可见乎?子曰'圣人立象以尽意,设卦以尽情伪。'"〕到"得意忘象"〔"筌者所以在鱼,得鱼而忘筌;蹄者所以在兔,得兔而忘蹄;言者所以在意,得

---

[1] 张燕:《〈长物志〉的审美思想及其成因》,载《文艺研究》1998 年,第 6 期,第 137-140 页。
[2] (清)李渔:《闲情偶寄》,第 145 页,延边:延边人民出版社,2003 年。

意而忘言。"——《庄子》〕。"意象"最初是人们通过"立象"以更好地认识客观事物，并没有审美意味。先秦时代的"象"，到魏晋南北朝时转化为"意象"〔得意在忘象，得象在忘言。故立象以尽意，而象可忘也。重画以尽情，而画可忘也。——王弼《周易略例·明象》〕，强调言、象只是表达"意"的一种工具和手段，"忘象"和"忘言"的真意就在于既需要"象"，但又要超越于"象"，既需要"言"又要超越于"言"，艺术的根本目的不在语言和形象本身，而在于得"意"，"意"是一切借语言和形象为表现手段的艺术的共同特点。此时的意象已成为文艺理论的重要概念，在总结前人的同时，又为后来将意象的认识意义借鉴到文艺理论中作了铺垫，使意象具有审美意义这一发展过程中的一个重要环节。

哲学中对"象"、"意"的问题的思考，无疑地会给古代艺术家以深刻的启示，把哲学范畴的"意象"转化到美学范畴中来，这就导致了中国古典艺术重意而轻象的传统。唐代，"意象"作为表示艺术本体的范畴，已经被美学家比较普遍地使用了："探彼意象，如此规模"〔张怀瓘《文字论》〕；"久用精思，未契意象"〔王昌龄《诗格》〕。但是唐代美学并没有停留在"意象"的范畴内，而是从理论上作进一步的分析和研究，提出了"境"的美学范畴。王昌龄《诗格》中举出诗有三境："一曰物境：欲为山水诗，则张泉石云峰之境，极丽极秀者，神之于心；处身于境，视境于心，莹然掌中，然后用思，了然境象，故得形似。二曰情境：娱乐愁怨，皆张于意而处于身，然后用思，深得其情。三曰意境：亦张之于意而思之于心，则得其真矣。"[1]他强调诗歌创作应有更高的主客观的统一，艺术应追求"象外之象，景外之景"。并从艺术思维的角度，阐明了从现实审美意象到艺术意境的过程，丰富了意象理论，开启了意境说的先河。

明清之前，由于条件尚未完备，在造型艺术中，表意更多地体现为一种倾向，或是少数艺术家得以实现的行为，而时至明清，写意已演化为一种普遍化了的取向，及占支配地位的艺术思潮。

明代在前人意象美学的基础上进一步发展意象论。明代诗论家李东阳〔1447-1516年〕在《麓堂诗话》中谈到意象："'鸡声茅店月，人迹板桥霜'。

[1] （唐）王昌龄：《诗格》。

人但知其能道羁愁野况于言意之表，不知二句之中不用一二闲字，止提掇出紧关物色字样，而音韵铿锵，意象具足，始为难得。"①

明七子之一的何景明〔1483-1521 年〕论诗，"意象应曰合，意象乖曰离，是故乾坤之卦，体天地之撰，意象尽矣。"②王世贞认为诗的意象要超妙，就要"外足于象，而内足于意，文不减质，声不浮律"，③要"意象衡当"。"言情则于往来动止缥缈有无之中，得灵蠁而执之有象，取景则于击目经心丝分缕合之际，貌固有而言之不欺，而且情不虚情，情皆可景，景非滞景，景总合情。神理流于两间，天地共其一日，大无外而细无垠……"④认为审美"意象"的"景"不能脱离"情"，脱离"情"的"景"就成了"虚景"；"情"脱离了"景"就成了"虚情"，"情"与"景"、"意"与"象"是内在的统一，而不是外在拼合。

李东阳、何景明、王世贞等人，都对诗歌的意象作了分析和探讨，强调诗歌的意象审美，之后的王廷相和王夫之则将意象审美上升到理论的角度，总结了中国古典艺术的意象论。

王廷相〔1474-1553 年〕在《与郭价夫学士论诗书》中说："夫诗贵意象透莹，不喜事实粘著，古谓水中之月，镜中之影，可以目睹，难以实求是也。《三百篇》比兴杂出，意在辞表；《离骚》引喻借论，不露本情。东国困于赋役，不曰'天之不恤'也，曰'维南有箕，不可以簸扬，维北有斗，不可以挹酒浆'，则天之不恤自见；齐俗婚废礼坏，不曰'婿不亲迎'也，曰'俟我于著乎而，充耳以素乎而，尚之以琼华乎而'，则婿不亲迎可测；不曰'已德之修'也，曰'余既滋兰之九畹兮，又树蕙之百亩，畦留夷与揭车兮，杂杜衡与芳芷'，则已德之美不言而章；不曰'已之守道'也，曰'固时俗之工巧兮，偭规矩以改措，背绳墨以追曲兮，竞周容以为度'，则已之守道缘情以灼：斯皆包蕴本根，标显色相，鸿才之妙拟，哲匠之冥造也。若夫子美《北征》之篇，昌黎《南山》之作，玉川《月蚀》之词，微之《阳城》之什，

---

① （明）李东阳：《麓堂诗话》。
② （明）何景明：《何大复先生全集》卷三十二 "与李空同论诗书"。
③ （明）王世贞：《弇州山人四部稿》卷六十四 "于大夫集序"。
④ （明）王世贞：《弇州山人四部稿》卷六十四 "于大夫集序"。

漫铺繁叙，填事委实，言多趁帖，情出附辏，此则诗人之变体，骚坛之旁轨也。浅学曲士，志乏尚友，性寡神识，心惊目骇，遂区畛不能辨矣。嗟乎！言征实则寡余味也，情直致而难动物也，故示以意象，使人思而咀之，感而契之，邈哉深矣，此诗之大致也。"[1]他强调诗歌不是"言征实"和"情直致"，而是要蕴藉含蓄，旨远寄深，余味曲苞，耐人寻味。

清初哲学家王夫之继承了王廷相"意象"乃是诗的本体的思想，他清楚地论述诗的好坏，不在于"意"如何，而在于审美意象如何。他说："诗之深远广大，与夫舍旧趋新也，俱不在意。唐人以意为古诗，宋人以意为律诗绝句，而诗遂亡。如以意，则直须赞《易》陈《书》，无待诗也。'关关雎鸠，在河之洲，窈窕淑女，君子好逑。'岂有入微翻新、人所不到之意哉？"[2]同时他总结了宋元明美学家的成果，对诗歌"意象"的基本结构作了具体的分析，就是情景说。认为诗歌意象就是"情"与"景"的内在统一，认为"情"和"景"不能分离，"情景名为二，而实不可离。神于诗者，妙合无垠。巧者则有情中景，景中情"[3]。"夫景以情合，情以景生，初不相离，唯意所适。截分两橛，则情不足兴，而景非其景"。[4]情景是内外的统一，"王夫之对于意与象的关系的论述，是意象理论发展史上的一个高峰，他不仅十分重视诗的意象美，而且对怎样使意与象合，达到象中有意、意中存象的辩证的、微妙关系的论述，都是鞭辟入里，前无古人的。"[5]

明清时期在"意象"说得到普遍发展的基础上，由"意象"发展而来的"意境"说在明清时期产生一次飞跃。〔关于"意境"与"意象"的区别，很多学者已有论述，[6]在此不再赘言。〕朱承爵说："作诗之妙，全在意境融彻，出音声之外，乃得真味"。[7]认为意境是作诗的标准。王夫之不仅谈论了诗的审美意象，而且还讨论了诗的意境特点，他在谈论古诗时说："知'池塘生

---

[1] （明）王廷相：《王氏家藏集》卷二十八"与郭价夫学士论诗书"。

[2] （清）王夫之：《明诗评选》卷八。

[3] （清）王夫之著，戴鸿森笺注：《薑斋诗话笺注》，卷二，第72页，北京：人民文学出版社，1981年。

[4] （清）王夫之著，戴鸿森笺注：《薑斋诗话笺注》，卷二，第76页，北京：人民文学出版社，1981年。

[5] 敏泽：《中国古典意象论》，载于《文艺研究》1983年，第3期，第54-62页。

[6] 叶朗：《说意境》，载于《文艺研究》1998年，第1期，第17-22页。

[7] （明）朱承爵：《存余堂诗话》，见何文焕辑：《历代诗话》，下册，第792页，北京：中华书局，2004年。

春草'、'蝴蝶飞南园'之妙,则知'杨柳依依'、'零雨其蒙'之圣于诗:司空表圣所谓'规以象外,得之圜中'者也。"[1]"规以象外,得之圜中"就是具有"象外之象,景外之景"的意境。王夫之论诗以诗歌审美意象为中心的美学体系,发展了中国古代"意境"论。中国文人以意境作为艺术的最高境界,"词以境界为最上,有境界则自成高格,自有名句"[2],大至家国兴亡、千秋感慨,小至一花一木皆为构成境界之材料,但必有真景物浮动于胸次,必有真感情注入于其中,把人的感兴、情绪与作品紧密结合,主客观真实地交融才可产生意境。"艺术家以心灵映射万象,代山川而立言,他所表现的是主观的生命情调与客观的自然景象交融互渗,成就一个鸢飞鱼跃,活泼玲珑,渊然而深的灵境;这灵境就是构成艺术之所以为艺术的'意境'"。[3]

2. 意境论对明清园林的影响

明清美学意境论的形成和定型为园林艺术的追求意境的审美裁判起着推波助澜的作用,使明清的文人园林景观由"画境"的阶段升华到"意境"。〔详见"少许胜多许——明清文人园林审美"一章〕

在明清的时代艺术思潮的影响下,园林艺术具有鲜明的时代性,追求园林意境。明清社会、艺术思潮对明清园林创造则主要表现在园林艺术的精致化、深入化,园林布局的理论化以及"自我"情感的抒发,"意境"的创造等方面。

三、 明清文人生活样态对园林的影响

〔一〕 明清文人的闲赏生活样态

明代中期以后,由于物力逐渐丰饶,经济不断繁荣,促进了奢华之风的兴盛。"金陵秦淮一带,夹岸楼阁,中流箫鼓,日夜不绝,盖其繁华佳丽,自

---

[1] (清)王夫之著,戴鸿森笺注:《薑斋诗话笺注》,卷一,北京:人民文学出版社,1981年。
[2] 王国维著,周锡山编校:《人间词话》,第11页,太原:北岳文艺出版社,2004年。
[3] 宗白华:《中国艺术意境之诞生》,见宗白华:《艺境》,第150页,北京:北京大学出版社,1987年。

六朝以来已然矣。"[1] "姑苏虽霸国之余习,山海之厚利,然其人僭巧而俗侈靡,不惟不可都,亦不可居也。士子习于周旋,文饰俯仰,应对娴熟,至不可耐。而市井小人百虚一实,舞文狙诈,不事本业。盖视四方之人,皆以为椎鲁可笑,而独擅巧胜之名。"[2] 市井小人具有富饶都会形态的矫饰习气,追求奢华的生活,而富贾则更显出财大气粗、挥金如土的俗态。

在奢华生活的影响下,文风士气也逐渐脱离纯朴俭素,袁宏道曾为明初以来的时代风气作一简述:"洪、永之文简质,当时之风习,未有不俭素真至者也。弘、正而后,物力渐繁,而风气渐盛,士大夫之庄重典则如其文,民俗之丰整如其文,天下之工作由朴而造雅如其文;嘉、隆之际,天机方凿,而人巧方始。然凿不累质,巧不乖理,先辈之风犹十存其五六,而今不可得矣。"[3] 文人由传统滋养而来的人生观与价值取向,即使在世俗文化的感染下,仍保持着文人的文化特质,表现出与普通世人不同的方式,"姑寻世间一种幽闲清适之乐,以自徜徉度日,较之常人,真有仙凡之隔"[4] 这似乎代表明清闲适文人的生活美感追寻,清幽闲适,飘若神仙的美感情趣。他们在生活中,散发着优雅的审美韵致,营造出"不俗"的闲赏生活,形成包括诗文、绘画、品茗、饮酒、抚琴、对弈、游历、收藏、品鉴在内的庞大而完整的文人文化体系,进而通过园林、居室、器用、造物,表现出与"文学的自觉"的一致品格,这在明代中期以后的繁荣社会中,已成为文人追求生活品质的典范。

中国文人由于受到老庄高旷隐逸思想的启迪,无不对功名大业以外的赋闲生涯产生无限的向往。竹林七贤、陶渊明布衣式的闲适放达,以及白居易、苏轼等古代文人的闲适逍遥的生活况味,成为明清文人歌咏效尤的典型。

晚明王思任为友人写《闲居百咏序》中写道:"开美笔耕自给,常不逢年。萧然环堵,残书数卷。一妾执爨,一子力勤,瓶无储粟,而意若万钟。其神器之所啸傲,大约在云兴霞蔚,图嶂镜波之内。盆蓄渊明之菊,无其园;

---

[1] (明)谢肇淛:《五杂俎》卷三,地部,第51页,沈阳:辽宁教育出版社,2001年。
[2] (明)谢肇淛:《五杂俎》卷三,地部,第52页,沈阳:辽宁教育出版社,2001年。
[3] (明)袁宏道:《陕西乡试录序》,见《袁宏道集笺校》卷五十四,第1530页,上海:上海古籍出版社,1981年。
[4] (明)袁宗道:《白苏斋类集》卷二十一,杂说类"杨朱"。

庭植观复之梅,无其阜……多以酒为适。"闲适宁静的生活为明清士人所倾慕,明人说道:"'名利不如闲',世人常语也。然所为闲者,不徇利,不求名,澹然无营,俯仰自足之谓也"。[1]袁中郎亦说"世间第一等便宜事,真无过闲适者"。[2]因此特别向往"宽然有余闲"的闲暇生活;袁伯修无限忻慕地细数着吴越间的名山胜水、禅侣诗朋、芳园精舍、新茗佳泉,要以古人作为标榜,希望在行住坐卧间,体行闲适之意:"伯修酷爱白、苏二公,而嗜长公尤甚,每下直,辄焚香静坐,命小奴伸纸,书二公闲适诗,或小文,或诗余一二幅,倦则手一编而卧,皆山林会心语,近懒近放者也。"[3]李渔在《闲情偶寄》中描述了闲适生活的状态,"夏不谒客,亦无客至,匪只头巾不设,并衫履而废之,或裸处乱荷之中,妻孥觅之不得;或偃卧长松之下,猿鹤过而不知。洗砚石于飞泉,试茗奴以积雪。欲食瓜而瓜生户外,思啖果而果落树头。可谓极人世之奇闲,擅有生之至乐矣。"[4]

明清文人通过闲赏生活,构建人格理想,标举人格完善,寄托"眠云梦月"、"长日倾谈,寒霄大坐"的幽人名士理想,而达到心的宁静与内和。

〔二〕 文人园林——明清文人闲赏生活的依托

晚明士人的闲赏生活态度影响到明清园林的发展,他们将闲赏的态度用于明清的园林建造中。南朝徐勉就提出了园林具有"娱休沐""托性灵""寄情赏"[5]的功能,肯定了园林具有物质和精神两重作用。唐代白居易也曾经描述园林闲适生活是外适内和,一宿体宁,再宿心恬,三宿后颓然嗒然,不知其然而然。可以使人忘却世间的一切烦恼,近于庄子的"坐忘"的境界,这就是文人们园林生活的最高追求。

"竹楼数间,负山临水,疏松修竹,诘屈委蛇,怪石落落,不拘位置,藏

---

[1] (明)谢肇淛:《五杂俎》卷十三,"事部",第270页,沈阳:辽宁教育出版社,2001年。
[2] (明)袁宏道:《识伯修遗墨后》,见《袁宏道集笺校》卷三十五,第1111页,上海:上海古籍出版社,1981年。
[3] (明)袁宏道:《识伯修遗墨后》,见《袁宏道集笺校》卷三十五,第1111页,上海:上海古籍出版社,1981年。
[4] (清)李渔:《闲情偶寄》卷六,"颐养部",第249页,延边:延边人民出版社,2003年。
[5] "中年聊于东田间营小园者,非在播艺,以要利人,正欲穿池种树,少寄情赏。……但不能不为培塿之山,聚石移果,杂以花卉,以娱休沐,用托性灵。"见《梁书》,卷二十五,列传第十九,"徐勉",第384页,北京:中华书局,1973年。

[图53] 明·唐寅《事茗图》卷
〔故宫博物院藏〕

书万卷其中,长几软榻,一香一茗"[1][图53]的园林生活成为闲赏文人的理想的栖息地。"公〔参岳王公〕所具有阳湖别墅、玉介园,擅一方之胜,归而益为修葺,山池花木,胪整幽靓,晨夕偕兄弟宾客置酒高令,酒酣自度曲为新声,授童子按节奏之,歌声嗚英,相间错于峦容川色间,欢如也。"[2]在布置幽静、有若自然的园亭中欢愉地生活,忘却世间的烦恼。

在这些经过精心设计、营造的园林中,不仅创造了闲隐之居的气氛,亦将文人"蔬园插菊,柳下谈棋"的雅赏兴致融入其中,在园林斋室中赋诗、作文、写曲、灌花、浇竹、参禅、静坐、局弈等,过着极为闲赏、散淡的日子。明人梁云构记载了明代文人的悠闲的园林生活:"其径则九嶷山阴,萦迂万状,应接不暇;其池馆则辋川苕溪,渺沕浩渺,令人有水一方之思。其楼阁则临春结绮,恍乎蜃气之凝,不可迫视。其台榭则姑孰章华,映带参差,皆可以脱步屟而盘踞不去。其境区则蓬玄姑射,谲幻起伏,玩者涉之而欲仙,回首忆之而若失。而且曲房邃启,轩窗窈窕,贮书藏琴,室各异态,竹木荫翳,卉草妖妍。亦有别径异坞,若后宫三千,分姿斗胜,曼立而待羊车之幸者。而可弹可拜,更可沃之以酒,而玉山不颓者,其石耶!清唳薄云,玄氅

---

[1] (明)谢肇淛:《五杂俎》卷十三,"事部",第267页,沈阳:辽宁教育出版社,2001年。
[2] (明)焦竑:《焦氏澹园集》卷二十四。

而蹁跹者，其鹤耶！管弦递奏，俨然一部鼓吹者，其鸟耶！瀺灂出没，闻人语而涌金浮丹者，其鱼耶！轻衫垂发，按红牙而林莺为愧者，其歌童耶！兰渠子抱膝于此，偶伊吾兴至，书喜骚，诗喜靖节，金石之声琅然振响；倦则按徽一鼓，好作《梁甫吟》。童子煮酒竹下，灶烟袅袅林薄间，出而摘瓣嗅花，促汲灌树，或令园丁荷锄从之，诛淫草，筑菊畦，封兰畹。或携双柑斗酒，坐石上，听黄鹂间关弄舌；饮微醺，使推去。或携雕胡鸣椰聚鱼，倾而饵之；或横竿出鱼，已复舍去，大有濠濮间致。拣童子发覆额者，使豢鹤，狎而调之舞，一舞而长袖短发与缟翎朱顶，轩轾婉转，徙倚观之，殆尔鸥志。或令歌者奏其传奇，标新领异，则又以若下佐之，清都别世，佳赏绝俗，睨之十步之外，兰渠子其神仙中人欤！……兰渠子雅爱客，客之来游观者，追傍留连，若置之岱屿圆峤，多令作天际真人想。"[1]

在园林中与文友相聚，觞咏唱和，尽享园林雅集文酒之会，"伯修居从官时，聚名士大夫论学于崇国寺之葡萄林下，公〔指潘去华〕其一也，当入社日，轮一人具伊蒲之食，至则聚谈，或游水边，或览贝叶，或数人相聚问近

---

[1]（明）梁云构：《艾园志游》，见陈从周、蒋启霆选编，赵厚均注释：《园综》，第482-483页，上海：同济大学出版社，2004年。

日所见，或静坐禅榻上，或作诗，至日暮始归。"[1]他们"同心良友，闲日过从，坐卧笑谈，随意所适，不营衣食，不问米盐，不叙寒暄，不言朝市，丘壑涯分，于斯极矣。"[2]或逢"佳时胜日，必具酒肴，合近局，从容谈笑。出所蓄古图书器物，相与抚玩品题以为乐。"[3]〔图54〕这些文人雅士相聚园林，营造出畅快与欢乐的气氛，在情感交流与文化品评的同时，文人们还从中追求愉悦心志的效果。

持着书癖观书，秉着诗肠读诗，遇酒则留连酒乡，舟中看月，花下清尊，灯下雅谑，在园林中无时不可、无处不在地过着"闲隐游赏"、"览听流玩"的优雅生活〔图55〕。王世贞记安氏的"西林"："其台榭可以巧承态，其户牖可以奇取眺，其泉可以酿，果茹蔌蔬可以羹，鱼鳖虾蟹可以饫客，而懋卿故有客癖，客之以文事名者，又雅慕懋卿，以故争麏集焉。山人叶茂长甫，客之雄也。今年自钱塘倦游还，访懋卿，倒屣揖之入，载酒崇肴，或凭鹿车，或鼓渔舠，相与穷昼夜为娱乐。"[4]园林内丰衣足食，宾客满堂。而他自己在园林内也是过着闲散、舒适的生活："晨起，承初阳，听醒鸟。晚宿，弄夕照，听倦鸟。或蹑短屐，或呼小舠，相知过从，不迓不送。清醒时，进钓溪腴以佐之；黄粱欲熟，摘野鲜以导之。平头小奴，枕簟后随，我醉欲眠，客可且去。此居园之乐也"。[5]

明清文人的园居生活方式，清康熙年间杭州陈扶摇〔淏子〕所概括的一段文字具有一定的典型性，他在《花镜》中"花间日课"一节，分别叙述了四季中文人理想的园居活动：

春

晨起，点梅花汤，课奚奴洒扫曲房、花径。阅花历，护阶苔。禺中，

---

[1] （明）袁中道：《潘去华尚宝传》，见袁中道：《珂雪斋近集》，下册，第69页，上海：上海书店，1982年。

[2] （明）谢肇淛：《五杂俎》卷十三，事部，第267页，沈阳：辽宁教育出版社，2001年。

[3] （明）文徵明：《甫田集》卷二十五"沈先生行状"。

[4] （明）王世贞：《安氏西林记》见陈植、张公驰选注，陈从周校阅：《中国历代名园记选注》，第124页，合肥：安徽科学技术出版社，1983年。

[5] （明）王世贞：《安氏西林记》见陈植、张公驰选注，陈从周校阅：《中国历代名园记选注》，第132页，合肥：安徽科学技术出版社，1983年。

取蔷薇露浣手，熏玉蕤香，读赤文绿字。晌午，采笋蕨、供胡麻，汲泉试新茗。午后，乘欸马，执剪水鞭，携斗酒、双柑，往听黄鹂。日晡，坐柳风前，裂五色笺任意吟咏。薄暮，绕径，指园丁理花，饲鹤、种鱼。

夏

晨起，芰荷为衣，傍花枝吸露润肺，教鹦鹉诗词。禺中，随意阅老庄数页，或展法帖临池。晌午，脱巾石壁，据匡床，与忘形友谈齐谐山海。倦则取左宫枕，烂游华胥国。午后，刳椰子杯，浮瓜沉李，捣莲花，做碧芳酒。日晡，浴罢兰汤，棹小舟垂钓于古藤曲水边。薄暮，箨冠蒲扇立高阜，看园丁抱瓮浇花。

秋

晨起，下帷，捡牙签，挹花露，研硃点枝。禺中，操琴鹤，玩金石鼎调彝。晌午，用莲房洗砚，理茶具，拭梧、竹。午后，戴白接篱冠，着隐士衫，望霜叶红开，得句即题其上。日晡，持蟹、螯、鲈、鲙，酌海川螺，试新酿。醉听四野虫吟，及樵歌牧唱。薄暮，焚畔月香，蕹菊、观鸿，理琴数调。

冬

晨起，饮醇醪，负喧盥栉。禺中，置毡褥，烧乌薪，会名士作黑金社。晌午，挟笈理旧稿，看树影移阶，热水濯足。午后，携都统笼，向古松悬崖间，敲冰煮建茗。日晡，羔裘、貂帽，装嘶风靴，策蹇驴，问寒梅消息。薄暮，围炉促膝，喂芋魁，说无上妙偈。剪灯阅剑侠、列仙诸传，叹剑术之无传。①

明清文人的园林生活是漫步悠游其中，读书、作画、弈棋、抚琴、吟诗、清谈、对酌、啜茗以及静坐参禅、倚卧神游，过着闲散的生活。他们在闲散的园林生活中赏物、赏景，使心灵得到净化，明代顾大典在《谐赏园记》中说出了在园林中的心灵感受："园在城，故取康乐'在兹城而谐赏'句，以名吾园，语适与境合也……庄生所谓自适其适，而非适人之适，徐徐于于，养其天倪，以此言赏，可谓和矣。夫'谐'者，和也。庶几无戾

---

① （清）陈扶摇：《花镜》卷二，附录，"花间日课"，清文会堂刻本。

[图54] 明·杜琼《友松图》卷
〔故宫博物院藏〕

[图55] 明·文徵明《真赏斋图》卷
〔国家博物馆藏〕

[图56] 苏州网师园

命园之意欤！"[1] 在园林里，自得其得而不舍己逐人，起居安宁而又精神内守，陶冶于自然之美，主体顺应着客体的变化……最后达到"自适"、"丧我"、"忘机"的境地。彭启丰也曾生动地描述了网师园里清静闲和、天人和谐的境界，其《网师小筑吟》以抒情的笔致写道："竹竿簵簵，以钓于渊。物谐其性，人乐其天。[图56]临流结网，得鱼忘筌……濯缨沧浪，蓑笠戴偏。野老争席，机忘则闲，踔尔幽赏，烟波浩然。"[2] 在园林里，文人们"寄兴于山亭水曲，得趣在虚竹幽兰"，惬志怡神，回归自然，闲静清和，澄怀忘机，到处洋溢着天人以和、物我两忘的情氛。反映出文人园林生活以雅物为生活友伴，使心境恬适平和，达到惬志怡神的效果，而进入天人和谐、无我两忘的境界，这一直是中国文人的喜好，也是明清文人园林生活的追求，园林生活的最高体验。

---

[1] （明）顾大典：《谐赏园记》，见陈从周、蒋启霆选编，赵厚均注释：《园综》，第155页，上海：同济大学出版社，2004年。

[2] （清）彭启丰：《网师小筑吟》。

四、 明清时期异质文化对中国古典园林的影响

明清之际,随着西方殖民势力的扩张,耶稣教士从海上来到了广东、福建等地,并向北方发展,进入北京,渗透到了皇宫。伴随着欧洲传教士在中国相对自由的活动,西学即欧洲的科技文化艺术在中国的传播,出现了中国古代社会中西文化交流的又一高潮。到清代雍正、乾隆时期,曾经成为清初中西文化交流主导的西方科学技术的传播和应用大为减弱,不过,这一时期的中西文化交流的重点转向艺术方面,西方的绘画、音乐、建筑艺术的引进对中国的传统文化艺术产生影响,郎世宁等人融合中西画法创造"新体画",圆明园的西洋式建筑都是出现在这一时期。西方园林艺术对中国园林的影响以这一时期表现最为明显。此时,在广州、扬州等地的一些私家园林中出现了西洋建筑和带有西洋趣味的装饰,乾隆年间的皇家园林圆明园中的西洋楼建筑群,更是对西洋园林全面的模仿。

〔一〕 异质文化因子的出现

明代末期,西方耶稣教士来到中国进行传教活动,不仅带来了西方神学,而且包含了西方科学、哲学和艺术等,对中国社会原有的文化艺术产生影响,也影响了中国传统园林构成。

传教士到中国传教,首先在传教地建立教堂,最早的教堂是元初〔1299年〕建在北京的耶稣教堂,1305 年又建一堂"屋宇奂新,红十字架高立房顶"。[1] 肇西洋建筑在华之始。

随着耶稣会士入华和中西贸易的增加,西式建筑在中国逐渐增多。葡萄牙人占领澳门,建著名的"三巴"教堂〔1602 年筑〕和民用建筑。清初广州"十三行"西洋工商业建筑,为典型的西洋建筑,沈复《浮生六记》中称十三行"结构与洋画同"。[2] 北京宣武门内教堂是汤若望在顺治七年〔1650 年〕春依中国式建筑风格建造,后由徐日升与闵明我改建成欧式。顺治十四年〔1657年〕,顺治皇帝为此教堂亲题匾额"通微佳境",教堂"堂制狭以深实,正面

---

[1] 童寯:《北京长春园西洋建筑》,第一集"圆明园",北京:中国建筑工业出版社,1981 年。
[2] (清) 沈复著,余平伯校点:《浮生六记》,第 51 页,北京:人民文学出版社,1994 年。

向外，而宛若侧面；其顶如中国卷棚式，而覆以瓦，正面止启一门，窗则设于东西两壁之颠。"[1]"其屋圆而穹如城门洞而明爽异常"。此外，教堂还"内建亭池台榭，式仿西洋，极其工巧"，并设有喷水池，"左池水上高三四尺，右池水四道，上喷高四、五尺"。[2]教堂的建筑明显带有西方园林的规划。

最大最华丽的教堂还属杭州天主教堂，它是意大利耶稣会士卫匡国在杭州时所建，该教堂"造作制度，一如大西，规模宏敞，美奂美轮"。[3]此堂外观西式，墙为砖石所筑，有中国式木柱四行，堂内宽敞，色彩鲜艳。据统计，康熙时期新旧教堂多分布于北京、山东、安徽、江苏、福建、江西、广东、广西、四川、湖北、陕西、河南等省份。[4]西洋式建筑的出现为中国园林建筑提供了直观的可借鉴摹本。

〔二〕 西方园林艺术特点

世界园林主要可分为东方园林和西方园林两大类，前者以中国园林为代表，后者以法国园林为代表，中西园林作为供人游乐赏玩的艺术空间具有共性，然而由于自然观、审美观的不同，两者的造园理论、造园布局及其审美情趣迥然不同。美国景园建筑学家西蒙德所说："西方人对自然作战，东方人以自身适应自然，并以自然适应自身。"[5]

西方园林的造园艺术，深受西方自然观、美学的影响，从古希腊开始，就将数和比例奉为美的最高境界，他们认为"数的原则是一切事物的原则"，"整个天体是一种和谐和一种数。"黑格尔以"抽象形式的外在美"为命题，对整齐一律、平衡对称、符合规律、和谐等形式美加以概括，并强调"由于它们自身抽象性，它的美只是抽象知解力所能掌握的美"。因此西方人认为"美就是和谐，和谐有它的内部结构，这就是对称、均衡、秩序，是可以用简

---

[1]（清）吴长元：《宸垣识略》，卷七，第125页，北京：北京古籍出版社，1981年。

[2]（清）黄裳：《远游略》，转引自李喜所主编：《五千年中外文化交流史》，卷二，第281页，北京：世界知识出版，2002年。

[3] 转引自：李喜所主编：《五千年中外文化交流史》，卷二，第282页，北京：世界知识出版，2002年。

[4] 杨光先：《不得已》，见《满文密本档》，卷一百三十七，中国第一历史档案馆藏。

[5]〔美〕西蒙德著，王济昌译：《景园建筑学》，第13页，台北：太隆书店，1999年。

单的数和几何关系来确定的"。[1]西方园林可看作是西方美学的感性显现和历史积淀。

西方园林以几何体形的美学原则为基础,以"强迫自然接受均称的法则"为指导思想,追求一种纯净的、人工雕琢的盛装美。西方园林的总特点强调的是以人工改变自然,无论是建筑物还是山水树木都具有人工穿凿的明显印记,它是运用建筑法则而不是自然法则建造园林,"最彻底地运用建筑原则"的是法国园林,"它们照例接近高大的宫殿,树木是栽成有规律的行列,形成林荫大道,修剪得很整齐,围墙也是用修剪整齐的篱笆来造成的,这样就把大自然改造成为一座露天的广厦。"[2]排列整齐的建筑,柱廊、花坛、草坪、雕像、喷泉等均是秩序分明,呈现出几何形状,充分体现了人工改造自然的力量。因此,西方园林中处处呈现的平面的、立体的几何形,一切景物均以规整、匀称的形式出现,透视感强,平坦开放,一览无余。西方古典主义园林的审美标准,是使自然严格服从于建筑学的原则——数、秩序、匀称、明确、整齐等等,把自然物改造为整整齐齐的空间造型,从而把自由的大自然纳入规整的建筑系统。

西方园林的基本布局体现严格的几何图案〔图57〕。平面布局以轴线展开,以建筑物为主体,一般以一座体积庞大的建筑物矗立于园林中十分突出的轴线的起点上,整座园林以此建筑物为基准,园林的主轴线只不过是此建筑轴线的延伸。沿主轴线布置主要景观,两侧有次轴线,之间有直干道和斜干道相连。在纵横道路交叉上形成小广场,呈点状分布水池、喷泉、雕塑或其他类型的建筑小品。道路是笔直的,水面被限制在整整齐齐的石砌池子里,其池子被砌成圆形、方形、长方形或椭圆形,池中布设人物雕塑和喷泉。园林铺设大面积草坪,花草树木严格整形修剪成锥体、球体、圆柱体,草坪、花圃则勾划成菱形、矩形、圆形等图案,一丝不苟地按几何图形修剪、栽植,绝不容许自然生长形状,被誉之为刺绣花圃、绿色雕刻。"园艺要修剪、扶直树木,使每一株树的形状完全不同于处女林中的树木;正如建筑堆砌石块成为整齐的形式一样,园艺把公园中的树木栽成整齐的行列。总之,养花或园

---

[1] 北京大学哲学系美学教研室编:《西方美学家论美和美感》,北京:商务印书馆,1982年。
[2] 〔德〕黑格尔:《美学》第三卷,上册。

[图57] 西方园林

艺把'粗糙的原料'加以改造、精制,是和建筑如出一辙的"[1]。为了突出人的力量,西方园林中广为布置人体雕塑,以显现人体美。园林布局不追求层次感,只有把游览视点提高,才能领略造园艺术的整体美。西方园林不仅布局对称、规则、严谨,就是花草树木也修剪对称方正,从而呈现出一种几何图案美。

西方园林在造型上表现外在的形式美。力求体现出严谨的理性,一丝不苟地按照纯粹的几何结构和数学关系发展,追求园林布局的图案化。西方园林的轴线对称、均衡布置、几何图案构图,强烈的韵律节奏都明显地体现出对于这种形式美的追求。

西方园林艺术提出"完整、和谐、鲜明"三要素,体现出严谨的理性,集中表现了以人为中心,以人力胜自然的思想理念。

---

[1] 转引自金学智:《中国园林美学》,第93页,北京:中国建筑工业出版社,2005年。

〔三〕 西方园林因子对明清园林的影响

明清之际的江南私家园林受到西洋建筑的影响，在建筑小品的装饰和细部做法上模仿西方园林，如西式的石栏杆，西洋的套色玻璃和雕花玻璃等西洋异质文化因子悄然出现。

据袁祖志所写《随园琐记》中记载清代文人袁枚在南京的随园中就有用玻璃代替窗纸，"东偏筳室，以琉璃代纸窗，纳花月而拒风露"。"水精域'，满窗嵌白玻璃，湛然空明，如游玉宇冰壶也。拓镜屏再南出，曰'蔚蓝天'，皆蓝玻璃曲室，……下梯东转，曰'绿净轩'，皆绿玻璃，掩映四山楼台竹树，秋水长天，一色晕碧。出轩北，至曲室，饰以五色玻璃，如云霞散绮，斑瞵炫目，乃谓曰'琉璃世界'。毗连东轩，曰'嵘山红雪'，皆紫玻璃。"[1]"光怪陆离，目迷心醉"[2]。袁枚的随园中大面积的采用西洋玻璃装饰园林建筑，显然是与西方交流不断加深的结果。南京也是明清时期受西洋文化影响较深的地方，国外的传教士、商人频繁进出南京，西洋的文化艺术也随之传入，对中国传统园林建筑产生一定的影响。

受西洋影响的园林主要在扬州一带，扬州清初是外贸商业较兴盛的城市，当时扬州的一些园林的平面布置及一些构件、材料模仿西方园林，出现了采用西式平面布置并安装玻璃窗等西方园林的装饰手法。

扬州的"江园"，江方伯建于乾隆年间，乾隆二十二年〔1757年〕改为官园，园中有一幢五间的敞厅，乾隆皇帝赐名曰"怡性堂"，"堂左构子舍，仿泰西营造法"[3]。堂前敞后荫，两面夹山，"左靠山仿西洋人制法，前设栏楯"，即模仿意大利山地别墅园的逐层平台及大台阶的做法，"构深屋，望之如数什百千层，一旋一折，目眩足惧，唯闻钟声，令人依声而转。盖室之中设自鸣钟，屋一折则钟一鸣，关捩与折相应。外画山河海屿，海洋道路。对面设影灯，用玻璃镜取屋内所画影。上开天窗盈尺，令天光云影相摩荡，兼以日月

---

[1] （清）袁起：《随园图说》，见陈植、张公驰选注，陈从周校阅：《中国历代名园记选注》，第362-363页，合肥：安徽科学技术出版社，1983年。

[2] （清）袁起：《随园图说》，见陈植、张公驰选注，陈从周校阅：《中国历代名园记选注》，第367页，合肥：安徽科学技术出版社，1983年。

[3] （清）李斗：《扬州画舫录》，卷十二，第268页，北京：中华书局，2001年。

之光射之，晶耀绝伦。"[1] 模仿当时盛行于欧洲的巴洛克式建筑的所谓"连列厅"以及用大镜子以扩大室内空间的"镜厅"做法。

扬州的"黄园"，为黄氏别墅，与"江园"相接，其中三层楼房的"澄碧堂"是模仿广州欧式建筑十三行的建筑立面，大量使用西洋建筑中的玻璃装饰建筑，玲珑剔透。"盖西洋人好碧，广州十三行有碧堂。其制皆以连房广厦。蔽日透月为工。是堂效其制。故名澄碧。"[2]

扬州的另一处园林景观"石壁流淙"，其一幢建筑物内"榻旁一架古书，缥缈零乱，近视之，乃西洋画也。"是由于墙上绘西洋壁画，绘画运用焦点透视法因而显得景物逼真，人仿佛可以走进去。"徐履安……丁丑间〔乾隆二十二年即1757年〕为园，……作水法，以锡为筒一百四十有二，伏地下，上置木桶，高三尺，以罗罩之，水有锡筒中行至口，口七孔，孔中细丝盘转千余层，其户轴织具桔槔辘轳关捩努牙诸法，由机而生，使水出高与檐齐，如趵突泉，即今之水竹居也。"[3] 使用龙尾车操纵水源的方法制作西洋式喷泉。

另外,中国园林中的另一大派别——岭南园林受到西方园林的影响较大。岭南地处澳门、广州等东南沿海地区，是西方从海上进入中国的关口，也是接触西方文化最多的地区，因此，其地方园林也受到西方的影响。多在园林建筑小品的装饰和细部做法上模仿西方园林，如西式的石栏杆，西洋的套色玻璃和雕花玻璃等是岭南园林中最常见的。

西洋园林的元素在私家园林中基本上运用于园林的建筑装饰中，在园林建筑形制、建筑装饰中部分吸收外来因素。

受西洋园林影响最为显著的当属皇家园林，它不仅在建筑的局部采用西洋建筑手法，而在园林的立意、布局、建造中照搬西方园林，甚至用西方人设计园林，大规模成群兴建西方风格的园林建筑。其中最突出的例子则是圆明园的西洋楼景区。

乾隆皇帝偶见西洋绘画，对其中的喷泉甚感兴趣，问郎世宁谁可仿制，郎推荐传教士蒋友仁。蒋友仁就向乾隆帝呈上一具喷水工程模型，经试验效

---

[1]（清）李斗：《扬州画舫录》，卷十二，第270页，北京：中华书局，2001年。

[2]（清）李斗：《扬州画舫录》，卷十二，第285页，北京：中华书局，2001年。

[3]（清）李斗：《扬州画舫录》，卷十二，第333-334页，北京：中华书局，2001年。

[图59] 圆明园西洋楼遗址

果良好，乾隆帝于是就派郎世宁、王致诚、艾启蒙和蒋友仁等在长春园修造西洋楼。"〔图58〕西洋楼景区内欧式建筑、喷泉、迷宫、雕塑、绿篱、水池等西方园林要素一应俱全，从平面布局到各造园要素的具体形象均接近于法国古典主义造园风格。全园共有七组欧式建筑，从西向东依次为：谐奇趣、蓄水楼、养雀笼、方外观、海晏堂、远瀛观、观水法。平面布局体现轴线对称特点，景区的主要道路均为直线，主要景点的人工水池也都是规则的集合形状。建筑采用西洋建筑风格，高大的大理石建筑，跌落的台阶，华丽的装饰，充分体现了巴洛克和罗可可的建筑风格。建筑的平面布置、立面柱式、玻璃门窗，以及栏杆扶手等，都是西洋做法，西部装饰为西洋雕刻中夹杂着中国民族花饰。园区中心的"大水法"为西洋楼的主要景观，仿西方园林的喷泉，大水法主建筑为一巨型石龛，前面有狮子头喷水瀑布，成七级水帘。大水法的左右前方，各有一座大型喷水塔，塔身方形，共十三级。并运用西

---

① "乾隆见一喷水机之图画，即征教士郎世宁为之解说，并询宫廷中有无善此者。郎氏退而谋之于诸教士，因推荐法教士蒋友仁为之。本年秋，蒋友仁设计建造之第一座水法在长春园北端第一座欧式建筑谐奇趣前建成。乾隆见而大悦。长春园中之其他欧式建筑及水法兴建约始于此时。"载于《教士书简》，中译文见《国立北平图书馆馆刊》，第七卷，第3、4期。

洋机械引水。在绿化方面同样采用西方园林方法，修剪整齐的草木，花草铺成的花坛，建造西方花园内常用的迷阵景观——"万花阵"。"西洋楼"是西方园林在中国第一次较全面、较完整的引进，它代表着十八世纪东西方建筑文化和造园艺术交流的成就，在东西方文化交流史上，占有重要地位。

在皇家园林建筑室内采用了西方建筑风格的装饰，据档案记载圆明园早在雍正三年九月间，曾在圆明园后殿仙楼下安设了一樘"楠木边双园玻璃窗"，[1]雍正五年在万字房〔万方安和〕对瀑布仙楼的窗户上，还用了长四尺四寸、宽三尺二寸五分的大块玻璃。[2]吸收西洋教堂天顶画、全景画的装饰手法而变通为中国式的建筑装饰手法——通景画[3]〔图59〕，在清代皇家园林中的圆明园、紫禁城内的建福宫花园和宁寿宫花园内大量出现，[4]绘画采用了透视的画法，有极强的立体效果。

西方园林要素出现在明清之际的中国园林中，它的引入，拓展了国人的视野，令人耳目一新，同时也丰富了中国造园艺术手法。

〔四〕 西方园林艺术对中国园林影响的探讨

西方园林对中国园林的影响总是体现在细微之处，主体建筑及整体风格则是中国式的，即使是最完整、全面地模仿西洋园林的典范——圆明园中的西洋楼，也仅占圆明园总面积的百分之二，作为聚景园林中的一个景观。这意味着西洋文化精神驱使下的新的园林风格对中国固有园林起到了丰富、充实与刺激的作用，但这种作用是表面化的，它没有从根本上动摇中国古典园

---

[1] 中国第一历史档案馆藏：《内务府造办处各作成做活计清档》，雍正三年九月十八日"木作"。

[2] 中国第一历史档案馆藏：《内务府造办处各作成做活计清档》，雍正五年八月二十五日"玉作"。

[3] 聂崇正：《故宫倦勤斋天顶画、全景画探究》，见于《区域与网络——近千年来中国美术史研究国际学术研讨会论文集》，台北：国立台湾大学艺术史研究所发行，2001年。

[4] 中国第一历史档案馆藏：《内务府造办处各作成做活计清档》，雍正五年七月初八日，画作"万字房通景画壁前着郎世宁画西洋栏杆"。

中国第一历史档案馆藏：《内务府造办处各作成做活计清档》：乾隆七年六月初二日"〔如意馆〕太监高玉传旨：建福宫敬胜斋西四间内照半亩园糊绢，着郎世宁画藤萝"。

中国第一历史档案馆藏：《内务府造办处各作成做活计清档》，乾隆三十九年二月如意馆"二十日，接得郎中德魁等押帖一件，内开本月十一日太监胡世杰传旨，宁寿宫倦勤斋西三间内，四面墙、柱子、棚顶、坎墙俱着王幼学等照德日新殿内画法一样画，钦此。"

[图59] 紫禁城倦勤斋通景画

林的构思,没有在整体布局、设计上改变中国古典园林以自然为楷模的设计理念。

究其原因:

首先，中国固有文化的传承性。几千年的中外文化不断交融，影响中国最大的外来文化，东汉末年的佛教和明清以来的西学，都没有导致中国文化本体的根本改变，传统文化在意识形态中占绝对的统治地位，不可动摇。中国人从来都是以外来文化服务于中国的本体文化，也就是"中学为体，西学为用"，以实现自我的再生和创新。

明清之际的士大夫对于西洋文化科学的兴趣，对于西洋事物的好奇，还有些是试图用新的文化来支持或修正传统的价值观和历史观，或用来否定旧传统并探讨其作为创造新文化体系之参照的可能。而多数人认为西方的思想家"详于质测，而不善言通"。"西学不一家，各以术取捷算，于理尚膜，讵可据乎？"[1]中西文化由于伦理观、价值观等存在着本质的区别，西学东来步履维艰。明末清初，出现了几次大的禁教运动，万历年间的南京教案、康熙年间的杨光先事件以及雍、乾时期的禁教令，都是由中西文化的根本冲突而导致的。当外来文化与中国传统文化发生严重冲突的时候，外来文化就必须让步，表现出一定的灵活性。

西洋楼这样纯西式的建筑在细节处理上也不免使用中国古典文化的元素。西洋楼在主轴景观的处理上，并没设置成像西方庭园一眼望到底的直线，而是沿用中国传统的造园手法，被建筑物有节奏地分作三段，西洋楼建筑群同样地把一长条园景分成几个院落，避免一望无际之感。西方古典主义花园中，人体雕像是一个很重要的造园要素，在花园中被普遍运用，它们或依附于建筑，或在壁龛中，或被安置在道路交叉口的广场上，还有的置于水池中，与喷泉结合，成为一体。一些雕像为人体造型，更多的则是西方古代传说中的神，这些雕像与其他造园要素一样，成为西方传统园林的标志之一。然而，在西洋楼中，却没有一座人体雕像，其主要原因就是它与中国的礼教相悖。在中国封建社会人体被看作是淫秽和邪恶的，不可在花园中公开展现。在西洋楼的几个西式水法中，西方的雕像换成了在中国象征吉祥、富贵、民族味道很浓的动物：大水法前的水池中的主雕是一只象征福寿的梅花鹿，谐奇趣和海晏堂前的主雕是寓意吉祥的翻尾鲤鱼，合鲤鱼跳龙门之意。海晏堂正面的大水池左右两侧的铜铸喷水动物使用的是中国传统的十二生肖。海晏堂南

---

[1] 转引自：〔美〕高居翰：《气势撼人》，第20页，上海：上海书画出版社，2003年。

北两侧的小型水法中,其中之一在瓶型水台上插铁树一株、蚂蜂一簇,下坐二猴,手中托印一枚,就是合俗称"封侯挂印"之意。

其次,西学在中国的传播存在着很大的局限性。传教士作为中西文化交往的桥梁和纽带,传播宗教是其目的,而科学文化的介绍只是实现其目的的手段。文化交流的范围狭窄,产生的社会影响不大。由于闭关自守政策和文化专制制度,阻碍了文化交流的顺利进行。西学的传播仅限于上层士大夫,入清之后,更囿于宫廷之内,社会影响面较小。西方园林艺术的影响也仅限于部分地区的少数园林及皇家园林中。

再者,中国古典园林特点顺应了人们造园的目的。中国园林强调效法自然、抒发情趣,其布局自由流畅,旷奥兼得,虚实相生,虽由人作,宛自天成。西方的传教士见到中国园林不无惊讶于它们的自然主义风格。[1]西方学者也认为中国园林完全不同于西方的园林,它们用诗一样的语言称赞中国人与自然紧密结合[2]:"在他们〔中国〕那里,一切都比我们这里更明朗,更纯洁,也更合乎道德。在他们那里,一切都是可以理解的,平易近人的,没有强烈的情欲和飞腾动荡的诗兴。"[3]这是对中国园林的这种自然属性的如画的美丽的赞美,西方人对中国的园林产生极大的兴趣,在英国出现"英中式"园林,打破了法国园林严谨的风格,引起欧洲的广泛关注。

中国古典园林崇尚自然的造园原则及追求"诗情画意"的美学意象,顺应了园林"可行,可望,可游,可居"的需求。所以能为西方所接受。而人工的、几何的、规则的西方园林不符合中国士大夫的"天人合一"、崇尚自然的审美裁判。

明清之际,随着西方文化的传入,西方造园的艺术亦影响到中国古典园林的建造,却没有为明清士大夫阶层广泛接受而造成大面积效仿"欧陆风"的局面。这种艺术风格的出现远远超出了艺术史的范畴,它折射出社会背景和思想潮流,从西洋园林对中国园林的影响中反映出中西文化的交流与冲突及当时的社会精神。

---

[1] 刘天华主编:《十大名园》第 203-204 页,上海:上海古籍出版社,1990 年。
[2] 〔德〕黑格尔:《美学》,第三卷。
[3] 朱光潜译:《歌德谈话录》,第 112 页,北京:人民文学出版社,1978 年。

少许胜多许——明清文人园林审美

一、明清之前的文人园林审美

〔一〕 魏晋文人的园林审美——延山引水的审美意识

文人园林自魏晋南北朝出现开始就沿着文人艺术的道路发展。魏晋时期仍是士族宗族势力发展强盛的时期，士族家族具有雄厚的经济实力，奢侈无度，竞好斗富，河间王元琛"最为豪首"，常与高阳王元雍"争衡"；章武王元融竟大夸海口："不恨我不见石崇，恨石崇不见我。"石崇与王恺斗富的故事世人皆知，从中可见时尚之一斑。这种风尚成为官僚士人私家园林追求富丽奢华审美裁判的主要社会背景。《洛阳伽蓝记》记述洛阳城西王子坊的皇族士人园林"自退酤里以西，张方沟以东，南临洛水，北达邙山，其间东西二里，南北十五里，并名为寿丘里，皇宗所居业，民间号为王子坊。……于是帝族王侯，外戚公主，擅山海之富，居川林之饶，争修园宅，互相夸竞。崇门丰室，洞户连房，飞馆生风，重楼起雾，高台芳榭，家家而筑；花林曲池，园园而有。莫不桃李夏绿，竹柏冬青。"[1]

以"金谷宴集"而著名的石崇金谷园"去城十里，或高或下，有清泉、茂林、众果、竹柏、药草之属。金田十顷，羊二百口，鸡猪鹅之类，莫不毕备。又有水碓、鱼池、土窟，其为娱目欢心之物备矣"。[2]需"宴游三日"方毕，其规模当在方圆数十里。园中"室宇宏丽，后房百数"，〔《说郛》卷三八〕"画阁朱楼尽相望，红桃绿柳垂檐厢"。建筑形式多样，层楼高阁，画栋雕梁，"美兹高会，凭城临川。峻埔亢阁，层楼辟轩。远望长州，近察重泉"。〔曹摅《赠石崇诗》〕洛阳张伦的宅园富丽奢华，"司农张伦等五宅。……惟伦最为豪侈。斋宇光丽，服玩精奇，车马出入，逾于邦君。园林山池之美，诸王莫及。"[3]阮佃夫的园池"诸王邸第莫及。……金玉锦绣之饰，宫掖不逮也。……于宅内开渎东出十许里，塘岸整洁，泛轻舟，奏女乐"。[4]这些园林为了满足奢侈的生活享受，也为了争奇斗富，讲究山池楼阁的华丽格调，刻

---

[1] （北魏）杨衒之撰，范详雍校注：《洛阳伽蓝记校注》，上海：古籍出版社，1978年。

[2] （晋）石崇：《游金谷诗序》，见陈从周、蒋启霆选编，赵厚均注释：《园综》，第39页，上海：同济大学出版社，2004年。

[3] 北魏·杨衒之撰，范详雍校注：《洛阳伽蓝记校注》，第100页，上海：古籍出版社，1978年。

[4] 《南史》，卷七十七，列传第六十七，"阮佃夫传"，第1921-1922页，北京：中华书局，1975年。

[图60] 元人画《东山丝竹图》轴
〔故宫博物院藏〕

意追求一种近乎宏大的园林景观,并注重声色娱乐之享受,显示其偏于绮靡的格调。〔图60〕魏晋六朝时期,错彩镂金的美仍占居着统治地位,自然山水之美开始萌芽,不过它"并不与他们的生活、心境、意绪发生亲密的关系,自然界实际就并没能真正构成他们生活和抒发心情的一部分，自然在他们的艺术中大都只是徒供描画、错彩镂金的僵化死物。……谢灵运尽管刻画得如何繁复细腻，自然景物却并未能活起来。"[1]

魏晋时期的园林多为"封山占泽"稍加修整，大多属于自然风景园，即使是富丽奢华的金谷园也是利用自然景观加以经营，处邙岭逶迤，金谷蜿蜒之地。"却阻长堤，前临清渠，柏木几于万株，流水周于舍下"。[2] 谢灵运会稽别业"左湖右江，往渚还汀，面山背阜，东阻西倾，抱含吸吐，款跨纡萦，绵联邪亘，侧直齐平。"[3] 营建完全契合于天然山水地形。

这时期的园林可称作自然山水园或写实山水园。"延山引水"，大面积的利用自然山水，用艺术的手段在园林中创造出"有若自然"景象，尽可能地协调自然山水与园林景观之间关系，从而文人园林形成纯自然式园林。魏晋南北朝时期"初步确立了再现自然山水的基本原则，逐步取消了狩猎生产方面的内容，而把园林主要作为观赏艺术来对待"[4]。

正是在对自然美的欣赏之中，对环境美的渴求之中，对空间韵律和时间延伸的开拓之中。魏晋六朝的园林由憧憬华贵铺张罗列转而追求自然恬静，情景交融，是园林美学的崭新的开拓，为中国古典园林的美学思想和艺术实践打下了坚实的基础。在造园史上，魏晋南北朝时期是以自然山水为造园艺术创作主题的开始和兴起期，它摆脱了秦汉时期宫室、园林"法天象地"的神秘自然的阶段，导入升华的自觉山水审美境界。从此，中国古典园林的自然美学观形成了。

总体而言，审美上的奢华富丽，园林布景"延山引水"构成了魏晋文人园林的美学特点。

〔二〕 唐代园林的审美——诗情画意的审美意境

中唐时期文人画的出现将文人艺术转向"诗情画意"，诗情画意的艺术审

---

[1] 李泽厚:《美的历程》，第98-99页，北京：文物出版社，1982年。

[2] （晋）石崇:《思归引序》见陈从周、蒋启霆选编，赵厚均注释:《园综》，第40页，上海：同济大学出版社，2004年。

[3] 《宋书》，卷六十七，列传第二十七，"谢灵运"，第1760页，北京：中华书局，1974年。

[4] 彭一刚:《中国古典园林分析》，第3页，北京：中国建筑工业出版社，1986年。

美符合了文人的审美情趣。王维在终南山建辋川别业,"北涉玄灞,清月映郭。夜登华子冈,辋水沦涟,与月上下。寒山远火,明灭林外。深巷寒犬,吠声如豹。……步仄径,临清流也。当待春中,草木蔓发,春山可望。轻鲦出水,白鸥矫翼。"[1]利用自然景物,略施建筑点缀,经营了辋川别业,形成既富有自然之趣,又营造诗画的意境:"飞鸟去不穷,连山多秋色"〔华子冈〕;"深林人不知,明月来相照"〔竹里馆〕。从诗中对辋川别业的描绘中可看出辋川别业充满了诗和画的意味。在那淡雅超逸耐人寻味的诗画境界,那惹情牵意的山水亭馆,显示了一代艺术巨匠的审美理想,也成为了时代的审美标准。

白居易的庐山草堂,"东有瀑布,水悬三尺,泻阶隅,落石渠,昏晓如练色,夜中如环佩琴筑声。堂西,倚北崖石址,以剖竹架空,引崖上泉,脉分线悬,自檐注砌,累累如贯珠,霏微如雨露,滴沥漂洒,随风远去。"[2]建筑朴素,不施朱漆粉刷。草堂旁,春有绣谷花〔映山红〕,夏有石门云,秋有虎溪月,冬有炉峰雪,四时佳景,收之不尽。诗人用清词丽句勾画出柔和朦胧缠绵悱恻的环境气氛,真正是有景有情,情景交融。

唐代园林开始注意到园林的空间布局,柳宗元在《永州龙兴寺东丘记》中说道:"游之适大率有二,旷如也,奥如也,如斯而已。"[3]把风景分为"旷"与"奥"两大类。提出两类景观的不同作用:"丘之幽幽,可以处休;丘之窅窅,可以观妙。"两种景观可以唤起不同的情感愉悦。一望无际的空旷景象可以调动人极目远视,感受到天地自然的博大和永恒,沉浸于无限的想象、神游之中,"悠悠乎与颢气俱而莫得其涯,洋洋乎与造物者游而不知其所穷",于是可以"心凝形释,与万化冥合"。[4]处于幽奥的园林景观,其视野受到限制,但却峰回水转,林木扶疏,显得深邃幽幽,可以使人们的心灵归于宁静。提出了"奥如"、"旷如"的空间布局理论,强调园林景观内部的布局,奥旷相间、虚实相生的园林布局手法是明清文人园林中重要的美学思想,使园林的建造更富于艺术性。

---

[1] (唐)王维:《山中与裴秀才迪书》。
[2] (唐)白居易:《草堂记》,见陈植、张公驰选注,陈从周校阅:《中国历代名园记选注》,合肥:安徽科学技术出版社,1983年。
[3] (唐)柳宗元:《永州龙兴寺东丘记》。
[4] (唐)柳宗元:《一州柳中丞作马退山茅亭记》。

[图61] 宋人摹《卢鸿草堂十志图》卷（局部）
〔故宫博物院藏〕

唐代的园林审美已经摆脱了魏晋时期那种从大自然中获得美的灵魂，出现诗、画互相渗透的自觉追求。诗人、画家直接参与造园活动，园林艺术开始有意识地融糅诗情、画意。〔图61〕"审美经验跃入了另一个境界，社会风尚和创作实践把园林的审美观推到一个新的阶段，人们开始从高度发达的抒情诗和内容丰富的山水画中寻求再现自然美的途径。艺术家们把创造山居别业当作一种诗化的创作，力求把自然美凝练在笔下。这是对美的进一步把握。是诗，但是立体的诗；是画，但是流动的画。"[1]唐代文人园林审美走向了诗情画意。

〔三〕宋代园林审美——清丽雅致的园林风格

宋代是中国古代知识分子的黄金时代之一，文人文化得到空前发展。宋代园林数量的增加，园林已经成为人们生活中习见的场景，园林美已深深纳入人们的审美视野。园林艺术受到文人文化的影响，"通过诗词中雕砌的环境气氛和绘画中提炼的环境形象，实现了主观对客观的把握，寄托了主观对客

---

[1] 王世仁：《天然图画——中国古典园林的美学思想》，见《王世仁建筑历史理论文集》，第85页，北京：中国建筑工业出版社，2001年。

观的希冀，更体现了人们对客观环境形式美的深刻认识"。[1]

宋代文人园林的审美成就突出表现在细节方面的精致化，人为的艺术加工显著增加，宋代的文人园林从整体布局到内景的布置以及叠山理水、花草种植都经过精心的安排，尽量选择或者创造出迂曲委婉的地形地貌，然后根据其开阖变化的空间划分景区，并精心规划道路、游廊、山谷、溪涧等，在有限的天地中塑造出颇具几分自然意态的山体。

文人园林开始注重人工造景，人造园林的成分增加，叠山理水多有追求，品石已成时尚，出现了专门的叠石技工，叠石水平提高，强调山石的选择，周密《癸辛杂识·假山》曰："前世叠石为山，未见显著者。至宣和，艮岳始兴大役，……其大峰特秀者，不特侯封，或赐金带，且各图为谱。然工人特出于吴兴，谓之山匠，或亦朱勔之遗风。盖吴兴北连洞庭，多产花石，而弁山所出，类亦奇秀，故四方之为山者，皆于此中取之。"[2]理水能够摹拟缩移大自然全部水体形象，与山石、土山相配合构成园林地貌骨架，如司马光的独乐园"中央为沼，方深各三尺，疏水为五派，注沼中，若虎爪。自沼北伏流出北阶，悬注庭下，若象鼻。自是分而为二渠，绕庭四隅，会于西北而出"[3]。又如李格非《洛阳名园记》所载董氏西园"又西一堂，……中有石芙蓉，水自其花间涌出"。而董氏东园"西有大池，……水四面喷泻池中，而阴出之，故朝夕如飞瀑，而池不溢"。[4]

同时非常注重园林植物的种植，如苏舜钦的沧浪亭"前竹后水，水之阳，又竹无穷极"。司马光的独乐园面积虽小，但仍多植竹木，"畦北植竹，方若棋局，径一丈，屈其杪，交相掩以为屋，植竹于其前，夹道如步廊，皆以蔓药覆之，四周植木药为藩援"。[5]

---

[1] 王世仁：《天然图画——中国古典园林的美学思想》，见《王世仁建筑历史理论文集》，第88页，北京：中国建筑工业出版社，2001年。

[2] （宋）周密：《癸辛杂识·假山》，转引自：童寯《江南园林志》，第16页，北京：中国建筑工业出版社，1984年。

[3] （宋）司马光：《独乐园记》，见陈植、张公驰选注，陈从周校阅：《中国历代名园记选注》，第26页，合肥：安徽科学技术出版社，1983年。

[4] （宋）李格非：《洛阳名园记》，见陈植、张公驰选注：《历代名园记选注》，第40-41页，合肥：安徽科学技术出版社，1983年。

[5] （宋）司马光：《独乐园记》，见陈植、张公驰选注，陈从周校阅：《中国历代名园记选注》，第26页，合肥：安徽科学技术出版社，1983年。

[图62] 宋人画《桐荫玩月图》页
〔故宫博物院藏〕

园林中的亭台楼阁精致而华美,"还相雕梁藻井,……日日画阑独凭。"〔史达祖《双双燕·咏燕》〕"纷纷坠叶飘香砌,……真珠帘卷玉楼空。"〔范仲淹《御街行》〕词中的建筑和装饰确是雕梁画栋、绮罗生香。〔图62〕唐代王维园林的诗情画意是对以自然的山水风景之美的延展,而宋代的园林则增加了精致的人工修饰。建筑小品、细部、室内家具陈设精美,其精致程度可从宋代绘画中见出。

宋代以苏、米为代表的文人画"留心墨戏"、"意过于形",文人园林在此时受到宋代艺术的熏染,已由陶渊明式简朴的田园村居花园演变为境界深幽、抒发胸襟的写意园,表现出文人士大夫异于普通市民的特殊的审美趣味。文人们在经营自己的居处时,刻意营造着充满文人情趣的园林氛围,周邦彦的《满庭芳·夏日溧水无想山作》"风老莺雏,雨肥梅子,午阴佳树清圆。地卑山近,衣润费炉烟。人静鸟鸢自乐,小桥外,新绿溅溅。凭阑久,黄芦苦竹,疑泛九江船。"勾画出静谧而凄清的园林环境。辛弃疾在所钟爱的上饶县带湖边营新居:"东冈更葺茅斋,好都把轩窗临水开。要小舟行钓,先应种柳；疏篱护竹，莫碍观梅。秋菊堪餐，春兰可佩，留待先生手自栽。"〔辛弃疾《沁园春·带湖新居将成》〕茅屋虽陋，但轩窗面水，花柳生香，深得园林野逸之趣。园林中汩汩流荡出宋词里缠绵不绝清新婉丽的情调。

宋代文人园林的审美一方面承接了魏晋萌芽的自然审美，另一方面更为突出者，乃是山水艺术这一自然审美的拓展形态，实现了自然与人文的内部双向交融，自然审美从外部形态展开转向内部自我深化、精致化的道路。园林已经具备后世所见的几乎全部形象，叠山、理水、植物、建筑作为造园要素，唐代园林创作的写实与写意相结合的传统，到宋代大体上已完成其向写意的转化。文人画的画理介入造园艺术从而使得园林呈现"画化"的表述。景名、匾联的运用又赋予园林以诗化的特征。他们不仅更具象地体现了园林的"诗画"情趣，同时也深化了园林意境的涵蕴。

二、"少许胜多许"——明清文人园林审美

唐宋之前的园林和明清园林的审美构建中，天然的、客观的因素和人工的、主观的因素的比重有着明显的差别，明清的园林，人为地艺术加工明显地增加，技术的水平也大为提高，园林成为纯粹的审美对象。景观中含蕴的主题情致浓郁，更能够体现园主的情趣，同时，园主的思想、文学意趣、艺术修养，也就更能表达园主的审美倾向。

传统文化传承和时代意识的双重影响下的明清文人园林审美，既遵循了古代的美学思想，又赋予了时代的精神。

〔一〕"虽由人作，宛自天开"——"复归于朴"的文人园林审美裁判

1. 咫尺山林

"有若自然"的造园理论是中国文人园林一贯的风格，明清士人延续这一造园理念，力求呈现"有若自然"的园林景色。计成在《园冶》中明确地提出"虽由人作，宛自天开"的造园宗旨。

明清时期随着城市经济的繁荣，必然带来人口向城市的相对集中，人们的生活空间随之缩小，文人造园空间也不可能如唐宋占一坊之地，而是由广

[图63] 苏州怡园

袤数百里之大,精缩到百余平米之小。在日益缩小的天地内,营造园林不可能像魏晋时期延山引水入园林,也不可能如唐宋时期以"有水一池,有竹千竿",建锦厅、造广榭。只能是"十笏茅斋,一方天井,修竹数竿。"[1]

明清文人园林最突出的特点就是"小巧"、"细秀",它不能与皇家园囿相匹敌,而且和王侯府邸园林也无法比拟,北京李伟的海淀园:"园中水程十数里,舟莫或不达;屿石百座,槛莫或不周;灵璧、太湖、锦川百计,乔木千计,竹万计,花以万计,阴莫或不接。"[2]而江南文人园林即使大型者亦不过几十亩,如拙政园62亩;中型的如沧浪亭16亩,怡园只有9亩;〔图63〕至于最小的仅一亩半亩而已,鹤园2亩,壶园只有300平方米,残粒园仅100多平方米。半亩园、瓶隐庐、壶隐园、怩园、半茧园、半枝园、容膝园、片石山房等,它们的特点无不是"细"、"微"、"小"。清末学者俞樾所建的曲园,自南至北,长十三丈,广三丈;又自西向东,广六丈,长也只有三丈。他在诗中写道:"爱因地一曲,而筑屋数栋。卷石与勺水,聊复供流连……筑室名'艮宦',广不逾十笏。勿云此园小,足以养吾拙!""勺水耳,卷石耳",

[1](清)郑板桥:《郑板桥集·竹石》。
[2](明)刘侗、于奕正:《帝京景物略》,第218页,北京:北京古籍出版社,1983年。

"取足自娱,大小固弗论也"。[1]正因为如此,江南文人园往往地不求广,园不求大,山不求高,水不求深,景不求多,只求能供留连、盘桓、守拙、养灵、隐退、归复自然。

园林空间再小,明清文人仍希望在园林中再现无限广大的自然景色。然而,园林出于人工,要想在狭小的空间中达到有若自然之美谈何容易,无怪人们发出"凡辞之在山水者,多不能胜山水,而在园墅者,多不能胜辞,亡他,人巧易工,而天巧难措也"[2]的感慨。明清园林空间狭小,又无山水可因凭,在狭小的空间内创造出大自然的山水乐趣,是明清文人园林面临的问题。

人工与自然之间的冲突是明显存在的,园林建造要做到"真"的山水境界,有赖于园艺家对自然山水规律性的充分把握与巧妙运用,化解自然山水与人工山水的方法在明清园林中便出现"因凭"山水和"剪裁"山水以及"拟仿与意构"山水的造园方法。

明清造园有地利可利用时,文人们创造出利用天然地形因地制宜的造园法则,"不拘方向,随基势之高下,涉门成趣,得景随形,或旁山林,欲通河沼。"〔《园冶》卷一〕"如方如圆,似偏似曲,如长湾而环璧,似偏阔以铺云,高方欲就亭台,低凹可开池沼",〔《园冶》卷一"相地"〕立基需"蹑山腰,落水石,任高低曲折,自然断续蜿蜒",〔《园冶》卷一〕筑廊可"随形而弯,依势而曲",〔《园冶》卷一〕就是顺应自然这一原则的具体运用。清代袁枚讲述随园的建造过程:"随其高为置江楼,随其下为置溪亭,随其夹涧为之桥,随其湍流为之舟,随其地之隆中而欹测也、为缀峰岫,随其蓊郁而旷也、为设宧窔,或扶而起之,或挤而止之,皆随其丰杀繁瘠,就势取景。"[3]他以"随"字命园,道出了因循自然的造园观。清代宝应的"纵棹园","水之潴者,因以为陂;流者,因以为渠;平者为潭;曲者为涧;激而奔者为泉;渟而演迤者为塘、为沼。"[4]利用园内外不同的水源条件,因势利

---

[1] (清) 俞樾:《曲园记》,见陈从周、蒋启霆选编,赵厚均注释:《园综》,第292页,上海:同济大学出版社,2004年。

[2] 见陈植、张公驰选注,陈从周校阅:《中国历代名园记选注》,第131页。合肥:安徽科学技术出版社,1983年。

[3] (清) 袁枚:《随园记》,见《中国历代名园记选注》,第361页,合肥:安徽科学技术出版社,1983年。

[4] (清) 潘耒:《纵棹园记》,见陈从周、蒋启霆选编,赵厚均注释:《园综》,第120页,上海:同济大学出版社,2004年。

导，构造园林。

"剪裁山水"也是利用自然营建园林的方法。"吾园锡山龙山纡回曲抱，绵密复袷，而二泉之水从空酝酿，不知所自出，吾引而归之，为嶂障之，堰掩之，使之可停、可走、可续、可断、可巨、可细，而惟吾之所用；故亭榭有山，楼阁有山，便房曲室有山，几席之下有山，而水为之灌漱；涧以泉，池以泉，沟浍以泉，即盆盎亦以泉，而山为之砥柱。以九龙山为千百亿化身之山，以二泉水为千百亿化身之水，而皆听约束于吾，园斯所为胜耳。吾园内外树，多干霄合抱之木，不必其枝琼干翠，与是吾家物，而取其虬盘凤翥，家不自有而为吾有之，如幕之垂，如褥之铺，斯亦所为胜耳。……夫山水、成于天者也，屋宇、成于人者也，树、成于人而亦本于天者也；故穷极土木，富有力者能之，贫者不能也。余有天幸，得地于山水之间，而又得此乔柯而成其胜，必以土木为奇，则束手矣。虽然，构造之事不独以财，亦以智，余虽无财，而稍具班倕之智，故能取佳山水剪裁而组织之，以窃附其智，不然者，亦束手矣，是吾园本于天而亦成于人者也。"[1]裁剪山水一角，稍加修整，构筑园林，自然天成。

因凭自然山水，因地制宜，达到园林"宛自天开"的艺术效果。

对于无山水可凭，面积狭小的城市园林，则"以其意垒石"，造成一种幻觉，让人自内联想到外，由小推想及大。明清文人延续自宋以来所形成的"写意"的艺术手法，"一卷代山，一勺代水"，"多方胜景，咫尺山林"，"一峰则太华千寻，一勺则江湖万里"。园林的一道"云墙"可发人以山庄的联想，一湾清水、几块山石可予人以深山濠濮的印象，〔图64〕营造"以小见大"的造园意境，造就了"咫尺山林"的园林杰作。"园之佳者如诗之绝句，词之小令，皆以少胜多，有不尽之意，寥寥几句，弦外之音犹绕梁间。"[2]江南城市园林往往也可藉几株花木、一块湖石装点出"自然境界"，所以有"城市山林"的美誉。在城市坊里隙地以景象空间再现自然空间的明清文人园林，犹如绘画之缩千里江山于尺素，也是大自然的概括和典型化。"环秀山庄假山

---

[1] （明）邹迪光：《愚公谷乘》，见陈植、张公驰选注，陈从周校阅：《中国历代名园记选注》，第193页，合肥：安徽科学技术出版社，1983年。

[2] 陈从周：《梓翁说园》，北京：北京出版社，2004年。

[图64-1] 云墙

上的石梁,还使我联想到在浙江天台山看见的那座石梁。当然无论是形态还是体积,前者都不是对后者的简单模仿。看来假山的设计者并不以模仿某一自然景象为满足,而是把设计者那所谓胸中的丘壑,像画家把他对自然美的感受表现在纸上从而成为引人入胜的山水画那样,在石材的选择和堆砌的设计里,寄托着假山创作者的巧思。这样的堆砌虽属人工的,却又相应地表现

[图64-2] 山石

了对真山真水有所感受的人们的兴趣,所以它对园林观赏者才是富于魅力,引得起赞赏的。"[1]〔图65〕这种对胸中丘壑的"意构",是伴随着审美感受的胸中丘壑的外化,也是明清文人园林艺术最主要的途径和方式。文人园林呈现的有限元素都是经过造园主独具匠心的概括和凝炼而成的,极具典型性和寓意性。文人园林即使是建筑密集的小园所描写的自然风景,也常常不失其自然的趣味。这是明清文人审美的结果,也是明清文人造园的突出成就。

在明清的园林里,由于空间的狭小,布局的不合理,造园手法的局限,出现了一些"拥塞"、"局促"的园林布局:"以大势观之,竟同乱堆煤渣,积以苔藓,穿以蚁穴,全无山林气势。以余管窥所及,不知其妙。"[2]也有些园林

---

[1] 王朝闻:《不到顶点》,第 307 页,上海:上海文艺出版社,1983 年。

[2] (清)沈复著,余平伯校点:《浮生六记》,第 58 页,北京:人民文学出版社,1994 年。

[图65] 苏州环秀山庄

在本就非常狭小的空间中一味追求曲折蹊跷，以致造成"折愈深，室愈小"，"游其间者，如蚁穿九曲珠"〔《扬州画舫录》〕的局面。因此有学者认为，中国传统天人体系的高度发展与园林体系的不断缩小的结果导致明清园林进入"面目日益猥琐不堪"的"困境"，它们失去了汉、唐园囿的博大，而归缩"芥子"中，在狭小的园林中体现"壶中天地"的意境，以致造成"粗俗拙劣"、"羁天拘地"、"画虎类犬"、"灵秀全无"的境地。[1]就此而否定明清的文人园林，我认为这种观点有待探讨。

从艺术美的视角看，大小并不是评判优劣的标准，王国维《人间词话》就以杜诗为例指出："境界有大小，不以是而分优劣。'细雨鱼儿出，微风燕子斜。'何遽不若'落日照大旗，马鸣风萧萧'？'宝帘闲挂小银钩'，何遽不若'雾失楼台，月迷津渡'也？"[2]堪称至论。美总是丰富多样、不拘一格的，境界恢宏、气势雄伟的阔大固然是一种美，而壶中天地、芥子纳须弥的细微也可以是一种美。看待明清的文人园林应以它是否顺应自然的法则，回

---

[1] 王毅：《园林与中国文化》，第176页，上海：上海人民出版社，1990年。
[2] 王国维著，周锡山编校：《人间词话》，第31页，太原：北岳文艺出版社，2004年。

归自然的精神。叶燮发出"美本乎天者也,本乎天自有之美也"的感慨。在咫尺之间再现自然之美,是明清时期文人园林的首要审美裁判。既然自然之美是现实存在的,艺术家就应该面向着最生动最丰富的自然美,力求把天地自有之美真实而完善地反映出来,而不应只知有"画家之山",而忘其有"天地之山"。正如叶燮评论画美人"……如周昉之画美人。画美人者必仿昉为极则,固也。使有一西子在前,而学画美人者舍在前声音笑貌之西子不仿,而必仿昉纸上之美人,不又惑之甚者乎?"[1]艺术家应该追求"克肖自然",这是艺术创造的最高法则。明清时期文人园林最终目的是为了在咫尺之地再现出清幽秀丽的自然真山水之美。

2. 复归于朴

明清文人园林遵循自然法则,营造的"咫尺山林",以天地之大美为美,以自然之美为美,是中国文人传统的审美意趣,符合了"复归于朴"的艺术精神。老子曰:"五色令人目盲,"〔《老子·十二章》〕庄周则云:"五色乱目,使目不明。"〔《庄子·天地》〕"圣人法天贵真,不拘于俗",〔《庄子·渔父》〕"朴素而天下莫能与之争美。"〔《庄子·天道》〕这种主张法天贵真,"复归于朴","复归于婴儿"的主张,影响了中国文人的审美,从魏晋六朝开始"中国人的美感走到了一个新的方面,表现出一种新的美的理想。那就是认为'初日芙蓉'比之于'错彩镂金'是一种更高的美的境界。""初日芙蓉"的美,到唐代更有了发展。"唐初四杰,还继承了六朝之华丽,但已有了一些新鲜空气。经陈子昂到李太白就进入了一个精神上更高的境界。李太白诗'清水出芙蓉,天然去雕饰'"[2]刘熙载在《艺概》中说:"君子之文无欲,小人之文多欲。多欲者美胜信;无欲者信胜美"[3]这一条美学线索一直为中国文人所追崇,范曾先生在评价八大山人的艺术时说:"八大山人的画,简约至于极致,那是真正的妙悟不在多言,真正的至人无为、大圣不作。八大山人的画渐渐趋近他语言符号性的空前伟岸的语言。所谓'士气'的符号,便是简捷

---

[1] (清)叶燮:《己畦文集》,卷三"假山说"。

[2] 宗白华:《艺境》,第326页,北京:北京大学出版社,1987年。

[3] (清)刘熙载:《艺概》,第45页,上海:上海古籍出版社,1982年。

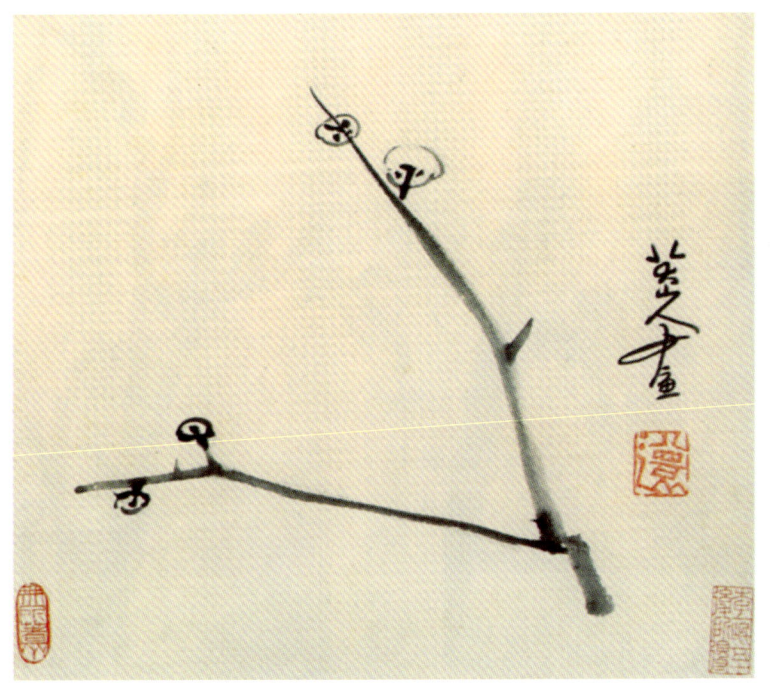

[图66] 八大山人画

清醇、精微广大、高明中庸。扫净一切的繁文缛节、一切的矫揉造作、一切的事功媚俗，那么'士气'的博大、空明、雄浑、典雅便呈现在你的面前。这是八大山人艺术的符号意义，也是中国画的终极追求。"[1][图66]这是对八大山人的写照，也是对文人艺术的写照，八大山人的艺术追求也是文人们的艺术追求，艺术的本质是朴素的，以"简洁"、"高雅"反对一切繁文缛节、事功媚俗。明清文人园林的构建，正是遵循着这一美学原则。

在商品经济发展的明清时期，社会风气由崇简走向奢华，文人的雅言文化与世俗文化出现碰撞，文人们力图保持文人文化的特质，追寻艺术的本质。计成、文震亨、李渔等园林理论家就是文人文化的代表，提倡"古"、"朴"、"雅"、"简"，以"少许胜多许"的园林美学主张〔参见第一章〕。

明清文人园林基本遵循了这一种美学观点，力求隐没人工雕琢的痕迹，减少繁缛的装饰。江南园林无论是景物的色调还是建筑的装饰总是显得自然、清雅而疏朗，崇尚雅淡，力避艳俗。园林建筑的色彩多用大片粉墙为基调，配

---

[1] 范曾：《八大的苦笑》，见范曾：《画外话》，第61页，石家庄：河北教育出版社，2004年。

[图67] 园林建筑

以黑灰色的瓦顶,〔图67〕栗壳色的梁柱、栏杆、挂落,内部装修则多用淡褐色或木纹本色,〔图68〕衬以白墙与水磨砖所制成的灰色门框窗框,组成比较素净明快的色彩。粉墙黛瓦,黑白相映,素净淡雅,饶有韵致。〔图69〕

  明人在描叙阳羡兰墅时曾说:"墅之胜隐于寒烟灌莽苍藤乱石之间,蒙茸荟蔚,人迹罕及,女萝山鬼之与居,蛇虎麋兔之与穴,幼元一旦抉其幽闷,发其潜匿,伏者露奇,藏者吐秀,重楼架复道悬蹬,高牖凭星,长廊贮月,虽不事刻镂文画,而逶迤窈窕,秀野清旷,各极其致,……石季伦之金谷新声,李赞皇之平泉花木,莫不殚智力,竭神巧,糜金钱,淹岁月而后成;顾不如幼元此墅不雕不斫,自然灵境之为饶也。"[1]《扬州画舫录》中描写扬州园林"西爽阁前夹河外,堤上树木苍茂,构小屋高不盈四五尺,枋楣梁柱,皆木之去肤而成者,名曰木假亭,如苏老泉木假山之类。今谓之天然木"。[2] 就是以原木为庭柱,不上漆,保持原木的天然本色。明清文人园林追寻自然之美,倾心于"恬淡寡欲","洗净"或尽量"涤除"尘世浮华而走向素朴,这些都表

[1] (明)王穉登:《兰墅记》,见陈从周、蒋启霆选编,赵厚均注释:《园综》,第158页,上海:同济大学出版社,2004年。

[2] (清)李斗:《扬州画舫录》,城北录,第329页,北京:中华书局,2001年。

[图68-1] 园林建筑内景

[图68-2] 园林建筑内景

[图69] 园林建筑外景

现了明清文人园林崇尚"凡雕凿藻绘之习皆去之,全乎天真,返乎太朴"[1]的审美情趣。

　　文人园林着重空灵与澹泊,呈现见素抱朴,复归自然的稚拙的美。郑板桥曾云:"四十年来画竹枝,日间挥写夜间思,冗繁削尽留清瘦,画到生时是熟时。"可见,削尽繁枝冗节,除去错彩镂金,追求清新淡雅、自然纯朴的美,是中国文人艺术追求的终极的美,也是最难表现的美。与老子的"复归于婴儿,复归于朴,复归于无极",庄子的"大美不言"不谋而合,它是人间的"至美"、"大美"。

〔二〕"无往不复""虚实相生"——明清文人园林的空间意识

　　明清时期文人园林希求在狭小的空间中表现无限的自然,这种空间上的矛盾,对中国造园非但没有受到抑制而萎缩,相反的却使它得到精炼而升华。从远观其势以大观小的宏观方式,转化为近赏其质、小中见大的微观方式,这是由审美对象的空间缩小,引起审美方式变化的结果。以自然山水为主体的中国园林,突破了狭隘的有限空间的局限,从模拟山水的"形似",升华为

---

[1] (清)潘耒:《纵棹园记》,见陈从周、蒋启霆选编,赵厚均注释:《园综》,第120页,同济大学出版社,2004年。

写意式的"神似",创造出视觉无尽的意象,往复无尽的流动空间景象,体现出具有高度自然山水精神境界的环境。

1. 无往不复

中国古代对宇宙空间的认识《易经》中说"无平不陂,无往不复",《象》中则明确提出:"无往不复,天地际也"。基于这种意识,中国文人形成了独特的空间概念,从有限中去观照无限,又于无限中回归于有限,而达于自我,也就是"无往不复,天地际也"的空间意识。

中国建筑和园林是处理空间的艺术。园林所表现的空间美感,是和中国传统的独特的空间意识、宇宙情调分不开的。宗白华先生在谈到中国诗画的空间意识时指出:"俯仰往还,远近取与,是中国哲人的观照法,也是诗人的观照法。而这种观照法表现在我们的诗中画中,构成我们诗画中空间意识的特质。"[1] 园林艺术中也处处体现了俯仰的观照:"仰观宇宙之大,俯察品类之盛。所以游目骋怀,足以极视听之娱,信可乐也。"〔王羲之《兰亭集序》〕东晋的大诗人谢灵运在他的《山居赋》里写出网络天地于门户,饮吸山川于胸怀的空间意识:"抗北顶以葺馆,殷南峰以启轩,罗曾崖于户里,列镜澜于窗前。因丹霞以赪楣,附碧云以翠椽"。[2] 人们把大自然吸收到庭户内,从庭院中悠然窥见宇宙的生气与节奏。

明清时期,园林空间逐渐缩小,有限与无限的矛盾也就日益尖锐。"无往不复"的空间意识,反映在明清园林中的根本问题,是如何突破园林有限空间的视界局限。

〔1〕小中见大——以写意的手法扩展园林空间

我们通常说文人园林"小中见大",园林布景为了咫尺内万里可知,以有限空间描写无限空间。"若夫园亭楼阁,套室回廊,叠石成山,栽花取势,又在大中见小,小中见大。"[3] 园林理论家们明确地提出了突破空间的局限的

---

[1] 宗白华:《美学散步》,第93页,上海:上海人民出版社,1981年。
[2] (东晋)谢灵运:《山居赋》,见《宋书》,卷六十七,列传第二十七,"谢灵运",第1766页,北京:中华书局,1974年。
[3] (清)沈复:《浮生六记》,第19页,北京:人民文学出版社,1994年。

方式。

明清文人园林"以小见大"的表现手法很多,"小中见大者,窄院之墙宜凹凸其形,饰以绿色,引以藤蔓,嵌大石,凿字作碑记形。"①〔图70〕是将园墙做成高矮凹凸,改变直线墙体所产生的视觉局限。并在园墙上牵藤蔓,正如《园冶》中云"围墙隐约于萝间",用高大的植物遮住围墙,既显得自然活泼,又可造成含蓄莫测的精神幻觉,从而扩大园林的空间感。〔图71〕或是依墙而做假山,以产生"推窗如临石壁,便觉峻峭无穷"〔沈复《浮生六记》〕的视觉感受,达到"小中见大"的效果。扬州的个园,将春山安排在入口围墙前,夏山安排在西北墙角,秋山紧挨东墙,东山则倚靠南墙角,主楼壶天自春楼紧倚北墙,园林中见留出大块面积以安置景观,扩大景观的空间面积。〔图72〕有些园林则采用园林中心布置水景,使池中四面建筑与花木等景观,尽可能多地倒影在水中,从而产生正、倒双重景观,令人产生园林面积扩大的错觉。〔图73〕苏州留园的中园,园中心积水成池,四周沿岸布置各种建筑,就是为了达到这样的效果。文人园林为了在小园中表现大自然的景观,可谓费尽心机,利用一切可以利用的条件,力图在不大的空间中营造出无穷的空间效果,使游者产生"咫尺之内,便觉万里为遥"的感觉,从而产生"小中见大"的艺术效果。

用以表现园林的"小中见大"最受文人们所推崇的还是以写意手法再现自然山水的方法。前面我们讲到钱谦益的园林运用写意的手法以池中小山为蓬莱,于寻丈之内叠石以为石门、石城,在小园内营造蓬莱仙境的自然景观。祁彪佳称"万玉山房"之中"汇卧龙之泉,渟泓小沼,虽尺岫寸峦,居然有江山辽邈之势",以一汪池水表现汪洋之势。《园冶》中指出:"或有嘉树,稍点玲珑石块;不然,墙中嵌理壁岩,或顶植卉木垂萝,似有深境也。"以几片山石或数枝藤萝即表现出山林般的"深境",以一盆一石体会出江海沧溟之趣。〔图74〕文徵明在小盆中体会到江湖之境,"买盆作小池,便有江湖适"。片石寸草、河池游鱼,都能构成大小不同的空间。正所谓"雅室何须大,天地尽纵横"。在极小的空间里为审美体验提供了无限变化的可能,打破了"小自然"与"大自然"的对立。通过"写意"的手法将游人的想象引入无限的

---

① (清)沈复:《浮生六记》,第19页,北京:人民文学出版社,1994年。

[图70] 园林小景

[图71] 苏州拙政园藤蔓云墙

[图72] 扬州个园四季山之春、夏、秋、冬四景

[图73] 水景倒影

[图74] 山石

自然景观始终是明清文人园林审美的基本方法。

江南园林因空间范围的狭小,其内呈现的有限元素都是经过造园主独具匠心的概括和凝练而成的,极具典型性和寓意性。"石令人古,水令人远,园林水石,最不可无。要须回环峭拔,安插得宜。一峰则太华千寻,一勺则江湖万里。又须修竹老木,怪藤、丑树,交覆角立,苍崖碧润,奔泉汛流,如入深岩绝壑之中,乃为名区胜地。"[1] "一卷代山,一勺代水",园林建筑通过这些典型性形象,唤起人们的联想,使人游于其中而恍若置身于真山水中。这是明清园林的显著特点,"要懂得中国园林风格,就必须懂得那种使小的事物显得巨大,使大的事物显得微小的本领。宇宙毕竟是如此广懋,故而不论园林多么大,充其量只能是模仿自然的缩微。"[2]

〔2〕步移景异——丰富园林空间

明清园林由于空间有限,而空间意识要求无限,要求具有似乎不可穷尽的性质。为造成景象空间深远的效果,除缩小景象尺度如上面所用的以写意的方式表现"小中见大"空间感觉外,还特别着重于增加景象层次,采取分景、隔景、曲直相间的造园方法,开拓景深的处理,在园林空间里创造出丰富多样、各具个性的景观和层出不穷、含蓄不尽的意境,扩大园林空间。

在园林中进行空间的分割,是扩大园林空间的一种有效方法,"园林空间越分隔,感到越大,越有变化,以有限面积,造无限空间。"[3] 空间多变,层次丰富,感到"山重水复疑无路,柳暗花明又一村",使人自然而然产生"迂回不尽致,云水相望"之乐。

王世贞的弇山园分割为东弇、中弇、西弇三大区,"大抵中弇以石胜,而东弇以目境胜。东弇之石,不能当中弇十二,而目境乃蓰之。"[4] 不同的景区设置不同的景点,而能给人迥然有异的审美感受。祁彪佳记越中"密园"在"旷亭一带,以石胜;紫芝轩一带,以水胜;快读斋一带,以幽邃胜;蔗境一

---

[1] (明)文震亨:《长物志》,卷三,见文震亨著,田军注释:《长物志》,第99页,济南:山东画报出版社,2004年。

[2] 童寯:《园论》,第55页,天津:百花文艺出版社,2006年。

[3] 陈从周:《梓翁说园》,北京:北京出版社,2004年。

[4] (明)王世贞:《弇山园记》,见陈植、张公驰选注,陈从周校阅:《中国历代名园记选注》,第148页,安徽科学技术出版社,1983年。

带,以轩敞胜"。[1]四个情趣各异、不可替代的意境单元,鲜明地显现了造园家所要强调的四种主要观念,人们优游在这类空间分割之中,就不会有重复感、雷同感,在园林景观的层层深入之中,感受到寓多样变化于统一的意境之美。

曹雪芹的笔下的大观园便是运用明清造园景区分割的原则设计他的园林,怡红院:"说着一径引入,绕着碧桃花,穿过竹篱花障编就的月洞门,俄见粉墙环护,绿柳周垂。……进了门,两边尽是游廊相接,院中点衬几块山石,一边种几本芭蕉,那一边是一树西府海棠,其势若伞,丝垂金缕,葩吐丹砂。"[2]"只见院内略略有几点山石,种着芭蕉,那边有两只仙鹤,在松树下剔翎。一溜回廊上吊着各色笼子,笼着仙禽异鸟。上面小小五间抱厦,一色雕镂新鲜花样槅扇,上面悬着一个匾,四个大字,题道是'怡红快绿'"。[3]再如潇湘馆:"急抬头见前面一带粉垣,数楹修舍,有千百竿翠竹遮映,众人都道:'好个所在!'……进门便是曲折游廊……后院墙下忽开一隙,得泉一派,开沟尺许,灌入墙内,绕阶缘屋至前院,盘旋竹下而出。"[4]潇湘馆与新鲜奇异的怡红院迥乎不同,这里花光苔痕,鸟语溪声,湘帘垂地,翠竹掩映,宜品茗,宜下棋,宜读书。这里秀淡雅沽,僻静清凉,"轻纱环碧,弱柳窥青","修篁弄影……俗尘安到"〔《园冶》"门窗"〕。这和怡红院室外"葩吐丹砂"的热烈,"花团锦簇"的富丽,构成了鲜明对比。人们游乐其中,观赏到变化的景观,享受到无穷的乐趣。

明清的园林,"美景在一瞥之下如此之多,以致人们不能把想象力集中到特别的几个景物上。在中国的花园里,眼光决不会疲劳,因为它几乎总是被限制在同视力范围相称的空间里。你看到了一个景,他的美丽,使你迷醉;而走过几百步之后,又有新的景在你眼前呈现,又引起你新的赞赏。"[5]梁思成先生总结道:"大抵南中园林,地不拘大小,室不方向,墙院分割,廊庑分

---

[1] 陈植、张公驰选注,陈从周校阅:《中国历代名园记选注》,第282页,合肥:安徽科学技术出版社,1983年。
[2] (清)曹雪芹:《红楼梦》第十七回。
[3] (清)曹雪芹:《红楼梦》第二十六回。
[4] (清)曹雪芹:《红楼梦》第十七回。
[5] 蒋友仁语,见刘天华主编:《十大名园》,第205-206页,上海:上海古籍出版社,1990年。

割,或曲或偏,随宜设施,无固定程式"。[1]以这种方式规划园林,即使在狭小的空间中,使人们产生视觉上的无穷,以达到"无往不复"的艺术效果。

明清的文人园林为了让人们感受到无穷的效果所常使用的另一方法则是曲径通幽的处理手法。

"贵曲者,文也。天上有文曲星,无文直星。木之直者无文,木之拳曲盘纡者有文;水之静者无文,水之被风挠激者有文"。"有韵之文,以词为极。……夫千曲万曲以赴,因诗与文所不能造之境,亦诗与文不能变之体,则乃骚人之遗而矣"。[2]"曲"的美学特性是丰富视觉感受,是中国文人艺术所喜爱的形式,在明清文人园林中广泛再现,清代文人钱泳对于造园与诗文中"曲"的用法有精辟的论断。[3]《园冶》中有"曲径绕篱","长廊一代回旋","小屋数椽委曲"以及李渔说的"园林迂途,以取别致"等语便是"曲"在园林中的实际运用。

在明清文人园林中的"曲园",便突出地体现了明清"曲"的美学艺术。清代著名学者俞樾在苏州筑室,其旁隙地构小园名曰"曲园":"曲园者,一曲而已,……山不甚高,且乏透、瘦、漏之妙,然山径亦小有曲折。自其东南入山,由山洞西行,小折而南,即有梯级可登……自东北下山,遵山径北行,有'回峰阁'。度阁而下,复遵山径北行,又得山洞……'艮宦'之西,修廊属焉,循之行,曲折而西,有屋南向,窗牖丽楼,是曰'达斋'。……由'达斋'循廊西行,折而南,得一亭,小池环之,周十有一丈,名其池曰'曲池',名其亭曰'曲水'。"[4]这个园中,有山径之曲,有池水之曲,有修廊之曲,建筑物的题名,也常常赋予曲义:回峰阁,使人想见山境的峰回路转;曲水亭,使人想见水流的盘曲潆洄。从记中所叙路线,也是高高低低,曲曲折折,给人以盘绕不尽之感。〔图75〕俞樾在《曲园记》中还发人深思地问道:"曲园而有'达斋',其诸曲而达者欤?"提出了"曲而达"的命题,曲径不只是"曲",而且还"达",由"曲"通向"幽"、"深"境界的。〔图76〕

[1]《梁思成文集》第三卷,第232页,北京:中国建筑工业出版社,1985年。

[2](清)江顺治:《词学集成》。

[3](清)钱泳:《履园丛话》,卷二十"园林",第545页,北京:中华书局,1997年。

[4](清)俞樾:《曲园记》,见陈从周、蒋启霆选编,赵厚均注释:《园综》,第291页,上海:同济大学出版社,2004年。

[图75] 苏州曲园回峰阁

《扬州画舫录·城北录》中描述了小洪园曲径："……石路一折一层，至四五折，而碧梧翠柳，水木明瑟，中构小庐，极幽邃窈窕之趣……过此又折入廊，廊西又折；折渐多，廊渐宽，前三间，后三间，中作小巷通之。……廊竟又折，非楼非阁，罗幔绮窗，小有位次。过此又折入廊中，翠阁红亭，隐跃栏槛。忽一折入东南阁子，蹑步凌梯，数级而上，额曰'委宛山房'……阁旁一折再折，清韵丁丁，自竹中来，而折愈深……曲曲引人入胜也。"[1] 这种变化多端、引人入胜的曲径，是很有审美意味的。在这条曲径上，随着审美脚步的行进，前面总会不断地展现出不同情趣的幽境：水木明瑟的小庐，罗幔绮窗的华楼，委宛尽致的山房，清韵丁丁的竹林……吸引着人们不断地去探寻品赏。

"曲径通幽"是明清文人园林表现园林空间所采用的一种普遍的方式。它不仅表现视觉上的美，还由于"曲"的作用，在园林的空间组织上起到扩大空间的效应。文人园林"曲径通幽"，由于平面的曲折和高度的变化，在透视上使道路背景得以相互遮掩，随着游览的进行，景象逐步展开，这样避免了一览无余因而索然无味的弊病，可以使景象含蓄，增加景象层次，扩展景

---

[1] （清）李斗：《扬州画舫录·城北录》，第145页，北京：中华书局，2001年。

[图76] 园林曲廊、曲径、曲桥、曲溪、曲湖

面，增强观赏效果，激发游兴。能使审美主体放慢游赏的脚步，稽延盘桓，而不是贪快求捷，一溜而过。宋荦《重修沧浪亭和欧阳公韵》中写道："隔城山色落衣袂，步碕矫首聊迟延。回廊约略纷点缀，管领风月凌平泉。"[1] 曲折的堤岸能使人"聊迟延"，游赏者放慢脚步，由于曲径转折多，走向不一，因而审美主体在"延步"的同时，还能多视角多方位地观赏变化着的园林景观。因此曲径延长了游览路径，迂回而有效地扩展了园林的有限空间。对于

---

[1]（清）宋荦：《重修沧浪亭和欧阳公韵》，见金学智：《中国园林美学》，第303页，北京：中国建筑工业出版社，2005年。

游览来说，起到拓展空间的作用，使得有限的园地造成无限风光的幻觉。从构图上讲，单一则单调，直线比曲线单调，重复一定规律的曲线比自由曲线单调。也就是说，"曲径通幽"延长了游览路径，曲折变化的园林设计，加强了空间的导向性；在园林空间意识中，"曲"也具有视觉莫穷的作用，迂回地扩展了和丰富了园林的有限空间，从视觉感受上延展了园林空间，起到扩大园林空间的作用。

曲径那种几乎无限的导向性，归根结底是由往复无尽的通达性所决定的。通过"曲径通幽"、"峰回路转"路线导引，造成"步移景异"、"山重水复疑无路，柳暗花明又一村"的园林艺术效果。以达到无往不复的园林视觉艺术效果。

〔3〕取景在借——园林空间视线的超越

要突破园林空间的视觉限制，将视野由园内扩展到园外，使有限的园林空间拓展到无限的自然空间中，还可以运用借景的创作手法，把自然山水纳入户牖之内，将人们的视线引向园外，从而扩大了园林的空间感。计成指出，"夫借者，园林之最要者也。"借用园外景致[1]，它打破园林的界域限制，扩大空间，极大丰富园林的美感。

计成在《园冶》中论曰："虽园别内外，得景则无拘远近，晴峦耸秀，绀宇凌空，极目所至，俗则屏之，嘉则收之，不分町疃，尽为烟景。"〔《园冶》"兴造论"〕"山楼凭远，纵目皆然；竹坞寻幽，醉心即是。轩楹高爽，窗户虚邻，纳千顷之汪洋，收四时之烂漫。"〔《园冶》"园说"〕

明清文人们巧妙地借用四周之山水胜景扩展园林景色，袁枚的随园"凡称金陵之胜者，南曰雨花台，西南曰莫愁湖，北曰钟山，东曰冶城，东北曰孝陵，曰鸡鸣寺，登小仓山，诸景隆然上浮：凡江湖之大，云烟之变，非山之所有者，皆山之所有也。"[2]隐士吴时雅在苏州东山所构的"依绿园"，借周围青山、绿水，"有阁凭虚而俯绿野者，'欣稼'也。阁之外，平畴千顷，可

---

[1] 关于借景的分类，学者们有不同的见解，杨鸿勋先生认为"引用园外之景方可称'借'，园内景象之间的联系就无所谓借景了"。见杨鸿勋：《江南园林论》，第254页，上海：上海人民出版社，1994年。

[2] （清）袁枚：《随园记》，见陈植、张公驰选注：《历代名园记选注》，第361页，合肥：安徽科学技术出版社，1983年。

[图77] 无锡寄畅园

以目耕，南湖水光一片，与天无际；自西而北，层峦复岭，青紫万状，咸排闼而入几席。……倚楼北望，则'锦鸠峰'、'濮公墩'，皆在檐庑间。其前则'桂花屏'、'芙蓉坡'、'鹤屿'、'藤桥'相望焉。其鳞比而南者，为'凝雪楼'，俯瞰平冈梅花，时在群玉山头。"[1]利用山势，园林起伏高低，断续相间，同时凭虚而借，四周山色湖光推门而入，尽收眼底，令人领略无尽。

现存的江南文人园林中借景的使用非常普遍，无锡寄畅园是外借艺术非常成功的范例。它的整个风景布局与空间结构，是充分利用四周外部环境，

---

[1]（清）徐乾学：《依绿园记》，见陈植、张公驰选注：《历代名园记选注》，第306页，合肥：安徽科学技术出版社，1983年。

[图78] 苏州拙政园

结合园内本身地形统筹安排的。造园者根据西枕惠山麓，南瞰锡山巅，园内东西狭窄、南北引长，地势西高东低的特点，因高培山〔西部〕，就低凿池〔东部〕，沿池建筑临水亭廊。园林巧妙地外借了墙外的二泉伏流，依据地形的倾斜坡度，顺势导流，创造了曲涧、澄潭、飞瀑、流泉等水景，增加了风景内容，丰富了山水意趣。并外借山景，西借惠山，使惠山景色悠然入园而来，宛似山在园中。虽然惠山和园内的假山距离颇远，但由于假山的尺度比例掌握得恰到好处，而使游人在园中眺望，只觉得惠山峰峦近在眉睫，达到"受之于远，得之最近"的最佳艺术效果。此外，东南借锡山山景和山巅的龙光塔塔景，锡山的绿树森森、梵刹古塔历历在目。〔图77〕"右通小楼，楼下池一泓，即惠山寺门阿耨水，其前古木森沈，登之可数寺中游人，曰'邻梵'"。[1] 乾隆皇帝曾赞美道："今日锡山姑且置，闲闲塔影见高标。"达到了内外合一的境界和炉火纯青的地步。苏州拙政园，绣绮亭与梧竹幽居一带的西面摄入了遥远的北寺塔，构成了梵刹名胜趣味的深远背景；〔图78〕见山楼则可远借湖秋、戒幢寺及西南远山。拙政园西部原为补园，补园在靠近两院

---

[1] （清）王穉登：《寄畅园记》，见陈植、张公驰选注《历代名园记选注》，第182页，合肥：安徽科学技术出版社，1983年。

分界墙的石山上建有一亭，登亭即可包揽隔园柔美旖旎的风光，而在拙政园中隔墙西望，也可临借到山上亭阁高耸的景色，此亭题名为"宜两亭"，意为两园相宜，深化了借景的意境。将园外之景纳入园林中来，园内空间序列变化无穷，不但无狭小拥塞与单调贫乏之感，反觉得处处有景，面面是画，空间无限辽阔，风景不尽幽深。

借景是强化景象深度的一个重要手法，它把囿于既定范围之内的园林创作，置之于园址所在环境及天时基础之上，充分利用环境及天时的一切有利因素，扩大园林的空间，增进园林艺术效果，借景意味着园林景象的外延。这是明清园林的一个特点，产生于城市园林中，为了扩大园林视觉空间而采取一种造园手法。在以往的园林中，也注重园林与环境的关系，把自然山水纳入园景之中，延绵几十里的园林，自然景象极为丰富，无需借助园外的景致增加园林的进深，扩大园林空间。只有到明清时期，随着文人园林空间的逐渐缩小，空间扩展矛盾的深化而产生的一种造园手法，便产生了计成"借景"和李渔"取景在借"的造园理论，在小小的园林中感受到"眺远高台，搔首青天那可问；凭虚敞阁，举杯明月自相邀"〔计成《园冶》"借景"〕的无往不复的壮丽景色，成为明清造园的显著特点。

2. 虚实相间

虚实是中国人一直关注的问题，老子"埏埴以为器，当其无，有器之用；凿户牖以为室，当其无，有室之用。故有之以为利，无之以为用。"[1] 揉捏黏土做成陶器，称"有"，而器皿包含的空间，称"无"；把开凿门窗，建造房屋，称"有"，而门窗四壁的空间，称"无"。正是因为有了陶器器皿中空的地方，才有了器皿的作用；有了房屋中的空间，才有了房屋的作用。所以"有"给人便利，"无"发挥了它的空间利用作用。他认为世界万物都是"有"和"无"的结合，"虚"和"实"的结合，道出了哲学的虚实的辩证关系，也成为了中国古典艺术的空间关系。中国艺术中的虚实空间意识与先哲们宇宙本体"道"的"有"与"无"、"虚"与"实"虽属于两个不同的层次，而先哲们的思想和具有审美特征的直觉的思维方式，对我国古代艺术思想的

---

[1]（春秋）老子：《道德经》第十一章。

形成有着重大的影响，他们对宇宙本体的探讨具有艺术性的哲学观念促使中国古典艺术理论带有哲理性成分，中国古典艺术理论无一不落脚于先哲们的哲学，有无相生的哲学论断造就了艺术上虚实相间的空间布置原则，中国古典艺术是注重虚实的艺术，"虚实相间"成了中国古典美学的一个重要原则，可以说概括了中国古典艺术的重要美学特点。中国画重视虚实[1]，中国书法也讲究"计白当黑"："疏处可以走马，密处不使漏风，常计白以当黑，其趣乃出。"画面的空白是为了在有限的形象之外寄托不尽的意趣，给人们留下想象的余地，虚实相生，画面更显空灵，景物更有生气。中国园林更是注重布置空间、处理空间，中国古典园林中表现得更有空间的深度和广度，更能体现中国美学的空间意识。

虚实相间是明清园林的空间意识，也是明清造园的基本法则之一。[2]明清时期的文人园林在空间布局上讲究疏密相间、虚实相生，奥旷交替，虚实结合，这是中国园林艺术的一个特点，也是中国艺术的一个特点。中国艺术的这种审美境界是和中国古代哲学、美学中关于虚实、有无的空间意识紧紧地结合在一起的。

〔1〕奥旷兼得

唐代文学家柳宗元首先提出"奥如"、"旷如"的园林概念，他提出了园林布景的一个美学概念，园林的平面布置也就是空间的组织要讲究"旷如"、"奥如"，也就是园林景观疏密相间。"屈曲回护，高敞隐蔽，邃及乎奥，旷及乎远，无不称者"。[3]这一概念在明清时期文人造园理论中得到广泛的认同。"地只数亩，而有迂回不尽之致，居虽近廛，而有云水相忘之乐。柳子厚所谓'奥如'、'旷如'者，殆兼得之矣。"[4]

在园林布局中，不仅要有"旷如"、"奥如"的景观设计，同时要注意奥旷相间。袁枚记"渔隐小圃"中写道："'足止轩'者，仅容二人膝语，甚奥；'睇燕堂'者，长床重楹，可以张饮会宾，甚恢宏；'列岫楼'，遮迤穹隆、灵

---

[1] 见"明清文人园林的传统文学艺术意趣"章，第二节。
[2] 见"明清文人园林的传统文学艺术意趣"章，第二节。
[3] (宋) 尹洙：《张氏会隐园记》。
[4] (清) 钱大昕：《网师园记》，见陈植、张公驰选注，陈从周校阅：《中国历代名园记选注》，第421页，合肥：安徽科学技术出版社，1983年。

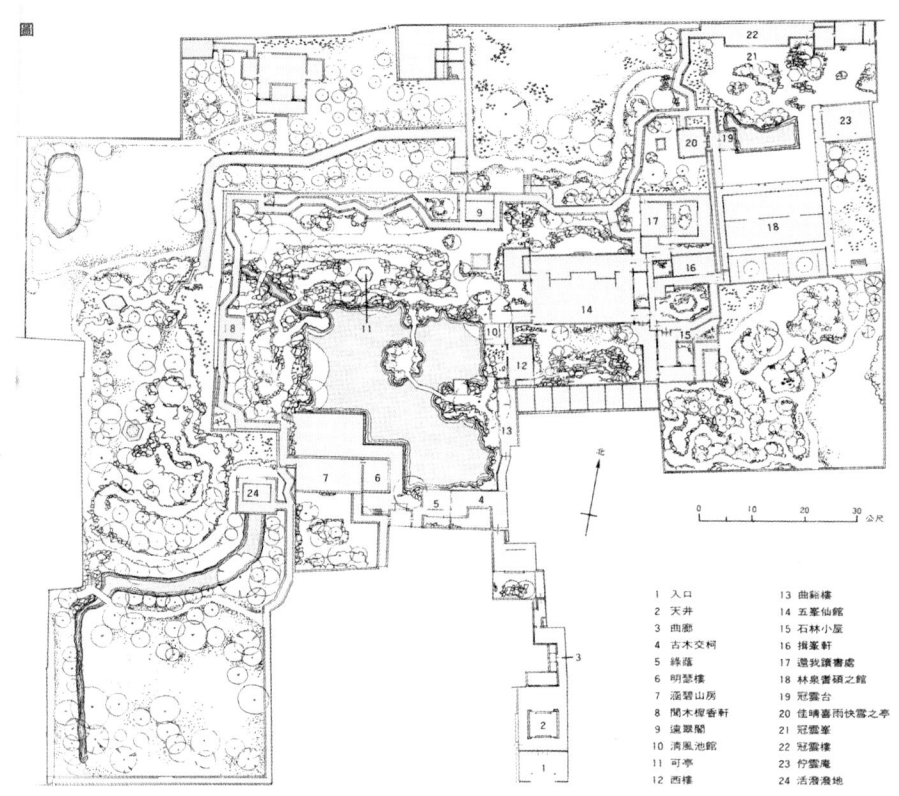

[图79] 苏州留园平面图

岩诸峰，甚旷。"[1]描绘了园林由奥而旷的渐进序列。

苏州留园的园林总体布局和位置经营方面遵循了这种奥旷兼得、疏密相间的位置经营原则〔图79〕，留园的建筑分布很不均匀，疏密对比极其强烈。东部以石林小院为中心建筑高度集中，屋宇鳞次栉比，内外空间交织穿插，这里的景观内容繁多，空间布置紧密，应接不暇，节奏变化快。中部景区的西部和北部主要是借密集的山石而形成山林野趣，而园的其他部分，虽然也配置了不少的山石，但却比较稀疏，两相比较，疏密之间的对比异常明显。西部景区的山林、花木构景，宛如旷野。这种疏密相间的园林布局相辅相成，使人随着园林景观的变化，而产生张弛有序的节奏感。

苏州狮子林〔图80〕的假山，时而蹊壑盘奥，感到方位莫测；时而登上

---

[1]（清）袁枚：《渔隐小圃记》见陈从周、蒋启霆选编，赵厚均注释：《园综》，第247页，上海：同济大学出版社，2004年。

[图80] 苏州狮子林

峰顶，顿感眼界明旷，空间寥廓悠长；时而迂回曲折，涉足于幽暗的水洞深涧；时而豁然开朗，只见如镜的池面上，天光云影共徘徊……奥与旷交替转换，引起独特的心理效果，在壅塞与疏朗交替出现的强烈对比中，令人产生奇趣异情。同时由于旷奥的交替，在空间上也产生变幻莫测的布局，扩大园林的空间感受。

文人园林的旷奥兼得、疏密相间的空间布局，要求既要有屈曲隐蔽、深邃回合的奥如空间，也要有寥廓悠长、虚旷高远的旷如空间，二者交替兼具，各极其妙，而又相得益彰。

〔2〕虚实相间

明清文人园林在布景中非常注重虚实相间的空间结构。就叠山理水而言，山表现为实，水表现为虚，虚实对比就是通过山与水的关系处理求得的。理想的园林要有山有水，虚实相间，山环水抱就意味着虚实两种要素的萦绕与结合。就山体而言，其突出的部分如峰、峦为实，而凹入的部分如沟、壑、

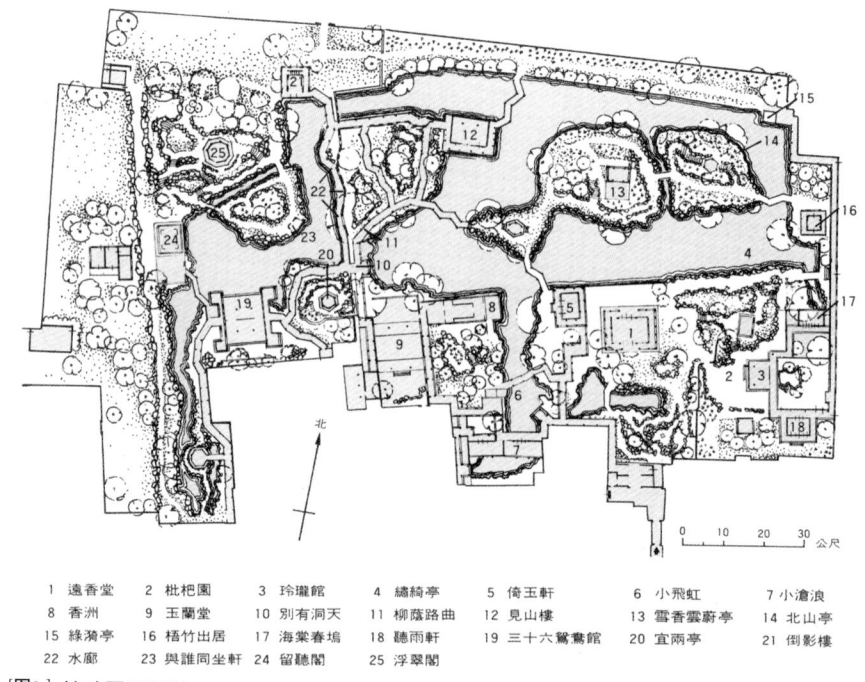

1	遠香堂	2	枇杷園	3	玲瓏館	4	繡綺亭	5	倚玉軒	6	小飛虹	7	小滄浪
8	香洲	9	玉蘭堂	10	別有洞天	11	柳蔭路曲	12	見山樓	13	雪香雲蔚亭	14	北山亭
15	綠漪亭	16	梧竹出居	17	海棠春塢	18	聽雨軒	19	三十六鴛鴦館	20	宜兩亭	21	倒影樓
22	水廊	23	與誰同坐軒	24	留聽閣	25	浮翠閣

[图81] 拙政园平面图

涧、穴则为虚，山峦起伏达到虚实关系的对应。从园林院落的角度来看，建筑当作"实"，院落当作"虚"，它们所构成园林布局，虚实相间，两者相生而互补。再就建筑自身来讲，也包含有虚和实的两个方面，虚所指的是空间，实所指的则是体形。实与虚的交替出现，互相依存，构成中国的空间布局特点。

  本书的前面已经简单地论述了园林布景的虚实关系。明清文人园林，为求得园林的艺术效果，力求做到虚实的对应、虚实相间。苏州拙政园〔图81〕，从东园入中园，首先看到的是梧竹幽居的亭子及其周围的花木，是实景；步入梧竹幽居亭向西望，则是一片水面，是虚景；向南望，依次为海棠春坞、假山及山上的绿绮亭、远香堂、倚玉轩等建筑群落，则是实景；而水面中心，又有两个小岛，岛上有假山，山上有待霜亭、雪香云蔚亭及水面堤上的荷风四面亭，在整个虚景中又有实景。总体观之，虚景与实景相结合，相互依存，相互衬托，虚中有实，实中有虚，真正达到了虚实相生，实现了"不以虚为虚，而以实为虚，化景物为情思，从首至尾，自然如行云流水"[1]的艺术境界。文人园林在布局上还注意到虚实关系的相互转换，"虚中有实"、

---

[1]（宋）范希文：《对床夜话》。

"实中有虚","化实为虚"、"化虚为实"。沈复在《浮生六记》中谈到虚实相间、相生的艺术规律在园林中的具体运用:"虚中有实者,或山穷水尽处,一折而豁然开朗;或轩阁设厨处,一开而可通别院。实中有虚者,开门于不通之院,映以竹石,如有实无也;设矮栏于墙头,如上有月台,而实虚也。"[1] 园林建筑的山墙与山墙、山墙与院墙,背墙与背墙、背墙与院墙之间,都要有一定的间隙,构成闭合的露天小院,构成"实中有虚者"。而从园林透过墙上窗牖,俨然尺幅小品,横披图画"后窗墙高于槛,方竹数竿,潇潇洒洒,郑子昭'满耳秋声'横披一幅。天光下射,望空视之,晶沁如玻璃云母,坐者如在清凉世界"。[2] 则可谓是"虚中有实"。〔图82〕苏州留园中部景区,其东部主要是借曲谿楼、西楼以及五峰仙馆等建筑的组合而形成整体立面的,由于墙面所占的比重甚大,所以实的要素处于主导地位。由绿荫、明瑟楼、涵碧山房等建筑组成的南面,情况则大不相同,在这里空廊、槅扇所占的比重很大,因而虚的要素处于主导地位。所以就整个景区来讲,东部立面和南部立面便构成了强烈的虚实对比关系。〔图83〕再就每一立面来讲,尽管东部立面以实为主,但由于在实的墙面上又开了一些门窗孔洞,〔图84〕因而实中又有虚。而南部立面虽然以虚为主,却又在其中嵌入了少量的粉墙,使之虚中有实。这样使建筑立面既保持了强烈的虚实对比,又于对比中使虚、实两种要素有所渗透、交织、穿插,于是给人的感觉就不显得突兀、生硬了。

在园林与其他的中国艺术中,处理好虚与实的关系,虚与实要辩证地结合、统一,才能谓之美,"不全不粹不足以谓之美"。明代文人祁彪佳通过其造园活动总结了园林营建的虚实、聚散等一系列辩证关系:"参差点缀,委折波澜,大抵虚者实之,实者虚之,聚者散之,散者聚之,险者夷之,夷者险之,如良医之治病,攻补互投;如良将之治兵,奇正并用;如名手作画,不使一笔不灵;如名流作文,不使一语不韵;此开园之营构也。"[3] 园林景观的布局,曲折起伏,不求整齐,地势高低任其天然,虚实相间、聚散相依,增加

---

[1] (清)沈复:《浮生六记》,第19页,北京:人民文学出版社,1994年。
[2] (明)张岱:《陶庵梦忆、西湖梦寻》,第16页,上海:上海古籍出版社,1982年。
[3] (明)祁彪佳:《寓山注》,见陈植、张公驰选注,陈从周校阅:《中国历代名园记选注》,第260页,合肥:安徽科学技术出版社,1983年。

[图82] 园林漏窗、圆洞门

[图83] 苏州留园

[图84] 苏州留园

园林景致的韵味。

中国园林运用虚实对比的手法，来突破有限的空间，使园林空间曲折变化，或虚或实，或半虚半实，或虚中有实，或实中有虚。扑朔迷离的虚实关系构成了文人园林特有的虚幻的艺术效果。

〔3〕虚实相间的宇宙精神

园林中虚实相间的空间意识,不仅运用如上所说在园林内部结构的布局上,在园林整体的布置,园林与自然的联系中,空、虚的运用富有更深刻的含义,"空本难图,实景清而空景现,""虚实相生,无画处皆成妙境。"[1]"李君实常言,作画惟空境最难。"[2]这里的"虚"有一层更为深刻的含义。是指因实境而引起的精神之升华,化实体为虚境,化有限为无限,引起人们的联想,获得丰富的心理感受,获得"物我交融"的境界。

袁起的《随园图说》描绘了清代南京的随园小仓山以虚待实,囊括江湖之大、云烟之变的宏阔气象,"'天风阁',登阁四顾,则'长干塔'、'雨花台'、'莫愁湖'、'冶城'、'钟阜',虎踞龙蟠,六朝胜景,星罗棋布于窗前,遥望'三山'、'白鹭洲',江光帆影,映带斜阳,历历如绘,非山之所有者,皆山之所有也。"[3]

虚实相间的园林美学同其他古典艺术一样,从园林景象虚实布局的艺术中表现了一种超越的空间意识,空灵的宇宙意识。"人但知有画处是画,不知无画处皆画。画之空处全局所关,即虚实相生法,人多不著眼空处,妙在通幅皆灵,故云妙境也。"[4]范曾先生在论述中国绘画"知白守黑"的道理时说:"当我们挥毫作画时,岂止在创造描画对象之形神,也同时在创造物象后的空间,而这空间正是光明之所在、无穷极的天宇之所在。我们中国画家有些接近雕刻家,他们把雕刻置于天穹之下,以无限的空阔作为其背景,当雕刻竖立起来的瞬间,天穹同时成为了雕刻的相互生发的一部分。忘记空间的雕刻家是拙劣的雕刻家,而忘记画面空白的画家,也决不是高手。中国画的空白、雕刻家的天穹之重要,甚至超越了绘画物象和雕刻形体。梵蒂冈大教堂穹顶上的雕刻群固然重要,而群雕所托的苍天才是主题所在,才是信仰所在。正所谓'此时无声胜有声',所有的'有声'乃是为了这高妙的'无

---

[1] (清)汤贻汾:《画筌析览》,见俞剑华编著:《中国古代画论类编》,第838页,北京:人民美术出版社,2004年。

[2] (明)周亮工:《读画录》。

[3] (清)袁起:《随园图说》,见陈植、张公驰选注《历代名园记选注》,第364页,合肥:安徽科学技术出版社,1983年。

[4] (清)笪重光撰,王翚、恽格评:《画筌》,见俞剑华编著:《中国古代画论类编》,第814页,北京:人民美术出版社,2004年。

声'!"[1]空白才能给人以无尽的感觉,才含蓄,才能使观者以想象力去丰富它,从而进一步体会中国古典文人艺术深刻的哲学含义。

文人的艺术都是相通的,绘画注重黑白的运用,园林讲究虚实的运用,中国画的"知白守黑"道出了一个深刻的哲理,那就是表达了中国哲学"无往不复"的宇宙模式。文人园林凭借着虚实的空间意识,突破园林内部小空间的局限,超越园林四周围墙的有限界域,"取消狭小天地中形成的思维空间和精神樊篱,虚而待物,面向无限的宇宙,让视觉感受和审美理想获得充分的自由,从而眼界为之一放,心胸为之一宽。"[2]这就是文人园林"虚实相间"空间意识的实质所在。

〔三〕 "景外之景""象外之象"——追求意境的审美裁判

前一章"意境论的盛行"一节中已经论述了中国艺术"意境"产生发展以及明清时期盛行的情况,现在谈谈艺术意境的特征。

"意境"是中国古典美学的一个重要范畴,在中国美学史上占有重要的地位,并且成为艺术创作和评论的主导思想。对"意境"的追求,可以说是中国艺术所要达到的最高和最终境界和目的,也是"中国文化史上最中心最有世界贡献的一方面"。[3]

宗白华把艺术的意境分为五个层次[4],并指出:"在一个艺术表现里情和

---

[1] 范曾:《知白守黑》,见范曾:《画外话》,石家庄:河北教育出版社,2004年。
[2] 金学智:《中国园林美学》,第320页,北京:中国建筑工业出版社,2005年。
[3] 关于"意境"是中国古典美学的独特的范畴问题,叶朗教授认为,西方艺术中也存在"意境":"'意境'是中国古典美学的独特的范畴,这是从美学范畴说,这个范畴是中国古代思想家提炼出来的,同时也是中国历代许多艺术家有意识去追求的。但是这不等于说西方艺术没有意境,因为'意境'的特殊意蕴在于它包含有哲理性的人生感。西方艺术中当然有这样的作品。贝多芬的交响曲就充满了人生感、历史感和宇宙感。当然不同时代、不同民族的艺术家的人生感、历史感会有不同的内容。但只要有人生感、历史感就有意境。例如俄罗斯民歌《伏尔加船夫曲》,它不仅唱出了伏尔加纤夫的困难,也唱出了俄罗斯民族的苦难,而且唱出了人类共同的苦难。所以它引起全世界听众的共鸣。"见叶朗:《说意境》,载《文艺研究》,1998年,第1期,第17-22页。
[4] "功利境界主于利,伦理境界主于爱,政治境界主于权,学术境界主于真,宗教境界主于神。但介乎后二者的中间,以宇宙人生的具体为对象,赏玩它的色相、秩序、节奏、和谐,借以窥见自我的最深心灵的反映;化实景而为虚境,创形象以为象征,使人类最高的心灵具体化、肉身化,这就是'艺术境界'。艺术境界主于美。"宗白华:《中国艺术意境之诞生》,见宗白华:《艺境》,第151页,北京:北京大学出版社,1999年。

景交融互渗，因而发掘出最深的情，一层比一层更深的情，同时也透入了最深的景，一层比一层更晶莹的景；景中全是情，情具象而为景，因而涌现了一个独特的宇宙，崭新的意象，为人类增加了丰富的想象，替世界开辟了新境，正如恽南田所说'皆灵想之所独辟，总非人间所有！'这是我的所谓'意境'。"[1]"意境"是主观与客观、虚与实、情与景，也就是"意"与"境"的高度统一，是从有限与无限的体现宇宙生命之"道"的艺术境界。

1. 明清文人园林意境的追求

对于意境的追求，"中国造园艺术在这方面有特殊的表现，它是理解中国民族的美感特点的一个重要领域"。[2] 园林意境的追求在于它是通过具体的实物来传达深远幽邈、耐人寻味的情调氛围，使人睹物会意，触景生情，从有限的空间环境中感到无限丰富的意趣。也就是说，园林的美并不是孤立的山水、建筑、植物所构成的园林景观的视觉美，而是艺术意境之美。在运用园林诸要素所进行的园林艺术的创作中，具体景象的建造并不等于创作的完成，景象只有在被诗情画意之类的情趣和自然的乃至生活的理想、哲理所掌握，方能真正实现完美的园林艺术价值。也就是说，单单是景象并不是园林艺术的全部，它仍然是属于形式的范畴，它只是美丽灵魂所依附的美丽的躯壳。因此严格地说它还不是完整的、独立的艺术存在，也不是园林艺术的最高审美对象。完美的园林艺术作品中，包涵着思想情趣与景象的统一，这种统一所产生的效果，才是园林艺术的最高境界，也就是园林意境。

"所谓园林意境，它是比直观的园林景象更为深刻、更为高级的审美范畴。因此它是园林作品的最高品评标准。……当具体的、有限的、直接园林景象融汇了游览实用的内容，融汇了诗情画意与理想、哲理的精神内容，它便升华为本质的、无限的、统一的、完美的审美对象，而给人以更为深广的美感享受。……也就是司空图论诗所说的'象外之象，景外之景'"。[3] "什么是中国园林的意境呢？就是突破小空间，进入无限的大空间。中国古典园林

---

[1] 宗白华：《中国艺术意境之诞生》，见宗白华：《艺境》，第153页，北京：北京大学出版社，1999年。
[2] 宗白华：《美学散步》，第57页，上海：上海人民出版社，1981年。
[3] 杨鸿勋：《江南园林论》，第257页，上海：上海人民出版社，1996年。

中的建筑物、楼、台、亭、阁，它们的审美价值主要不在于这些建筑物本身，而在于它们可以引导游览者从小空间进到大空间，从而丰富游览者对于空间的美的感受。"[1]

园林意境的主观意识对客观自然对象的透入，并非始于明清，杜甫在描绘郑氏东亭时写道："华亭入翠微，秋日乱清晖"，〔杜甫《重题郑氏东亭》〕描写的是园中之亭，但意在表现园林建筑与大自然相融合而形成的意境。明清时期，随着文学艺术对意境追求的深化，对于意境的追求已演化为一种普遍化了的文人艺术取向，占支配地位的艺术思潮。文人园林与自然、与情感相融合而形成的意境，表现得更为透彻，"轩楹高爽，窗户虚邻，纳千顷之汪洋，收四时之烂漫。"〔《园冶》〕通过园林空间的组织，诗画的融合，达到自我的感情、思绪、意趣的抒发，从而从有限的空间延伸到无限的宇宙中，创造了无限的园林意境。明代祁彪佳论园林时说："寓山之胜，不能以寓山收，盖缘身在山中也，子瞻于匡庐道之矣。此亭不泥于山，故能尽有山，几叠楼台，嵌入苍崖翠壁，时有云气，往来缥缈。披层霄而上，仰面贪看，恍然置身天际，若并不知有是亭也。倐然回目，乃在一水中。激石穿林，泠泠传响，非但可以乐饥，且涤十年尘土肠胃。夫置屿于池，置亭于屿，如大海一沤，然而众妙都焉，安得不动高人之欣赏乎！"[2]园亭在云气缥缈中，如入青霄，观者情随境移，如置身于广阔的天际之中，感受宇宙之大，洗尽溷迹朝市时的种种俗情，产生无尽的园林意境。袁枚在《峡江寺飞泉亭记》中描写道："登山大半，飞瀑雷震，从空而下。瀑旁有室，即飞泉亭也。纵横丈余，八窗明净，闭窗瀑闻，开窗瀑至；人可坐，可卧，可箕踞，可偃仰，可放笔砚，可瀹茗置饮；以人之逸，待水之劳，取九天银河置几席间作玩。当时建此亭者其仙乎！僧澄波善弈，余命霞裳与之对枰，于是水声，棋声，松声，鸟声，参错并奏。顷之，又有曳杖声从云中来者，则老僧怀远，抱诗集尺许，来索余序。于是吟咏之声，又复大作：天籁人籁，合同而化。不因观

---

[1] 叶朗：《说意境》，载《文艺研究》，1998年，第1期，第17-22页。
[2] （明）祁彪佳：《寓山注·妙赏亭》，见陈植、张公驰选注，陈从周校阅：《中国历代名园记选注》，第277页，合肥：安徽科学技术出版社，1983年。

瀑之娱，一至于斯，亭之功大矣。"[1] 袁枚描写的这座"飞泉亭"，通过亭子，从小空间进到大空间，接触外界，把自然界的飞瀑引入室内，使水声、松声、鸟声与棋声、吟咏声参错并奏，"天籁人籁合同而化"，从而丰富游览者的美的感受，构成了美妙生动的意境。

明清文人园林艺术是在"城市山林，壶中天地，人世之外别开幻境"，"仰观宇宙之大，俯察品类之盛"，使人们在有限的园林中领略无限的空间，从而窥见到整个宇宙、历史和人生的奥秘。这就是中国传统园林艺术所追求的最高境界；从有限到无限，再由无限而归之于有限，达到自我的感情可思绪、意趣的抒发。

"中国古典园林——特别是明清古典园林，在美学上的最大特点是重视艺术意境的创造。中国古典美学的意境说，在园林艺术、园林美学中得到了独特的体现。在一定意义上可以说，'意境'的内涵，在园林艺术中的显现，比较在其他艺术门类中的显现，要更为直捷，从而也更容易把握。"[2]

2. 明清文人园林意境的构成

艺术作品的意境是由若干相关相生、互渗互补的元素所构成的完整的统一的、形有尽而意无穷、深邃的艺术空间。园林的意境美更是如此，它是一个完整的有机系统，其构成诸元素具有突出的相关性和内聚力。园林意境的构成是一个非常繁复的问题，以往有许多的学者从不同的方面加以叙述，对于园林意境的形成、意境的概念以及意境的构成都有不同的看法。

〔1〕诗情画意——园林意境的升华

我国古典园林艺术被誉为"凝固的诗，立体的画"，它是一门饶有书卷气的艺术。明清文人们将自己的生活思想和诗画意境融贯于园林的布局与造景中，把造园作为一种追求生活理想境界的艺术活动，寄情山水，放荡形骸。园林与诗画几乎不可分割，如同文人对诗画的要求一样，园林在艺术处理上力求意境美。园林不大，但却是一幅立体的山水画卷：小桥流水〔图85〕荷

---

[1] （清）袁枚：《峡江寺飞泉亭记》。
[2] 叶朗：《中国古典园林的意境》，见宗白华等著：《中国园林艺术概观》，第77页，南京：江苏人民出版社，1987年。

[图85-1] 苏州拙政园小飞虹

[图85-2] 明·文徵明《拙政园诗画册》小飞虹

[图86] 苏州网师园夜景

塘月色〔图86〕，寒江独钓，曲径通幽，饱含着诗情画意。这样，所谓"诗情画意"便逐渐成了明清文人园林设计的主导思想。

　　诗画的指引既为园林的意境提供了深厚的文化内蕴，又便于人们更深刻地领悟园林的意境，是明清文人园林艺术的精华所在。诗画意境的产生，在本书的第三章中已有详细地论述，在此不再赘言。

诗画在园林艺术中的最终目的,不仅仅是为了记事、言志和视觉的愉悦,而是希望能通过诗画的艺术提携,引发游者对园林景致深层含义的抒发,产生共鸣。促使园林景象升华到精神的高度,开拓园林的悠远的诗画意境。园林中的景象,只因有了诗画般的意境,引导游者的联想,使情思油然而生,产生"象外之象"、"景外之景"。

苏州拙政园"远香堂",是以堂前荷花为主题,借用周敦颐《爱莲说》"香远益清"的意思,由堂名的引导,人们观赏此景,感受到的是荷花"出污泥而不染,濯清涟而不妖"的品质,领略到纯洁、高尚情操的意境。苏州留园拙政园"留听阁",取自李商隐"留得残荷听雨声"之句,观赏此景时,很容易把人引向天籁知音的洒脱优雅的意境中去。苏州沧浪亭竹林景象中的建筑物题名为"翠玲珑",加以楹联题咏"风篁类长笛;流水当名琴",顿然加深了超越竹林景象之外的隐逸的意境,抒发了文人所乐道的林泉高致的思想感情。这些都起到使自然景象进一步人格化、情理化,从而开拓更为深刻的意境的作用。

王国维在《人间词话》中云:"境非独谓景物也。喜怒哀乐,亦人心中之一境界。故能写真景物,真感情者,谓之有境界,否则谓之无境界"。[①]园林的景物引起人们的感情变化,所谓"思理为妙,神与物游","目既往还,心亦吐纳","物色之动,心亦摇焉",园林的客观景象与主观之真实交汇融合,何患意境之不出?

〔2〕空间布局——园林意境美的追求

明清文人以卷石勺水寓情游心,体象山林湖海深境,将大千世界中的宏观景物微缩到小巧玲珑的壶中天地,去感悟体验人生的真谛和宇宙的韵律之空间原则。园林是一门经营空间的艺术,中国古典园林强调以小见大,以少胜多,以显寓隐,以实写虚,以有限见无限,追求含蓄朦胧的审美境界。

园林意境的生成,离不开造园的"经营位置"的艺术章法,中国古典美学,历来十分强调章法布局,南齐谢赫提出的"六法"中就有"经营位置",指的是绘画中画面巧妙构图,精心设计,造园中的园林景观平面布置、空间结构即属于"经营位置"。在园林意境这个美学范畴里,情和景的交融成为意

[①] 王国维著,周锡山编校:《人间词话》,第26页,太原:北岳文艺出版社,2004年。

境生成的基本要素，而"经营位置"则是园林意境生成的元素，其目标就是为了追求那超脱实相的空灵、富有生命力的"象外之象"、"景外之景"；而人与自然的浑一，物我的贯通正是意境追求的实质所在。空间意境的产生一般运用扩大空间和延伸空间的特殊手法，扩大空间就是在有限的空间运用园林元素使有限的空间显出无限的意境，延伸空间则是通常所说的借景。

明清时期的文人园林，一般占地面积狭小，而艺术意境则要求无限，要求具有不可穷尽的视觉感受。上面已经分析了文人园林的空间意识和园林的空间组织形式，文人园林充分发挥了中国空间概念中关于对立面之间的对称性、变易性和无限性，并通过分景、隔景、曲直相间、虚实相间等园林空间的组织，创造出丰富的园林空间，无限的艺术意境。

境生于象外，境是对孤立的、有限的象的突破。境比象更能体现宇宙的本体和生命的道。中国人的最根本的宇宙观是《易经》上所说的一阴一阳之谓道。道是虚灵的，是出没太虚自成文理的节奏与和谐。园林的虚实空间的结合使人产生无尽的遐想，景象的时间也是审美享受的对象，园林意境既融汇于景象空间之中，也融汇于景象时间之中。对景象空间审美享受的延续，可导致对意境领略的深化；对景象时间审美享受的延续，同样可导致对意境领略的深化。园林景象序列实际上是一系列景面的剪辑，随着时间的推移而展开，随着时间的变换而产生情调的变幻。

空间构成中曲直的运用，创造出意境，远、虚、曲，"远"是"视觉的无尽"；"曲"是"视觉的莫穷"。文人所评诗文的曲折"一转一深，一深一妙，此骚人三昧，倚声家得之，便自超出常境"。[1]曲折的园林路径设计，组成了一个曲折变化的线条，增添了园林如画般的意境，每经过一次曲折，便可以产生一种新的境界，而随着境界的层出不穷，便会使人产生一种玩味不尽的妙趣。同时，曲折还可导致意境的深邃，刘熙载评杜诗时说："杜诗高、大、深俱不可及。吐弃到人所不能吐弃，为高；涵茹到人所不能涵茹，为大；曲折到人所不能曲折，为深。"[2]

空间的分割也是意境的组成部分，沈宗骞《芥舟学画编·布置》论绘画

---

[1]（清）刘熙载：《艺概》，第114页，上海：上海古籍出版社，1982年。
[2]（清）刘熙载：《艺概》，第59页，上海：上海古籍出版社，1982年。

作品中部分和整体的相关性时指出:"拆开则逐物有致,合拢则通体联络。"[1]讲的虽然是绘画,但似乎更符合于中国古典园林方方胜景、区区殊致的空间分割法则。峰回路转,曲径通幽,豁然开朗的景象,激荡了游者的心灵,唤起感情联想与幻觉,使人透过眼前有限的景象,感受到更为深广的水烟弥漫的千顷平湖、鸟语猿啼的空山幽谷等意境中。

中国古典园林的延伸空间,即是通常所说的借景,是组织园林空间有效的方法,正如上面所说借景是强化景象深度的一个重要手法,借景意味着园林景象的外延。借景同时也是对于园林意境美的创造,使园林具有象外之象、景外之景的最有效的方法。它把观赏者的目光引向园林之外的景色,从而突破有限的空间而达到无限的空间。"采菊东篱下,悠然见南山"。"云生梁栋间,风出窗户里。"〔东晋,郭璞〕"窗含西岭千秋雪,门泊东吴万里船。"〔杜甫〕"萧寺可以卜邻,梵音到耳;远峰偏宜借景,秀色堪餐。"〔《园冶》〕"因借无由,触情俱是",借景的作用是为了引发欣赏者情感活动,大自然所有美的信息,无论是实的山水林泉,还是虚的风花雪月,均可借入园中,以增加园林的意境。

明清文人园林艺术,注重在有限的空间里,以现实自然界的砂、石、水、土、植物、建筑等为材料,创造出变幻无穷的自然风景的艺术景象。它在城市山林、壶中天地、人世之外别开幻境中"仰望宇宙之大,俯察品类之盛",使人们在有限的园林中领略无限的空间。

〔3〕写意、比拟——园林意境的联想

中国古典园林的高尚、深邃的意境美之反映热爱自然山水,不仅是人与宇宙天地亲和一致的表现,也是造园者自我情操的完善,为造园者的艺术修养达到一种"无我"的境界,对自然美的审美观念中,有了比自然山水更博大的内容,因而对意境的追求成为园林的灵魂,被造园者固定下来。所谓"境生于象外"也是在于说明自然物的作用,主要是诱发人的意境美感,于是在园林中自然景色大多不过是宇宙感、历史感和人生感的寄托。中国古典园林特别注重寓义于物,以物比德,将作为审美对象的自然景物看作是品德美、精

---

[1] (清)沈宗骞:《芥舟学画编》,见俞剑华编著:《中国古代画论类编》,第879页,北京:人民美术出版社,2004年。

神美和人格美的象征，强调因物喻志，托物寄兴，感物兴怀的比兴传统。因而中国古典园林中的山水花木主要起"比兴"作用，无须强求模山范水，而可以满足于象征性的点缀，"一拳石则苍山千仞，一勺水则碧波万顷"；"层峦叠嶂，长河巨泊"，都是在想象中形成，于是产生了物我相融无间的境界，

[图87] 扬州个园秋山

因而人对自然的审美观照中就有了强烈的思想情感寄托和抒情色彩，人与自然物在感情的亲和，形成了清净虚明无思无虑的心境，这种心境渗透到园林中去，必然使园林具有了鲜明的写意性。

扬州个园四季假山的叠筑，是最好的实例。〔图87〕造园者用湖石、黄石、笋石、雪石别类叠砌，借助石料的色泽，叠砌的形体，配置的竹木，以及光影效果，使寻踏者联想到春夏秋冬四时之景，产生游园一周，如度一年之感。在笋石山前种有多竿修竹，竹间巧置石笋数根，以象征"春日山林"；湖石山前则栽松掘池，并设洞屋、曲桥、涧谷，以比拟"夏山"；黄石山则高达九米，上有古柏苍翠，与褐黄的色彩对比以象征"秋山图"；低矮的雪石则散乱地置于高墙的北面，终日在阴影之下，如一群负雪的睡狮，以比拟"冬山"。

花木树石不仅用来形象地表现园林景观，并寓意着更为深刻的意境，儒家以山水花木"比附"人的品质，文人园林筑山和理水，无不带有道德的比附意义，文人园林中的一石一山、一草一木几乎都寄寓着仁德与自然山水之中的儒家理想。"梅令人高，兰令人幽，菊令人野，莲令人淡，春海棠令人艳，牡丹令人豪，蕉与竹令人韵，秋海棠令人媚，松令人逸，桐令人青，柳令人感"。[1]松竹梅"岁寒三友"象征着君子的品德，《园冶》中一再提出以梅、竹等作为配置造园景观，"竹埠寻幽"、"结茅竹里"、"移竹当窗"、"梅绕屋，余种竹"。〔图88〕清代文人刘凤诰于《个园记》中写道："主人性爱竹，盖以竹本固，君子观其本，则思树德之先沃其根；竹心虚，君子观其心，则思应用之务宏其量；至夫体直而节贞，则立身砥行之攸系者实大且远；其独冬青夏彩，玉润碧鲜，著斯州筱荡之美云尔哉？"[2]文人雅士通过对园林花木竹石的感悟和审美，感受其高洁的审美象征意义。

意境是艺术作品借助具体可感形象所达到的一种意蕴和境界。明清文人园林的意境，比起直观的园林景象则更为深刻，其意境的意蕴是深层的，它不停留于个别审美意象的局部、浅显、感性的层面，具有深邃的艺术底蕴，它的意境的意蕴是突破有限进入无限。古典园林蕴涵了造园者自身的思想感情、意志品质、人生态度等深层次的文化内容，引发了人们高度哲理性的人

---

[1] （清）张潮：《幽梦影》。
[2] （清）刘凤诰：《个园记》，见陈从周、蒋启霆选编，赵厚均注释：《园综》，第112页，上海：同济大学出版社，2004年。

[图88-1] 苏州拙政园竹林

[图88-2] 苏州沧浪亭竹林

生感、历史感、宇宙感。

〔四〕"外师造化，中得心源"——理想主义的审美裁判

明清时期文人园林力图在咫尺之间营造出自然山水的气氛，而其艺术境界的显现，决不是纯客观地机械地描摹自然，"外师造化，中得心源"道出了园林创作的艺术原则。

张璪提出"外师造化，中得心源"的绘画理论反映了艺术创造的准则，外以自然为师，内得之于心灵感受，在艺术创作中对外部对象了然于胸，把握住对象的本质，胸有丘壑，意在笔先，对外物有了心灵感受之后，意中之象再通过手笔，造就高于自然、兼备形神的艺术形象。也就是以造化为师，深入研习体察观悟，掌握自然规律，丰富内心世界，把造化之美，升华为艺术之美，借以表达内在的情境。

这种艺术意象的创作，当然不能仅靠外师造化而能做到，还必须有赖于得之心源，发挥心的能动作用，通过情景交融，由联想、想象和一定意念的渗透加工，以天地造化为熔炉，得其性，得其理，得其情，达到"见万物之情性"的境界，将自然之象加工、提炼和美化，创造出心灵之物、意中之象、意中之境。源于自然、高于自然、神似高于形似的艺术。"外师造化，中得心源"，传达了一个艺术家的精神与意匠两相融合的艺术创作过程，它对后来艺术美学思想影响十分深远，成为后世的艺术家们的审美标准和必备的艺术修养。

1."外师造化，中得心源"——文人园林的创作态度

明清文人园林深受绘画、诗词和文学等其他艺术的影响，许多园林的建造借助文人和画家，由于这些人的参与，在营造园林时，他们将自己独特的理念融入到园林景观的建造中，中国文人园林从一开始便带有诗情画意般的浓厚感情色彩。中国古代绘画理论特别是山水画所遵循的最基本原则"外师造化，中得心源"被造园者巧妙地运用到造园艺术中，再加上造园者自身感情的倾注，并受社会哲学思想和艺术思潮的影响，崇尚自然，追求虚静，向往自然状态的生活，努力营造一种"清净无为""息心去欲"的境界。明清文人园林汇集了诸多的元素，为塑造一种文人所特有的恬静淡雅的趣味，浪漫飘逸的风度与质朴无华的气质和情趣。在方寸之中达到避凡尘，脱世俗，遨

游名川大山,寄情于山水,达到本于自然、高于自然的理想境界,使游人赋情于景,园与人情景交融,触景生情,创造出极高的艺术境界。

首先,明清时期的文人园林,作为自然式园林的典范,以自然中的山水、建筑、花木为造园元素,以自然为师,以造化为宗,在自然中吸取营养,在狭小的天地中营造出自然意趣。

"外师造化"即获得自然之道,园林遵循源于自然、本于自然的原则,应对自然之艺术者,不能不从模仿自然着手,即如制作上虽不当面实写自然物,然不得不依循自然之本性,顺自然之法则。中国的园林艺术是以顺应自然为造园的法则为其根本的。

其次,外师造化是指以自然山水为创作的楷模,但它不是简单的模仿自然,要经过艺术家的主观感受以粹取其精华,融入文人的心智,以虚静之心品味山水,塑造山水,外师造化,又高于自然,中得心源,抒发情趣。"山川草木,造化自然,此实境也。因心造境,以手运心,此虚境也。虚而为实,是在笔墨有无间,——故古人笔墨具此山苍树秀,水活石润,于天地之外,别构一种灵奇。或率意挥洒,亦皆炼金成液,弃渣存精,曲尽蹈虚揖影之妙。"[1]造园艺术原理与诗画艺术原理颇有共通之处,古典画论有所谓"形似"与"神似"之说。论者以"神似"为最高准则,而"神似"又是以"形似"为前提的。唐代大诗人白居易说:"画无常工,以似为工;学无常师,以真为师。"齐白石说画在于"似与不似之间",德国大诗人歌德亦云美在"真与不真之间"。艺术形象的"似与不似"、"真与不真",也正道出了园林创作的契机。"文章是案头之山水,山水是地上之文章"。"中国山水园林是山水诗、山水画的物化形态。"[2]中国园林以情景交融的意境表现,运用写意的手法,创造出自然、宁静、幽深的境界。

2."外师造化,中得心源"为中国古典艺术的创作原则

"外师造化,中得心源"揭示了中国古典艺术的创作原则,中国以人为中心的文化,其实只是从我,确切地说从人心展开对世界的认知、理解和交

---

[1] (清)方士庶:《天慵庵笔记》。

[2] 曹林娣:《中国园林艺术论》,第234页,太原:山西教育出版社,2001年。

流沟通。中国艺术植根于传统文化氛围,他对世界的关心,是把握在以我为中心的主观圈子里的。因此,所谓"心"的感念,是指艺术家和客观事物之间的关系,即物我关系。这一着实于人心——"我"的物我关系,随着我对物的认识的不断深刻而表现为:"为物代言"与"物我合一"二个阶段。

"为物代言"表现为真实地反映客观事物,换言之,即彻头彻尾不许乖戾自然。艺术之道自古以来注重模仿自然,《韩非子·外储说左上》曰:"客有为齐王画者,齐王问曰:'画孰最难者?'曰:'犬马最难。''孰最易者?'曰:'鬼魅最易'。夫犬马,人所知也,旦暮罄于前,不可类之,故难;'鬼魅无形者,不罄于前,故易之也。"这难与不难不在于绘画的技巧,而是对视觉的忠实。明代画家王履的"法在华山",〔图89〕[1]强调了"外师造化"的重要性。明代画坛领袖董其昌亦云:"画家初以古人为师,后以造物为师。吾见黄子久《天池图》,皆赝本。昨年游吴中山,策筇石壁下,快心洞目,狂叫曰'黄石公'。同游者不测。余曰:'今日遇吾师耳。'"[2]"读万卷书,行万里路,胸中脱去尘浊,自然丘壑内营,立成鄄鄂,随手写出,皆为山水传神矣。"[3]看到了师造化的绘画本质。再如公安派的袁宏道〔1568-1610〕也说:"善画者,师物不师人;善学者,师心不师道;善为诗者,师森罗万象,不师先辈。"[4]画

---

[1] (明)王履:《华山图序》:"斯时也,但知法在华山,竟不知平日之所谓家数者何在。夫家数因人而立名,既因于人,吾独非人乎?夫宪章乎既往之迹者谓之宗,宗也者从也,其一乎从而止乎?可从、从、从也;可违、违、亦从也。违果为从乎?时当违,理可违,吾斯违也。吾虽违,理其违哉!时当从,理可从,吾斯从矣。从其在我乎?亦理是从而已焉耳。谓吾有宗欤?不局局于专门之固守。谓吾无宗欤?又不远于前人之轨辙。然则余也。其盖处夫宗与不宗之间乎?且夫山之为山也,不一其状:大而高焉嵩,小而高焉岑,狭而高焉峦,卑而大焉扈,锐而高焉峤,小而众焉巍,形如堂焉密,两向焉嵚,陬隅高焉岊,上大下小焉巘,边崖、崖之高焉岩、上秀焉峰,此皆常之变焉者也。不纯乎嵩、不纯乎岑、不纯乎峦、不纯乎扈、不纯乎峤、不纯乎巍、不纯乎密、不纯乎嵚、不纯乎岊、不纯乎巘、不纯乎崖、不纯乎岩、不纯乎峰,此皆常之变焉者也。至于非嵩、非岑、非峦、非扈、非峤、非巍、非密、非嵚、非岊、非巘、非崖、非岩、非峰,一不可以名命,此岂非变之变焉者乎?彼既出于变之变,吾可以常之常者待之哉?吾故不得不去故而就新也。"见俞剑华编著:《中国古代画论类编》,第707-708页,北京:人民美术出版社,2004年。

[2] (明)董其昌:《画禅室随笔》,卷二,"评旧画·题天池石壁图",见卢辅圣主编:《中国书画全书》第三册,第1021页,上海:上海书画出版社,1992年。

[3] (明)董其昌:《画禅室随笔》,卷二,"画诀",见卢辅圣主编:《中国书画全书》第三册,第1013页,上海:上海书画出版社,1992年。

[4] (明)袁宏道:《叙竹林集》,见《袁宏道集笺校》,卷十八,第700页,上海:上海古籍出版社,1981年。

[图89] 明·王履《华山图》册（之六开）

家唐志契在《绘事微言》一书中也强调："凡学画山水者看真山水"，"画山水而不亲临极高极深，徒摹仿旧人栈道瀑布，终是模糊丘壑，未可使得佳境。"又说："画不但法古，当法自然。""夫天生山川，亘古垂象，古莫古于此，自然莫自然于此，孰是不入画者，宁非粉本乎？"[1] 这些论著都从绘画的角度阐释了绘画以"师造化"为最基本的要旨。"师造化"最基本的途径就是到自然中去，到山水中去，面对自然感受体验客观存在，这是经过历史验证的通往

---

[1]（明）唐志契：《绘事微言》，见俞剑华编著：《中国古代画论类编》，第737-739页，北京：人民美术出版社，2004年。

艺术最高境界的必经之路。艺术家不但对于一花一树，皆谛视良久，观察其所以然。"今以万物为师，以生机为运，见一花一萼，谛视而熟察之，以得其所以然，则韵致丰采，自然生动，而造物在我矣"。[1]更需观朝暮四时、风情雨雪、云气变幻，而得自然的神韵。因而董其昌说："画家以古人为师，已自上乘，进此当以天地为师。每朝起看云气变幻，绝近画中山。山行时见奇树，须四面取之。树有左看不如画，而右看入画者，前后亦尔。看得熟，自然传神。"[2]表现了绘画中的写实主义精神，真实地表现客观事物，是画家在创作中有意识的追求，也就是张璪所说的"外师造化"的阶段。园林艺术亦然，它是遵循自然的法则创造园林，是以追求自然之美为目的。

然而中国的文人艺术并不是以纯粹的写实为目的，而是为了表现艺术家的心性为其终极目标。中国近代画家陈衡恪先生给文人画作出了明确的定义，"何谓文人画，即画中带有文人之性质，含有文人之趣味，不在画中考究艺术上之工夫，必须于画外看出许多文人之感想，此之所谓文人画。或谓以文人作画必于艺术上功力欠缺，节外生枝而以画外之物为弥补掩饰之技，殊不知画之为物，是性灵者也，思想者也，活动者也，非器械者也，非单纯者也，否则直如照相器千篇一律，人云亦云，何贵乎人耶？何重乎艺术耶？所贵何艺术者，即在陶写性灵、发表个性与其感想。而文人又其个性优美，感想高尚者也，其平日之所修养品格迥出于庸众之上，故其余艺术所发表抒写者，自能引人入胜，悠然起澹远幽微之思，而脱离一切尘垢之念。然则观文人之画，识文人之趣味，感文人之感者。虽关于艺术之观念，浅深不同，而多少必含有文人之思想，否则如走马看花，浑沦吞枣，盖此谓此心同此理同之故而。"[3]以此可以类推文人艺术，也就是说文人艺术是在表达自己的思想、自己的品格、自己的心灵情态。文人艺术是带有文人情趣、流露着文人思想的艺术。

中国古代艺术家并没有把对物的描摹上升到艺术"母题"的地位，这是

---

[1] （清）邹一桂：《小山画谱》，见俞剑华编著：《中国古代画论类编》，第1170页，北京：人民美术出版社，2004年。
[2] （明）董其昌：《画禅室随笔》，卷二，画诀，见卢辅圣主编：《中国书画全书》第三册，第1014页，上海：上海书画出版社，1992年。
[3] 陈衡恪：《中国文人画之研究》，北京：中华书局，1944年。

因为纯粹的"物趣"是把我与物截为对立的二面,将物视为认识的客观〔脱离于我〕对象,忠实于视觉的真实描绘,往往疏于表面,无法达到形象与神情相统一,这显然是与中国文化的总体特性相抵牾的。在写心达性的终极引导下,艺术的表现能力高度发达至游刃有余之时,艺术家的思绪融入被表现的事物之中,也就是说艺术是精神产品,"此心即是吾人的真性,亦即是一切物的本体"[1]。心为一切艺术的根源,外师造化的先决条件,即必须先遣去世俗机巧,忘形去知,使心为一虚静的灵府。"心源"是借用佛经《菩提心论》中用语,指不为妄心所扰的虚静心态。也就是说只有对大自然进行了深入细致的观察、体验,才能领悟自然的本性和真谛,才能有创造的源泉;但必须将领悟到的自然造化,通过内心的融会贯通,提炼升华,用创造性的想象,构思出有意境的形象,使其具有审美价值,所以,"中得心源"是关键。

明代画家及绘画理论家王履根据他本人三十多年的艺术实践,总结出"吾师心,心师目,目师华山"[2]的论断,清代画家石涛说:"夫画者,从于心者也。""山川、人物、鸟兽、草木、池榭、楼台,取形用势,写生揣意,运情摹景,显露隐含,人不见其画之成,画不违其心之用"。[3]他认为艺术是艺术家心灵的反映,是由画家的"心"支配。"一画明,则障不在目,而画可从心。画从心而障自远矣"。[4]园林艺术是园主思想、审美情趣的反映,客观山水的形象经过园主提炼、升华,创造出具有心绪活动的第二自然。这是"中得心源"美学理论的运用。

"外师造化,中得心源"深刻揭示了中国文人艺术从获得美感到创造出美的全过程,亦即艺术家通过造化物来表现自己的审美意趣的全过程。是在造化中寻找到与艺术家自身统一的美,把自然属性的美变为社会属性的美,表现自己社会观念的有目的审美心理活动的深刻揭示。

[1] 熊十力:《新唯识论》,北京:人民大学出版社,2006年。

[2] (明)王履:《华山图序》,见俞剑华编著:《中国古代画论类编》,第707-708页,北京:人民美术出版社,2004年。

[3] (清)石涛:《苦瓜和尚画语录》,一画章第一,见俞剑华编著:《中国古代画论类编》,第147页,北京:人民美术出版社,2004年。

[4] (清)石涛:《苦瓜和尚画语录》,了法章第二,见俞剑华编著:《中国古代画论类编》,第148页,北京:人民美术出版社,2004年。

"外师造化，中得心源"的过程是在审美观照的基础上，"意"与"象"相契合而升华，从而产生审美意象的过程。在这个过程中，创造性的想象起到很重要的作用。没有创造性的想象既不可能做到"意冥玄化"，也不可能做到"物在灵府"，自然形态的物象不可能转化成审美意象。表现人的心性，拒绝再现物的形状，这是中国艺术从一开始就确立的根本准则。从艺术家的个体角度来看，写心达性既是他们审美意识的根本，又是他们创作的终极目的。张璪"外师造化，中得心源"的艺术命题，正迎合了中国文人的文化艺术心理，一经提出便深刻地影响了后世的艺术家，成为中国艺术的创作原则。

明清文人园林所有使用的"小中见大"、虚实、聚散等表现手法，体现了"少许胜多许"的审美裁判。这与文人艺术的创作手法和对宇宙的表现一般规律相一致，艺术创作的过程是一个"不工"——"工"——"不工"的三段式："学书者始由不工求工，继由工求不工。不工者，工之极也。《庄子·山木篇》曰：'既雕既琢，复归于朴。'善夫。"[1]由雕琢而归于自然，由"猎微穷至精"而归于"天然去雕饰"；文人艺术所体现的宇宙精神是宇宙之本初——单纯〔无限〕，朦胧之已开——纷繁〔有限〕，又回归到本初〔无限〕。"少许胜多许"，以有限的艺术形式表现无限的宇宙，这才是中国古典文人艺术所追求的最高境界。

---

[1] （清）刘熙载：《艺概》，第168页，上海：上海古籍出版社，1982年。

明清皇家园林审美

文人园林在明清时期得到长足的发展，并形成了独特的审美裁判。此时，皇家园林经过漫长的发展过程，建园艺术和技术也达到前所未有的高度。清朝乾嘉时期成为我国封建社会后期园林发展史上与江南私家园林并峙的一个高峰。皇家园林审美在上接汉唐以来一脉相承的传统上有所提高、升华，借用文人园林的构园方法，重视园林景面的布置，使建筑、山水、花木等巧妙安排，并且采用借景、对景的造园手法丰富园中的空间层次，使构图更为有趣，且具有浓厚和深刻的诗情画意，并利用皇家权力，竭尽全力，集南北造园的艺术精华为一身，反映了中国封建造园技术的最高水平。

一、明清时期皇家园林的成就

〔一〕 中国古代皇家园林的发展历程

中国古代园林产生于古远的皇家的囿、圃等，它们是中国古典园林的原始雏形。由于古代帝王对于游猎的爱好而产生了最早的园林——囿，即在大自然中非常简单地围出一块有山有水、有树有草、有兽有鸟的"田猎区"，作为帝王的专用猎场和休闲的去处。后来还在囿中筑起了固定的简单的起居住行设施，增加其游观功能，从而具备了离宫式园林的基本特征。

"从殷墟的布局和宫室建筑的情况来推测，当有园林建制的可能。而当时的园艺技术所达到的水准，也足以为造园提供一定的物质条件。"[1]现见于文献记载最早的园林是殷纣王修建"沙丘苑台"[2]和周文王修建的"灵囿、灵台、灵沼"[3]。春秋战国时期，商业经济发达，大小城市林立，帝王、国君纷纷占用郊野山林川泽修筑离宫别馆，出现了宫苑建设的高潮。"高台榭、美宫室"，台与囿结合、以台为中心而构筑的园林成为春秋战国时期园林的显著特点，并强化了"台"的观天象、通神明，"考天人之际，法阴阳之会"的功能。著名的宫苑有章华台、姑苏台等。此时的宫苑，虽然具有游弋、观赏的

---

[1] 周维权：《中国古典园林史》，第33页，北京：清华大学出版社，2004年。
[2] 《史记·殷本纪》："〔纣〕厚赋税以实鹿台之钱，而盈钜桥之粟。益收狗马奇物，充仞宫室。益广沙丘苑台，多取野兽蜚鸟置其中。"
[3] 《诗经·大雅·灵台》。

功能，但是大多是以郊野自然山水为基础，尽管有人工的筑造，却缺少园林布局、规划，还处于园林的初始阶段，尚不具备园林的真正含义。

秦始皇统一中国后，大面积扩建皇家园林，并将园林的建设纳入整个宫城的规划之中——"大咸阳规划"，遵循"象天法地"的规划原则，模拟天体星象，按天上星座的布列安排地上皇家的宫室、别馆、园林布局，构成一个庞大的"人间天堂"宫苑建筑群。〔图90〕

汉代宫苑，在先秦的基础上有了进一步的发展，建造上林苑、未央宫、建章宫、甘泉宫、兔园等众多皇家园林。"前乘秦岭，后越九嵕，东薄河华，西涉岐雍。宫馆所历，百有余区"。[1]利用辽阔的天然山水环境，宫殿建筑散落其中，规模庞大，建筑美轮美奂，仿佛涵盖宇宙的魄力，体现了汉代"非壮丽无以重威"的美学理念。〔图91〕园林规划，与秦代园林一脉相承，以"象天法地"的理念布置园林，"其宫室也，体象乎天地，经纬乎阴阳，据坤灵之正位，仿太紫之圆方。"昆明池"左牵牛而右织女，似云汉之无涯"。[2]建章宫太液池中筑三岛以似东海瀛洲、蓬莱、方丈三仙山，是历史上第一座具有完整的三仙山的仙苑式皇家园林。〔图92〕

秦汉时期的皇家园林，已具备造园的初步规划、布景，但造园活动并没有达到艺术创作的境界，仍处于皇家园林初创阶段。不过，秦汉的皇家园林在中国古代皇家园林的发展序列中起到不可估量的作用，基本奠定了后世皇家园林的规划和审美的基础。秦汉时期的宫苑继承了先秦苑台"以考观天人之际"的特点，发展为"象天法地"的造园理念，为后来园林的营造、审美奠定了"天人合一"的哲学基础；以仿神仙、通神明为目的"一池三山"的园林布置建立了后来皇家园林遵循的神仙信仰规划经营的基础。

魏晋时期，皇家园林一方面继承了秦汉仙苑式皇家园林的风格，追求"镂金错彩"的皇家气派，另一方面，随着山水审美的崛起，文人园林的兴起，皇家园林中出现了如文人园林山水审美的气象，简文帝入华林园，顾谓左右曰："会心处不必在远，翳然林水，便有濠濮间想，觉鸟兽禽鱼，自来亲人。"[3]

---

[1] （汉）班固：《西都赋》，见（梁）萧统：《昭明文选》第一卷，光绪十一年郯城于氏刊本。
[2] （汉）班固：《西都赋》，见（梁）萧统：《昭明文选》第一卷，光绪十一年郯城于氏刊本。
[3] （南朝）刘义庆撰：《世说新语·言语》，见刘义庆撰，张艳云校点：《世说新语》，第23页，沈阳：辽宁教育出版社，1997年。

[图90] 清·袁江《阿房宫图》屏
〔故宫博物院藏〕

隋唐皇家园林集中建在两京地区，造园活动以隋代、初唐、盛唐最为频繁，建有大明宫、洛阳宫、兴庆宫、华清宫、九成宫等众多著名皇家园林。皇家园林的建设已经趋于规范化。

宫苑宫室更为壮丽，规模宏大，建筑华丽，气势磅礴，显示了"万国衣冠拜冕旒"的泱泱大国气概。〔图93〕大明宫含元殿，雄踞龙首原最高处，殿基残高至今尚在15.6米以上[1]，面阔11间，左右两侧有翔鸾、栖凤，以曲尺形廊庑与殿连接，形成门形平面巨大建筑群。"唐代宫苑是中国封建文化巍峨的纪念碑。"[2]隋唐宫苑宫殿与园景紧密结合，大明宫，南半部为宫廷区，北半部为苑林区，呈典型的宫苑分置的格局。兴庆宫则是北宫南苑，北半部为宫廷区，南半部为苑林区，宫城建筑与园林景观结合。宫苑充分利用自然山水条件，特别注重园林理水，利用自然水系，开凿人工湖泊，水景布置沿袭汉以来"一池三山"的宫苑模式。

[1] 傅熹年：《唐长安大明宫含元殿原状的探讨》，载《文物》，1973年，第7期。
[2] 王毅著：《中国园林文化史》，第102页，上海：上海人民出版社，2004年。

宋代是皇家园林建设的转折时期,北宋的文化艺术和皇家的推崇为皇家园林的建造提供了文化条件,营造技术的发展提供了技术条件,而地形平坦湖泊众多尤为皇家园林的建造提供了有利的自然条件。皇家宫苑仍继承了历代宫苑以"侈丽高广相夸尚"的审美标准,但随着社会艺术风尚的变化,园林艺术改变了以往一味追求皇家气派的局面,更加注重园林景观的规划,结合文人园林诗画意趣,园林布局巧妙,精致典雅。园林布景四大要素:建筑、叠山、理水、植物都已具备,造园艺术趋于成熟。

北宋皇帝崇尚园林建造,太祖赵匡胤常临幸玉津、迎春等园宴设群臣、观习水战。北宋末年的宋徽宗是一位素养极高的艺术家,精于书画,对于花鸟禽兽园林也有浓厚的兴趣,"颇留意苑囿","崇大苑囿"。[1]宋徽宗广事搜求江南的石料,特设专门机构"应奉局"供奉"花石纲",用于皇家造园。宣和年间的皇家园囿艮岳,宋徽宗亲自参预,凭借着他的艺术修养,艮岳具有浓

---

[1] (宋)赵佶〔徽宗〕:《艮岳记》,陈植,张公驰选注,陈从周校阅:《中国历代名园记选注》,合肥:安徽科学技术出版社,1983年。

[图91] 清·袁耀《汉宫秋月图》轴
〔故宫博物院藏〕

[图92] 清·袁耀《蓬莱仙境图》轴
〔故宫博物院藏〕

[图93] 唐人画《宫苑图》卷
〔故宫博物院藏〕

郁的文人园林意趣，在造园艺术方面，具有划时代的意义。艮岳改变了以往皇家大型园林以自然山水为主体而建造，是一座宫城内的人工山水园。建园之先经过周详的规划设计，然后制成图纸，"按图度地，庀徒僝工"①，精心经营构筑。园林大体上为"左山右水"的格局，主山万岁山，先用土堆筑而成，轮廓模仿杭州凤凰山，后又"增以太湖、灵壁之石，雄拔峭峙，巧夺天工"。山上"蹬道盘纡萦曲，扪石而上，既而山绝路隔，继之以木栈，倚石排空，周环曲折，有蜀道之难"。园林叠石艺术，"前世叠石为山，未见显著者。至宣和，艮岳始兴大役。"〔《癸辛杂石》〕在艮岳内布列着大小不同、形态各异的峰石，皆"激怒抵触，若磓若齿，牙角口鼻，首尾爪距，千态万状，殚奇尽怪"。从园的西北角引来景龙江之水，入园后开凿水池"曲江"，池中筑岛，岛上建蓬莱堂。园内另一水池"雁翅""池水清泚涟漪，凫鹰浮泳其面"。雁

① （宋）赵佶〔徽宗〕：《艮岳记》，陈植、张公驰选注，陈从周校阅：《中国历代名园记选注》，合肥：安徽科学技术出版社，1983年。

池之水从东南角流出,构成一个完整的水系。〔图94〕再艮岳内种植各种植物,花树繁茂,植物造景,且多半是按不同种属的植物造景来分景区的。园内"亭堂楼馆,不可殚纪",建筑的设置改变以往以功能为主的目的,"亭景台榭,值景而造",主要是从园林造景的需要出发,高处建亭,水畔建台榭等,增强了建筑在园林中的观赏性。艮岳是一座集叠山、理水、花木、建筑园林各要素完美结合的具有浓郁诗情画意的人工山水园。

秦汉隋唐时期单纯追求园林规模气势的做法,虽然奠定了皇家园林显示其国朝威仪气派的基础,但对园林艺术的进步并没有做出更多的贡献。艮岳的出现,是皇家园林造园艺术的转折点。艮岳以山水画论为依据,以山水画意境为追求目的,积石凿湖,"设洞庭、湖口、丝溪、仇池之深渊,与泗滨、林虑、灵璧、芙蓉之诸山,最瑰奇特异瑶琨之石,即姑苏武林明越之壤……而穿石出罅,冈连阜属,东西相望,前后相续,左山而右水,沿溪而傍陇,连绵而弥满,吞山怀谷。"[1]以艺术手法营造出"富千岩兮万壑","峰峦崛起,

---

[1] (宋)王明清:《挥尘录·后录》卷二,上海:上海书店出版社,2001年。

[图94] 元人画《龙舟夺标图》卷
〔故宫博物院藏〕

千叠万覆"的艺术效果,开创了中国皇家写意园的先河。

南宋园林"借江南湖山之美,继艮岳风格之后,着意林石之幽韵,多独创之雅致"。[1]

明清时期的皇家园林在继承前朝园林的基础上,得到了长足的发展。明成祖迁都北京,在元大都的基础上建成新的北京。在元代宫苑的基础上扩建、新建皇家园林。清王朝入主中原,全部沿用明代的宫殿、坛庙、园林等。康熙中叶以后,逐渐兴起皇家园林的建设高潮,这个高潮奠基于康熙,完成于乾隆,乾、嘉年间,达到全盛。

〔二〕 **明清皇帝的园林情结**

明代皇帝多半身居宫禁,不喜出巡,游憩玩赏多集中在大内御苑。

清朝统治者来自关外,不习惯关内炎夏溽暑的气候,顺治年间就有修建避暑胜地的想法。"〔顺治七年,1650年〕七月乙卯,摄政王谕:京城建都年久,地污水咸。春秋之季,犹可居止,至于夏月,溽暑难堪。但念京城乃历代都会地,营建匪易,不可迁移。稽之辽、金、元曾于边外上都等城为夏日避暑之地,予思若仿前建山城一座,以便往来避暑"。[2]再者,清朝入关之前

---

[1] 梁思成:《中国建筑史》,第165页,天津:百花文艺出版社,2005年。

[2] (清)蒋良骐:《东华录》,中华书局,1980年。

是游牧民族,有着驰骋山林的生活习惯,对大自然山川林木别有一番感情。清代初年,开国伊始,百废待兴,国家没有能力兴建大型园林。康熙时期政治稳定,多民族的统一大帝国最终形成,中国经济得到长足发展,康熙三十九年〔1700年〕"中国国民生产总值占世界总值的23.1%"[1],综合国力居世界第一,为清代园林的兴盛提供了物质基础。

  清代园林兴建高潮肇始于康熙皇帝。康熙皇帝热爱园林,它不是单纯地将一园一景、一草一木作为修身养性、游弋享乐的处所,而倾注了他的治国思想,康熙在《避暑山庄诗序》中曰:"奉慈闱,则征寝门问膳之诚;凭台榭,则见茅茨不剪之意;观灌种,则念稼穑之艰难;玩禽鱼,则念万物之咸若。"通过园林文化活动倡导儒家的"致中和"思想。康熙皇帝汲取了历史上帝王把园林用于一己之豫游而丧民亡国的教训,"静观万物,俯察庶类,文禽戏绿水而不避,麋鹿映夕阳而成群。鸢飞鱼跃,从天性之高下;远色紫氛,开韶景之低昂。一游一豫,罔非稼穑之休戚;或旰或宵,不忘经史之安危。劝耕南亩,望丰稔筐筥之盈;茂止西成,乐时若雨旸之庆。此居避暑山庄之概也。至于玩芝则爱德行,睹松竹则思贞操,临清流则贵廉洁,览蔓草则贱贪秽,此亦古人因物而比兴,不可不知。人君之奉,取之于民,不爱者,即

---

[1] 田时塘等:《康熙皇帝与彼得大帝》,北京:中央文献出版社,2000年。

惑也。"[1]在其中表现他的儒家品格和理学思想，他围绕着治世、宽仁、孝悌、俭素、格物等思想要求进行园林创作。

在这种园林理念的指导下，康熙造园不求辉煌而取法自然，"自然天成地就势，不待人力假虚设。""无刻桷丹楹之费，喜林泉抱素之怀。"[2]造景强调"度高平远近之差，开自然峰岚之势。依松为斋，则巧崖润色；引水在亭，则榛烟出谷，皆非人力之所能，借芳甸而为助"。[3]

他多次出巡，历经南北大好河山，"金山发脉，暖流分泉，云壑淳泓，石潭青霭。川广草肥，无伤田庐之害；风清夏爽，宜人调养之功。自天地之生成，归造化之品汇。朕数巡江干，深知南方之秀丽；两幸秦陇，益明西土之殚陈。北过龙沙，东游长白，山川之壮，人物之朴，亦不能尽述，皆吾之所不取。"[4]他的园林不仅吸收南方园林优美细致的一面，还体现了北方山水洋溢豪放的风格。

康熙的园林建造活动，最初集中在京师大内御苑和西山离宫御苑。瀛台是康熙帝常在此处理政务、接见臣僚和御前进讲、耕作"御田"的地方。康熙时期进行改建瀛台的活动，园内花木葱郁、亭台楼阁散落其中，宛若海上仙山的琼楼玉宇。

康熙皇帝南巡，对于江南秀美的风景和精致的园林印象很深，归来后在北京西北郊李伟的别墅"清华园"废墟上修建大型的人工山水园——畅春园。"爰诏内司，少加规度，依高为阜，即卑成池，相体势之自然"。[5]聘请内廷的山水画家叶洮参与规划，江南叠山名家张然主持叠山，畅春园是明清以来首次较全面地引进江南造园艺术的一座皇家园林。康熙皇帝一年的大部分时间是在这里度过的，处理政务，接见臣僚，这里成为与紫禁城联系着的政治中心。

之后，在承德兴建"避暑山庄"，康熙皇帝将他的园林理论都运用到造园活动中。利用平地和山区地势，构成起伏的峰峦、幽静的山谷，平坦的原野景观，引导泉水开辟湖泊。并将山庄内的景观与山庄外的大自然环境相融

---

[1]（清）康熙帝：《避暑山庄记》转自香山徐氏恭摹：《御制避暑山庄圆明园图咏》，大同书局恭印。

[2]（清）康熙帝：《避暑山庄记》转自香山徐氏恭摹：《御制避暑山庄圆明园图咏》，大同书局恭印。

[3]（清）康熙帝：《避暑山庄记》转自香山徐氏恭摹：《御制避暑山庄圆明园图咏》，大同书局恭印。

[4]（清）康熙帝：《避暑山庄记》转自香山徐氏恭摹：《御制避暑山庄圆明园图咏》，大同书局恭印。

[5]见《日下旧闻考》，卷七十六，第1268页，北京：北京古籍出版社，2001年。

合，构成宏观山水格局，烘托帝王之居的磅礴态势。建筑布局疏朗，体量较小，外观朴素淡雅，体现了康熙提倡的"楹宇守朴"、"宁拙舍巧"、"无刻桷丹楹之费，喜林泉抱素之怀"的建园原则。

"康熙主持兴建的畅春园和避暑山庄在园林的成熟期具有重要意义，康熙本人在中国园林史上的地位也应该予以肯定。此后的乾嘉时期的皇家园林正是在他所奠定的基础上继续发展、升华，终于到达北方造园活动的高峰境地"。[1]

雍正皇帝对于园林的热情没有其父康熙皇帝和后来的乾隆皇帝高涨，即使如此，他也在政务之余悠游园林，欣赏园林垂柳扁舟："春深游上苑，鼓枻汤中流。波涌方壶岛，林开翡翠楼。落花飘两岸，垂柳拂扁舟。此日欢无极，君恩被独优。暮转西池棹，风微锦浪平。蜻蜓闲自得，鹭鹚（鸶）递和鸣。举网双鳞获，停杯四韵成。仙山何处访，即此是蓬瀛。"[2]

雍正皇帝在位期间扩建他的赐园"圆明园"[3]，作为长期居住的离宫御苑。苑内"槛花堤树，不灌溉而滋荣；巢鸟池鱼，乐飞潜而自集。盖以其地形爽垲，土壤丰嘉，百汇易以蕃昌，宅居于兹安吉也。园既成，仰荷慈恩，赐以园额曰圆明"。一派草木繁生、鸢飞鱼跃的自然生态环境气氛。"朕尝恭迓銮舆，欣承色笑。庆天伦之乐，申爱日之诚。花木林泉，咸增荣宠。及朕继承大统，夙夜孜孜。斋居治事，虽炎景郁蒸不为避暑迎凉之计。时逾三载，金为大礼告成，百务具举，宜宁神受福，少屏烦喧。而风土清佳，惟园居为胜。"雍正皇帝将圆明园作为其享受天伦之乐、林泉之志和清凉避暑的去所，同时也是"御以听政"之处："惟建设轩墀，分列朝署，俾侍值诸臣有视事之所。构殿于园之南，御以听政。晨曦初丽，夏晷方长，召对咨询，频移书漏，与诸臣相接见之时为多。"[4]

乾隆皇帝作为盛世之君，有较高的汉文化素养，平生附庸风雅，喜好游

---

[1] 周维权：《中国古典园林史》，第288页，北京：清华大学出版社，2004年。
[2] （清）雍正帝：《御制瀛台泛舟诗》，见《日下旧闻考》，卷二十一，第280页，北京：北京古籍出版社，2001年。
[3] "圆明园在畅春园之北，朕藩邸所居赐园也。在昔皇考圣祖仁皇帝听政余暇，游憩于丹陵沜之涘，饮泉水而甘。爰就明戚废墅，节缩其址，筑畅春园。熙春盛暑，时临幸焉。朕以扈跸，拜赐一区。"（清）雍正帝：《御制圆明园记》，见《日下旧闻考》，卷八十，第1321页，北京：北京古籍出版社，2001年。
[4] （清）雍正帝：《御制圆明园记》，见《日下旧闻考》，卷八十，第1321页，北京：北京古籍出版社，2001年。

山玩水。他自诩"山水之乐，不能忘于怀"，喜欢游历名山大川，对大自然山水林木怀着特殊的感情。他认为造园不仅是对天然山水的摹拟，其更高的境界应该是有身临其境的直接感受："若夫崇山峻岭，水态林姿，鹤鹿之游，鸢鱼之乐，加之岩斋溪阁、芳草古木，物有天然之趣，人忘尘市之怀。"并提出园林造景错落有致，曲折相间的布景方法："室之有高下，犹山之有曲折，水之有波澜。故水无波澜不致清，山无曲折不致灵，室无高下不致情。然室不能自为高下，故因山以构室者，其趣横佳。"[1]希望在园林审美中寻求精神的宁静，"凿池观鱼乐，坦坦复荡荡。泳游同一适，溪必江湖想？"[2]"时披濂溪书，乐处惟自省。君子斯我师，何须求玉井！"[3]同时作为一个皇帝，国家的统治者，他也不能只沉湎园林享乐之中，"若耽此而忘一切，则予之所谓膻乡山庄者，是设陷阱，而予为得罪祖宗之人矣。"[4]在园林景观创作中不忘治国之道。〔图95〕

乾隆朝是明清皇家园林的鼎盛时期，从乾隆初年开始，皇家园林建设几乎没有间断，新建、扩建的大小园林按面积总计起来大约有上千公顷之多，它们分布在北京皇城、宫城、近郊、远郊、畿辅以及承德等地。营建规模之大确乎是宋元明以来所未之见的。

乾隆皇帝对造园艺术很感兴趣也颇有一些见解，在园林工程中，都要亲自主持修建或扩建，精心规划，表现了一个行家的才能。他特别喜爱江南文人园林，乾隆曾先后六次到江南巡视，足迹遍及江南园林精华荟萃的江宁、扬州、苏州、无锡、杭州、海宁等。深慕江南造园艺术，凡他所喜爱的园林，均命随行的画师摹绘为粉本"携图以归"，作为北方建园的参考。他还对西洋园林元素表现出浓厚的兴趣，乾隆皇帝偶见西洋绘画，对其中的建筑和喷泉甚感兴趣，遂命建立圆明园西洋楼景区。在乾隆时期的造园活动中，乾隆皇帝还将他的造园理论运用到实际造园活动中。

乾隆之后的皇帝对园林也倾注了极大的热情，清末慈禧太后不顾国家安

---

[1] （清）乾隆帝：《御制塔山西面记》，见《日下旧闻考》，卷二十六，第366页，北京：北京古籍出版社，2001年。
[2] （清）乾隆帝：《御制坦坦荡荡诗》，见《日下旧闻考》，卷八十四，第1342页，北京：北京古籍出版社，2001年。
[3] （清）乾隆帝：《御制溪濂乐处》，见《日下旧闻考》，卷八十四，第1362页，北京：北京古籍出版社，2001年。
[4] （清）乾隆帝：《御制避暑山庄后序》，见清高宗《御制诗文全集》第十册，第697页，北京：中国人民大学出版社，1993年。

[图95] 清·董邦达《弘历松荫消夏图》轴
〔故宫博物院藏〕

危,竟然挪用海军军费建造颐和园。

  清代皇帝向往园居生活,康熙皇帝在畅春园建成后,一年的大部分时间都居住园内,召见群臣、处理朝政成了他在园中的主要活动内容,作为执理行仪的宫殿,也就变为园林建筑中的重要组成部分。雍正以后的各代皇帝,除了新年郊礼和冬至大祀等一些重大典礼期间留居大内外,几乎都居住在各个园林中。颐和园建成后,那拉氏"归政"期间几乎每年的大部分时间都住在园内,她在园内接见臣僚、处理政务、举行典仪,她的六十、七十寿辰都是在颐和园内庆贺的。[1]因而皇家园林是帝王的主要活动场所,园林建筑的性质已经变为离宫御园,成了与紫禁城联系密切的政治中心。

[1]《清史稿》,卷二百十四,列传一,后妃"孝钦显皇后"条,第8928页,北京:中华书局,1976年。

[图96-1] 紫禁城御花园

〔三〕 明清时期皇家园林的成就

明清时期是中国古典园林发展最盛也是最后一个高潮。明清皇帝浓厚的园林情趣，加之造园实践经验上承前代传统并汲取江南技艺而逐渐积累，又在此基础上把设计、施工、管理方面的组织工作进一步加以提高。特别是清代建立系统的园林建筑体系，内务府样式房作出规划设计，内廷如意馆的画师可备咨询，销算房作出工料估算，有一个熟练的施工和工程管理的班子，园林工程的工期比较短，工程质量也比较高，因而这个时期的造园活动之广泛、造园技艺之精湛，可以说达到了宋、明以来的最高水平。北方的皇家园林和江南的私家园林，同为中国后期园林发展史上的两个高峰。

明代皇家园林建设的重点在大内御苑，紫禁城内的御花园、慈宁宫花园，皇城北部的万岁山、皇城西部的西苑和兔园、东苑等是明代建设的主要御苑。

明永乐年间建紫禁城，在紫禁城内建了两座花园，一座是位于紫禁城最北端中轴线尽端的御花园，园中松柏苍郁，花木扶疏、山石、陈设争奇竞秀，亭台殿阁起伏掩映，呈现一派情有绚丽的景色，于宫院严整肃穆的气氛形成鲜明的对比，是皇帝和家人休闲、游乐的去处，体现了"前宫后苑"的格局。〔图96〕另一座是在紫禁城内西路的慈宁宫花园，是皇太后、皇太妃们居所南面。

紫禁城内宫殿建筑密集，园林仅两处，而在紫禁城周边地区，明代修建了几处园林。万岁山位于紫禁城之北，是元代后苑，永乐年间修建禁垣时利用挖浚筒子河的土方堆筑而成，万岁山位于紫禁城中轴线，恰又是当时内城南北两墙的正中，"天子中而处"，故在此堆山，意在立本朝之基业，镇前朝之遗风，这座人工土山呈五峰并列之势，山上嘉树葱郁，鹤鹿成群，是重阳节皇帝登高的地方。〔图97〕西苑位于明代紫禁城外西部，大体上是在元代太液池的基础上修复并进行扩建，扩大太液池的水面，奠定了北、中、南三海的布局，又陆续在西苑增建新的建筑，开辟新的景点，使得太液池的天然野

[图96-2] 紫禁城御花园

趣中增加了人工趣味。西苑建筑疏朗，树木葱郁，既有仙山琼阁之境界："玉镜光摇琼岛近，悦疑仙客宴蓬莱"；又富水乡田园之野趣："烟霏苍莽，蒲荻丛茂，水禽飞鸣，游戏于其间"，"林树阴森，苍翠可爱"。[1]在紫禁城外的东

[图97] 景山

[1] （明）韩雍：《赐游西苑记》，见孙承泽《天府广记》，北京：北京古籍出版社，1983年。

[图98] 紫禁城建福宫图样

南部修建"东苑",原是一处富于天然野趣、以水景为主的园林,天顺年间改建,前为宫殿后为园林,采用皇家园林较为规整的布局布置庭院景观,园内"移植花木,青翠蔚然,如夙艺者"。又保留着原东苑的许多古松大柏,以及"隙地皆种瓜蔬,注水负瓮,宛若村舍"[1]的田园风光。

明代在北京城周边建了一些离宫别苑,还在紫禁城及皇城周边进行绿化,凡是开阔地带、道路两旁、空旷地段都普遍植树造林,"河流细绕禁墙边,疏凿清流胜昔年;好是南风吹薄暮,籍花香冷白鸥眠。"[2] "夹道皆槐树,十步一株。"[3] 花卉繁茂,树木成荫,使整个皇城宛若自然山林,供帝后们游憩玩赏。

清代皇家园林的兴建奠基于康熙,经过雍正、乾隆朝的发展,到乾、嘉年间,终于达到了全盛的局面,在北京城以及周边地区形成了庞大的园林网络。

皇城内的皇家园林主要集中在紫禁城及周边地区,紫禁城内除明代御花园和慈宁宫花园外,又增加了建福宫和宁寿宫两处花园,共四处园林。西苑,

---

[1] (清)朱彝尊:《日下旧闻考》卷四十,北京:北京古籍出版社,2001年。

[2] (明)陈悰:《天启宫词》。

[3] (清)朱彝尊:《日下旧闻考》卷三十五,第549页,北京:北京古籍出版社,2001年。

景山内建筑有所增益。紫禁城周边的明代东苑和兔苑全部消失,改建为民宅。

清代在紫禁城内的御花园和慈宁宫花园增建了部分的建筑和景观,但总体布局没有改变,大体保持着明代的格局。乾隆七年在紫禁城西路原乾西五所中四、五所所在地修建建福宫花园,这里因"其地较养心殿稍觉清凉","于时而春,览生意而欣欣;于时而夏,远烦暑而洒洒。乃其秋也,伟西成之可庆;乃其冬也,体贞元之凝命。"[1]乾隆皇帝登基后下谕拆除四、五所[2]改建成建福宫花园"以为几余游憩之地"。建福宫花园是宫中之园,占地不足四千平方米,平面布局受空间影响,不像御花园采用左右均衡、对称的布局,而是灵活地分别以静怡轩和延春阁为轴心的两个轴线,布置成为两个不同形式的院落。园林景观以建筑为主,建筑形体大小不一,高低错落,以游廊划分空间,又以游廊连接建筑,虚实相间,配有山石树木等,力图营造出园林氛围。〔图98〕乾隆三十

---

[1] (清)乾隆帝:《建福宫赋》,见《清高宗御制诗文全集·清高宗御制文初集》,卷二三,第十册,第506页,北京:中国人民大学出版社,1993年。
[2] 中国第一历史档案馆藏《内务府活计档》,乾隆年三月初七日:"装修作,首领潘凤传旨:重华宫五所有板房五间,着拆出。钦此。"

七年乾隆皇帝又在紫禁城的东边修建宁寿宫花园，宁寿宫花园改变了大内御苑规整的平面布局，也没有明显的轴线，而是处于宁寿宫西部的狭长地带上，全园长160米，宽不足40米。花园的平面布局借鉴江南私家园林中庭院紧密接联的布置手法，以符望阁为中心，前后分为四进院落。这四进院落都有自己的风格，均可独立成章，几个单元连在一起，又形成一个完整的体系，景色各不相同，山景、园景、建筑相互交错，相互协调。无不体现统一中有变化，变化中有主题的文化内涵。在设计上采用以建筑为主的手法，使建筑成为景观的主体，山、水、花木处于从属地位，使四者达到有机的组合。花园采用文人园林的营造方法，体现文人园林的意境，禊赏亭内地面以瓮石凿如意云头式流杯渠槽，取古人"曲水流觞，修禊赏乐"的故事而建的。〔图99〕禊赏亭的门窗以及亭子周围栏杆的栏板和望柱头均饰以竹纹，以象征《兰亭序》中的"茂林修竹"，栏板上的竹子还刻成倾斜风动的样子，以附会《兰亭序》中"惠风和畅"之意境。花园建筑装饰非常考究，室外的装饰与花园的

[图99] 紫禁城宁寿宫花园曲水流觞

用途、与室外山水花木紧密结合。特别是室内的装饰更是独具匠心，装饰手法异彩纷呈，装饰纹样包罗万象，将室内装饰得美丽如画，为沉闷的室内空间增添光彩。形成了宁寿宫花园独特的风格。

西苑和景山是紫禁城边的两处园林，清代在明代基础上有所增减。缩小西苑的陆地范围，增建了大量建筑物，包括佛寺、寺庙、殿堂、住房、小园林以及个体的楼、阁、亭、榭、小品之类的点景。景山五峰之顶各建亭一座，中为万春亭，左为观妙亭、周赏亭，右为辑芳亭、富览亭，把寿皇殿从景山东北移建于中轴线上。

清代北京城皇家苑囿的建设重点集中在北京的西北郊，这一带泉泽遍野，群峰叠翠，湖光山色，风景如画，具备造园的优越条件。康熙、雍正在此营建园林，为西北郊的园林体系打下基础，乾隆时期又对它们逐一进行改扩建。乾隆九年，扩建圆明园，完成"四十景"。乾隆十年，扩建香山行宫，十二年改名"静宜园"。乾隆十二年，就康亲王赐园的废址改建"乐善园"。乾隆十五年，扩建静明园，乾隆十八年完工。乾隆十八年，在瓮山和西湖的基址上兴建清漪园，改瓮山之名为"万寿山"，改西湖之名为"昆明湖"，乾隆二十九年完工。乾隆十六年，在圆明园东面建成长春园。乾隆三十七年，在圆明园的东南面建成绮春园，此二园与圆明园紧邻，有门相通。另外，还有两座规模较小的附园：熙春园、春熙院。到乾隆后期，圆明园已成为五园贯联为一体的宏大的离宫御苑了。乾隆时期的西北郊已经形成一个庞大的皇家园林集群，其中规模宏大的五座——圆明园、长春园、香山静宜园、玉泉山静明园、万寿山清漪园，形成著名的"三山五园"景区。可以说，三山五园汇聚了中国风景式园林的全部形式，代表着后期中国宫廷造园艺术的精华。

圆明园地处北京城的西北，为永定河冲积扇边缘，四周清泉涌溢、湖泊密布，明代就建有许多私家园林，清初收归皇家，康熙四十八年将此园赐于皇四子即后来的雍正皇帝，并取"圆明而入神，君子之时中也；明而普照，达人之睿智也"之意，题名为"圆明园"。雍正年间扩建，乾隆朝不断改建、扩建，增建长春园和绮春园，合为圆明三园。〔图100〕圆明园景区由西部和东部构成，西部的中路是园林重点所在，包括宫廷区及其中轴线往北延伸的前湖、后湖景区。宫廷自大宫门、正大光明殿一直延伸到寿山，布局仿照紫禁城，严格按中轴线左右对称布列，自南而北形成一个完整的空间序列。后

[图100] 《御制圆明园四十景诗图》之 "天然图画"

湖沿岸周围九岛环列,象征"禹贡九州"。围绕着前湖后湖分布着二十九个景点,犹如众星捧月。东部以福海为中心形成一个大景区,福海区以辽阔开朗取胜,水面广阔,中央三个小岛上设置景点"蓬岛瑶台",福海四周岗阜穿错,水道萦回,分布多处景点。长春园位于圆明园东,是乾隆皇帝为其归政颐养所建,造园运用艺术手法,在舒展开朗的布局上,散落若干景点,大小配置得体,疏密安排相宜。其中最为著名的是"西洋楼"景区,包括六幢西洋巴洛克风格建筑物、三组大型喷泉、若干庭园和点景小品。绮春园在圆明园东长春园以南,有几个小园合并而成,布局灵活,不拘一格,也更具水村野居的自然情调。

圆明三园经过精密的布局,把全园划分为山复水转、层层叠叠的大小景观,合为"圆明园四十景"。圆明园以水景为主,烟水迷离,殿阁掩映,因水

[图101] 颐和园十七孔桥

成景，借景西山，再现江南水乡的景色："谁道江南风景佳，移天缩地在君怀"。建筑类型多样，变化无穷，集中了我国南北建筑艺术的精华，并融合了西方建筑艺术，建筑设计大胆突破了以往的形制，博采众长，塑造出诸多新颖的平面形式。在建筑组合上更是极尽变化，将中国传统院落布局的多样性发挥到了极致。圆明园是清代最光辉的园林艺术杰作，它继承我国几千年的优秀造园传统，集中古典园林艺术富有诗情画意的高尚艺术境界，吸收南北高超的造园技术，同时采纳欧洲的园林建筑艺术，将不同风格的园林建筑融为一体。对当时的欧洲园林产生影响，被誉为"万园之园"。

颐和园，是一座以万寿山、昆明湖为主体的大型天然山水园。明代万寿山名瓮山，昆明湖名西湖，寺院、园林、农田交相错落，田园野趣，风光绮丽，"环湖十余里，荷蒲菱茨，与夫沙禽水鸟，出没隐现于天光云影中。"乾隆时期，改瓮山为万寿山，西湖为昆明湖，在此建清漪园，清漪园兼具山色与湖光之美。光绪年间，慈禧挪用海军经费重建清漪园，改名颐和园。

颐和园总体规划以杭州西湖为蓝本〔图101〕，园景的布置和周围环境都很像杭州西湖,"面水背山地,明湖仿浙西;琳琅三竺宇,花柳六桥堤。"[1]景区分为宫廷区、昆明湖区、万寿山区。宫廷区建在园的东北端,是帝后们听政、宴饮、居住的地方,院落严整方正,勤政殿与大宫门、二宫门构成东西轴线,气氛肃穆。万寿山区显出较为严格的皇家园林布局,严格的轴线和对称的布局,前山建筑密集,建筑从山脚的排云殿牌楼到山顶的佛香阁依次排开,空间层层递进,构成纵贯前山南北的一条明显的轴线,朱漆金瓦,蓝绿彩画插图,显示皇家气派。后山山势起伏较大,自然环境幽静,沿后山中路佛寺须弥灵境,延续了前山的中轴线序列,其他建筑依就地势,自由安排。后山脚下仿江南水乡热闹的市肆,建苏州街。前山建筑雄伟,富丽瑰玮,格局严整,后山山林野致,幽静甜美,构图自由,前山后山截然不同的设计风格,体现了"三分两麓,半寂半喧"的造园手法。昆明湖区岛屿零落,建筑稀疏,露出辽阔的湖面,以天然生成为主,湖中仿西湖之苏堤筑堤一道上建六桥将湖水分为两部,东面湖中有龙王庙小岛由十七孔桥与东堤相连,西面湖水中两座小岛:藻鉴堂和治镜阁,象征"一海三山"。全园以万寿山佛香阁为中心,把南北景观统一在一条轴线里,使用仿景缩景手法,或写实或写意,把江南园林的艺术成就巧妙地运用于园林之中。

　　清代皇帝不习惯北京炎热的天气;还提倡继承满族传统,不断举行满族传统的"巡守之典"围猎活动,振作满足官僚的精神和八旗军队的斗志;清代皇帝还经常出游,因此在各地建立多处行宫御苑。

　　承德避暑山庄〔图102〕是清代规模最大的避暑行宫,康熙四十二年〔1703年〕开始在热河兴建避暑山庄,至乾隆五十五年〔1790年〕基本完成。山庄占地面积约560公里,环绕山庄的宫墙长约20华里,共有六座宫门。山庄号称七十二景,康熙题三十六景和乾隆题三十六景。山庄以北木兰围场以及外八庙形成众星拱月之势。

　　山庄南部地势较平坦,在此修建宫殿区,是清帝处理政务和日常居住的地方。为了使之与苑的建筑格调相和谐,除了保持宫殿建筑的基本形制外,考虑其体量较小,由此吸收了北方民居四合院的许多特点,以适应日常生活

---

[1]（清）乾隆帝:《万寿山即事》,见清高宗《御制诗文全集》,第二集,卷三十八,第二册,第99页,北京:中国人民大学出版社,1993年。

[图101] 清·冷枚《避暑山庄图》轴
〔故宫博物院藏〕

[图103] 避暑山庄图

的需要。装饰较简朴，素瓦灰顶，色彩淡雅，与整个"山庄"情调相协调。山庄西部为峰岭如浪的山脉，东部北为开阔的平地，中为池沼，避暑山庄利用了园中错综复杂的地势条件，山水相依的自然环境，把风景区分为湖区、平原区及山区。湖区〔图103〕位于山庄东南部，水面大小约百亩，其间被洲、岛、桥、堤分割成大小各异形状不同的池沼，建金山亭、烟雨楼等建筑，配以绿化植物，荷花吐艳，杨柳掩映，一派婉约的江南水乡情调。平原区位于山庄东部，地形平坦，水草丰沛，在此建有"万树园"，嘉木罗植，蔽日遮天，常于此宴请蒙古王公贵族及其他少数民族首领。山区位于山庄西部，山形饱满，峰峦涌叠，深山泉响，细流成溪，依据地形特点在峰顶处置亭、棚、楼台等小巧玲珑的园林建筑供清帝游玩赏景。山谷地带则用来建设规模较大、富丽堂皇的寺庙建筑。登高远眺，一望无际，下俯溪流，淙淙有声。整个园林的景致极为绚烂多彩，殿阁楼台、桥亭轩栅，琳琅满目；山林草原、湖泉瀑布，兼而有之；万木峥嵘、百花争艳，宛若图画；白鹤翔空、麋鹿漫游，极富自然野趣。"火树腾辉映绿云，风箫声应鹿鸣闻；御园节景年年赏，谁识山庄迥出群。"

明清时期的皇家园林加强园林的总体规划，平地起造的人工山水园与利用天然山水加以改造的天然山水园，根据基址的不同，因地制宜，采取不同的总体规划方式，营造不同的园林景观。皇家园林更多地借鉴南方私家园林的造园手法，在浓重的北方大地上描摹南国旖旎的湖光山色，皇家园林在保持了浑厚大气、浓烈阳刚的主调上，又添加了些许柔美的色彩，塑造更具诗情画意的空间景致；同时借鉴西方园林元素，营造出西洋风格，从而丰富了园林景观。

二、 明清皇家园林审美

园林的设计总是反映着园主的文化素质、欣赏趣味和造园思想。皇家园林，从园林的规划、景点的设置等方面都受到皇帝的制约，设计的园林都要经过皇帝的认可方可施工，有些甚至经过多次的修改，每次修改必须经皇帝批准。可以说，皇家园林的设计是统治者造园理论的体现。皇家园林虽然与文人园林同属于中国古典自然园林体系，并有些许相同之处，追求山林野趣、鸢飞鱼跃的自然景观，陶醉于山水，追求自然山水之乐，祈求在山水中寻求精神的宁静。但那些具有浓厚文人意趣的景观只是皇家园林截取私家园林中的片段移植而成。"自然山水"可以体现园林的情趣，然而自然是自由的，这似乎与皇室的权威、庄严形成矛盾，帝王是皇家园林的主人，皇帝是国家政权的最高象征，帝王文化一定要体现出皇家的气派。"皇室的风格中，有重要的政治面向；他加强了专制主义的气氛，使帝王专断的权力既有具体的展现，又有隐喻的作用。"[①]让一般人产生敬畏感是皇家艺术所追求的目的，他们必须支持宏伟、壮丽以及仪式性的美学品位，这种品位表明了就是要大于俗世的存在。反映帝国形象的宫殿必然反映天朝威仪、四海统一、皇权巩固的主旨，文人式的游赏布置只是简单模仿和点缀。从本质上讲，皇家园林重国家政治，较少表现个性化的主题。更多地体现了皇权至上、一统天下的审美意义。

[①]〔美〕康无为：《读史偶得：学术演讲三篇》，第 57 页，台北：中央研究院近代史研究所，1993 年。

〔一〕 国朝威仪

"天子以四海为家,非壮丽无以重威。"[1]这成为中国封建帝王建筑所遵循的审美标准,宏大的规模、富丽的装饰能够显示出皇家至高无上的气势,渲染皇权的神圣威严,从而在精神上能"威震四海"。"不壮不丽,不足以一民而重威灵;不饰不美,不足以训后而示厥成……尔乃丰层覆之耽耽,建高基之堂堂,罗疏柱之汩越,肃坻鄂之锵锵,飞栏翼以轩翥,反宇辘以高骧,流羽毛之葳蕤,垂环玭之琳琅,参旗九旒从风飘扬,皓皓旰旰丹彩煌煌。"[2]历来的皇家造园都是国家的一项浩大的土木工程。皇家园林利用其特权和独有的皇家资源,营建园林耗费大量的资金,投入大量的人力物力,集中良工巧匠,荟萃造园技艺的精华。与文人园林的"咫尺山林"形成明显的对比,"壮丽"——宏伟壮观、富丽堂皇成为皇家园林突出的审美特征。

1. 规模宏大

皇家园林都具有宏大的规模,清朝避暑山庄占地560公顷;圆明园占地350公顷;颐和园占地290公顷,分为昆明湖和万寿山两大部分,宫殿园林建筑有3000余间;静宜园160公顷;北京城内的西苑〔北海、中海、南海〕占地100公顷。其气势之开阔,建筑之雄伟,远非私家园林所能比拟。宫苑之宏伟还表现为园林的山大、水大、建筑物数量众多、体量大。〔图104〕

修建皇家园林耗费巨大的人力物力,乾隆年间修建的颐和园先后历经十五年,共用白银448万两。慈禧重修颐和园,"据当时内务府销算房的估价:佛香阁需工料银78万余两,德和园大戏台71万余两,谐趣园35万余两,另外的二十五处建筑工程共需工料银318万余两。"[3]

圆明园从康熙开始兴建,到乾隆完成40景。圆明园是以水为主的大型园林。园中人工湖泊罗布,水道纵横,主次脉络分明。水系将全园大致划分为

---

[1] "萧丞相营作未央宫,立东阙、北阙、前殿、武库、太仓。高祖还,见宫阙壮,甚怒,谓萧何曰:'天下匈匈苦战数岁,成败未可知,是何治宫室过渡也?'萧何曰:'天下方未定,故可因遂就宫室。且夫天子以四海为家,非壮丽无以重威,且无令后世有以加也。'高祖乃说。"(西汉)司马迁:《史记·高祖本纪》卷八,第385页,北京:中华书局,1975年。

[2] (三国·魏)何晏:《景福殿赋》,见(梁)萧统:《昭明文选》,第十一卷,光绪十一年郯城于氏刊本。

[3] 清华大学建筑学院编:《颐和园》,第38页,北京:中国建筑工业出版社,2000年。

[图104] 颐和园

五个不同功能和风格的区域，利用开挖水系的土堆山，制造人工山林，山高一般在 10 公尺以下，结合水系分布而逶迤起伏，形成犹如天然图画的山水空间，为布置功能与形式各异的建筑创造理想环境。乾隆五十八年英使马戛尔尼来华游览圆明园时说："此园为皇帝游息之所，周长十八英里。入园之后，每抵一处必换一番景色，与吾一路所见之中国乡村风物大不相同。盖至此而东方雄主尊严之实况，始为吾窥见一二也。园中花木池沼，以至亭台楼榭，多至不可胜数。"[1]

统治者利用政治上和经济上的特权把大片天然山水风景据为己有，依其地势高低开湖筑山，建亭修斋，建造皇家园林。颐和园、避暑山庄等都是利用天然山水加以改造而成的"天然山水"园。对建园基址的原始地貌进行精心地加工改造，调整山水的比例、联属、契合的关系，突出地貌景观的幽邃、开旷的穿插对比，保持并发扬山水植被所形成的自然生态环境的特征。这就大可不必像私家园林那样以"一勺代水，一拳代山"，浓缩天然山水于咫尺之间了。

---

[1] 拙庵：《圆明园余忆》，见舒牧等编：《园明园资料集》，第 263 页，北京：书目文献出版社，1984 年。

2. 富丽堂皇

"台榭参差金碧里，烟霞舒卷图画中。"皇家园林呈现一片花藻庄重、富丽堂皇的园林景象。皇家园林的富丽集中体现在建筑物的外观、装修以及内部的装饰上，金铺交映，玉题生辉，室内雕绘藻饰，屋面焜丽斑斓。

[图105] 颐和园廊檐彩画

皇家园林建筑亦提倡朴素无华的风格，"无刻桷丹楹之费，有林泉抱素之怀"[1]，与园林环境相符合，园林建筑物外形朴素，而且不覆盖琉璃瓦，而是代以朴素的青瓦，尺度亲切，一般使用小式做法，灰瓦卷棚顶、苏式彩画，虎皮石或叠石基座，造型活泼，色彩淡雅。然而，这只不过是皇家园林的一方面，而更多的则喜表现壮丽的美，用强烈的色彩，屋顶的黄、绿色琉璃瓦与屋身的红柱彩枋交错成文，以求鲜明的对比效果，强烈夺目。

颐和园的主体建筑群，是富丽美的典范之作，沿湖长廊，碧柱朱栏，绚烂夺目，梁、枋上的山水人物花鸟苏式彩画〔图105〕，华美浓丽，五色缤纷。建筑体量庞大、色彩富丽。宏大的建筑、浓艳的色彩耀人眼目，以一派金碧辉煌的强烈光彩成为皇家园林的典范。

建筑装修精益求精，这是皇家园林特别是乾隆时期的园林建筑的一个突出的特点，乾隆皇帝非常注重园林建筑的布局、结构以及装饰，尤其注重室内装饰，不惜血本，精益求精，百工技巧汇聚一堂。装饰手法异彩纷呈，装饰纹样包罗万象，将室内装饰得美丽如画〔图106〕，为沉闷的室内空间增添光彩。室内装饰在乾隆时期更是达到了登峰造极的地步。他利用皇家独有的特权，将天下的能工巧匠、高超的技艺、精美的材料汇集一堂，为皇家服务。建筑室内装饰用材广泛，用楠木、花梨、紫檀等名贵木材，镶嵌上金、银、玉、宝石、螺钿、瓷片、珐琅、铜镏金等材料，制成各种图案，色彩绚丽，气韵古雅，别有特色，为室内增添了无穷的艺术魅力与

---

[1] （清）康熙帝：《避暑山庄记》，转自香山徐氏恭摹：《御制避暑山庄圆明园图咏》，大同书局恭印。

[图106] 紫禁城倦勤斋内景

生活情趣。

　　这些大量精致的建筑、室内装修若没有浩大的财力，集中全国的精工良匠，是无法做到的，这与江南私家园林的朴素的室内装修形成了鲜明的对比。这也是私家园林所无法比拟的。

　　皇家园林的修建，无论是大型的山水园林还是宫内小花园，都耗费大量的人力、财力、物力，是清廷的一项浩大工程。宏伟、壮丽的皇家园林景色，体现了"东方雄主之尊严"，正与萧何、何晏等人"壮丽以重威"的美学思想相契合，以表现"国朝威仪"。

〔二〕 等级分明

　　明清时期由于专制制度的加强，绝对集权的独夫统治要求政治上更严格的封建秩序和礼法制度。影响及于意识形态，由宋代理学转化为明代理学的新儒学更加强化上下等级之大义名分、纲常伦纪的道德规范。

1. 均衡对称

　　明清时期的文人园林在园林布局和景物的构建上采用消弭中心的艺术手

法，力图表现自然之"真美"。明清的皇家园林，由于其园林性质所决定，具有明显的道德、等级标志，园林采用均衡对称的布局。

紫禁城北部的御花园，地处大内，无论在规模上还是园林布局上都有别于大型皇家御园，更近乎私家宅园，但又受限于宫廷环境，服从于帝后的审美要求，又有别于私家园林，而成为自具一格的宫廷式花园。整个花园呈规整的矩形，园林布置采取均衡对称的手法，御花园是一座以建筑为主体的宫廷式花园，建筑布局按照宫廷模式即主次相辅、左右对称的格局，其坤宁门——天一门——钦安殿——承光门——顺贞门，是一条由南至北的中轴线，东西两边的景观虽略有差异，亦基本上对称置列。园景布置亦呈规整的几何式，山池花木点缀其中。园林布局紧凑、建筑富丽堂皇，显示皇家气派，园林景致又在庄严整齐之中力求变化，山池花木配备较为自由，富有浓郁的园林气氛。园中松柏苍郁，花木扶疏，山石、陈设争奇竞秀，亭台殿阁起伏掩映，呈现一派情有绚丽的景色，与宫院严整肃穆的气氛形成鲜明的对比。

西郊的皇家园林有别于禁城花园，也不同程度上遵循着轴线布局的原则。颐和园由宫殿区、前山区、万寿山区、后湖区、昆明湖区等组成。主要建筑位于万寿山中轴线上，中央部位建"大报恩延寿寺"，从山脚到山顶依次为天王殿、大雄宝殿、多宝殿、石砌高台上的佛香阁、琉璃牌楼众香界、无梁殿智慧海，连同配殿、爬山游廊，构成纵观前山南北的一条明显的中轴线。〔图107〕东侧是转轮藏和慈福楼，西侧是宝云阁和罗汉堂，又分别构成两条次轴线，形成三条轴线布局。为取得和谐的呼应，沿着万寿山中轴线向南，直到昆明湖中小岛处，建造十七孔桥和八角亭，也采取较大体量，其余建筑体量较小，这样既保持了自然和人工的和谐，又强化了中轴线。

2. 等级分明

皇家园林有别于一般的文人园林，仍然要严格地遵守礼教宗法、等级制度，宗法、等级制度是我国历代朝廷维护秩序的一个重要支柱，也是整个社会制度的重要内容。皇宫建筑要遵循一定的建筑宗法、等级制度。这种等级制度早在《周礼》中就已经确定了，宋代《营造法式》、清代《工部工程做法则例》，对土木建筑、各种工程法式、构件及用材以至色彩，都有明确的品等规定，完全同政治等级相符。园林中大部分建筑都是按等级的最高规定而营造。

[图107] 颐和园佛香阁

    颐和园"大报恩延寿寺"区域，佛寺殿宇组成前山中部的一组庞大的中央建筑群，一律为典型的大式做法：琉璃瓦屋顶，殿式彩画，汉白玉石基座，形象华丽、色彩浓艳。

    避暑山庄的建筑为了协调于塞外"山庄"的情调而更多地表现其朴素淡雅的外观，但作为外围背景衬托的外八庙，却是辉煌宏丽的"大式"建筑，就环境全局而言，仍不失雍容华贵的皇家气派。

    宫苑是皇家游憩之处，即使在"助心意之发舒，极观览之变化"的园林里，也不可能完全摆脱长期以来宫殿中所积淀、所形成的审美气质和心理习性，也不可能完全丢弃事严整、讲法度，以表庄重的社会身份。

〔三〕 皇权至上

1. 天上人间

    皇家园林不仅规模浩大，而且在园林的规划上、空间划分上、建筑设计上都下了很大的工夫，利用形象布局，通过人们审美的联想意识来表现天人感应和皇权至尊的观念，体现皇权思想，从而达到巩固帝王统治地位的目的。

封建皇帝自命"天子"，"皇权神授"，把自己与天上的神等同起来，皇帝居住的紫禁城宫殿的命名就体现了这一思想，天帝居住的地方是紫薇星座，而在人间建造的宫殿名称定为"紫禁城"。在园林设计上最为显著的是仙山的布局手法，人为地制造出人间仙境。

蓬莱、瀛洲、方丈三仙山是神仙们居住的地方，相传在山东蓬莱县沿海一带的东海内有三座仙山，山上有金銮之观，细石金玉，鸾凤鼓舞，不死之药，[1]历代帝王趋之若鹜"自威、宣、燕昭使人入海求蓬莱、方丈、瀛洲。此三仙山者，其传在渤海中，去人不远；患且至，则船风引而去。盖尝有至者，诸仙人及不死之药皆在焉。其物禽兽尽白，而黄金银为宫阙。未至，望之如云，及到，三神山反居水下。临之，风辄引去，终莫能至云。世主莫不甘心焉。"[2]统治者为了追求神仙般的生活，祈求长生不老，费尽心思，于是在园林中以大池为中心，象征东海，池中堆土（或叠石）为岛，象征传说中的海上仙山——蓬莱、方丈、瀛洲。秦始皇派徐福率童男童女入渤海求神山，求之不得，遂在咸阳做长池，引渭水，池中堆蓬莱山，以求神仙降临。随后，汉武帝时期修建的建章宫，西北部开凿大池，名曰太液池，池中堆筑三个岛屿，象征东海的瀛洲、蓬莱、方丈三仙山。皇家园林开始逐渐形成一池三山的格局，之后的各代皇家园林均沿袭三神山的布置传统，以营造人间仙山瑶池。

颐和园昆明湖，在昆明湖水域中堆筑两个大岛——治镜阁、藻鉴堂，与南湖岛成鼎足而三的布列，构成"一池三山"的皇家园林理水的传统模式。并且在岛上塑造仙境，从南湖岛上的"望蟾阁"、"月波楼"以及十七孔桥上的题额等情况看来，显然是以月宫仙界作为造景的主体。南湖岛的形状近似园形、沿岸镶嵌环状的料石泊岸和精致的汉白玉栏杆，是为满月的摹拟。高踞岛北岸叠石高台之上，衬托着葱郁丛林，濒临于明澈水面的望蟾阁的巍峨形象，则无异于月宫广寒的再现。乾隆《望蟾阁》："霄映漪光碧，波含倒影红；隔湖飞睇者，望此作蟾宫。"正是这一造景效果的写照。圆明园福海中央设置三个小岛，"蓬岛瑶台"，象征三仙山。〔图108〕圆明园中最大的水

---

[1]《三辅黄图·园林》，见《文渊阁四库全书》，史部二二六，第468册，第23页，台北：台湾商务印书馆发行。
[2]《史记·封禅书》，北京：中华书局发行。

[图108] 《御制圆明园四十景诗图》之"蓬岛瑶台"

面"福海",沿用东海仙岛的构想,并参以李思训画意,做仙山楼阁之状,题名"蓬莱瑶台"。避暑山庄三岛,"夹水为堤,逶迤曲折,径分三枝,列大小洲三,形若芝英、若云朵、复若如意。"其中芝英、如意、云朵都是以仙草象征仙境的做法。西苑的三海,也有太液、瀛台等布置。①追求神仙般的享受。"……波涌方壶岛,林开翡翠搂。落花飘两岸,垂柳拂扁舟。此日欢无极,君恩被独优"。"暮转西池棹,风微锦浪平。蜻蜓闲自得,鸂鶒递和鸣。举网双

---

① (清) 乾隆帝:《御制瀛台记》:"入西苑门有巨石,相传曰太液。……自亭东行过石洞,奇峰峭壁,樛轕蓊蔚,有天然山林之致。盖瀛台惟北通一堤,其三面皆临太液。故自下视之,宫室殿宇杂于山林之间,如图画所谓海中蓬莱者。名曰瀛台,其岂意乎!"见清高宗:《御制诗文全集》,第一册,第110页,北京:中国人民大学出版社,1993年。

鳞获,停杯四韵成。仙山何处访,即此是蓬瀛。"[1]

通过园林的"一池三山"整体布局,表达皇帝追求人间仙境的愿望。

2. 移天缩地

"莫道江南风景佳,移天缩地在君怀",诗人王闿运的这首《圆明园宫词》将皇家园林的特点表现得淋漓尽致。盛清时期,尽管皇权已扩大到封建社会前所未有的程度,仍运用园林艺术手段唤起联想,使美的形式体现寰宇一统。从而表达出"普天之下莫非王土,率土之滨莫非王臣"的观念。

帝王收集了各方的奇禽怪兽,异花珍木,陈列在宫苑中,以显示他的统治强大、威力无比和富冠海内。不仅如此,在园林的景观设置上利用象征的手法将整个宇宙浓缩于园中。圆明园的园林布局,借用战国时邹衍之说——整个世界由九大州组成,中国占其中一州,每周有小海环绕,九州之外再有大海围之——把圆明园的主景做成环绕"后湖"湖面的"九州",题为"九州清晏"〔图109〕,显然有寄予天下太平、河清海晏的政治含义。圆明园的中心名"九州清晏",其九岛环列无非是"禹贡"九州,象征国家的统一,政权集中,东面的福海象征东海,西北角上全园最高土山"紫碧山房",从所处方位到以紫、碧为名的含义,就是代表昆仑山,整个园林无异是宇宙范围的缩影。

清朝皇帝对江南园林艺术和技术进行更全面更广泛的吸收。特别是乾隆皇帝广泛汇集海内诗文字画,更喜爱游山玩水,先后六次到江南巡行,踏遍江南私家园林。把中国文人园林的一些诗情画意和造园技巧纳入传统的皇家园林之中,甚至模仿江南园林,将江南风景名胜荟萃于一园之内。

杭州西湖素为乾隆所向往,在他第一次南巡之前一年〔乾隆十五年,1750年〕,曾命画家董邦达绘制《西湖图》长卷,并题诗以志其事,诗中隐约透露了乾隆皇帝欲在近郊造园,以模仿杭州西湖景观的意图。乾隆时昆明湖面积虽比西湖小一些,但它本身的尺度与周围的远近山峦的比例、环湖及湖中景点的布局却都神似杭州西湖,在总体规划基本上是以杭州西湖为蓝本,乾

---

[1] (清)雍正帝:《御制瀛台泛舟诗》,见《日下旧闻考》,卷二十一,第280-281页,北京:北京古籍出版社,2001年。

[图109] 《御制圆明园四十景诗图》之"九州清晏"

隆《万寿山即事》一诗中写道:"北山面水地,明湖仿浙西;琳琅三竺宇,花柳六桥堤。"昆明湖中布列的一条长堤——西堤〔图110〕,漫长的西堤自北逶迤而南纵贯昆明湖中,模仿西湖的苏堤;堤上建六座桥模拟杭州西湖"苏堤六桥"。万寿山西麓的长岛命名"小西泠",乃源于孤山西麓的"西泠桥"。以万寿山、西堤划分而成的里湖、外湖、后湖水域亦大致相当于孤山、苏堤划分而成的外西湖、西里湖、里湖、岳湖等水域。颐和园以杭州西湖为蓝本,精心模拟,西堤、水岛、烟柳画桥,移江南的淡妆于北地。融糅江南文人园林的意味、皇家宫廷的气派、大自然生态环境的美姿三者为一体。后湖仿江南水乡市作"苏州街",〔图111〕谐趣园仿无锡寄畅园。

避暑山庄的山岳区仿东岳泰山,建"斗姆阁"仿泰山之斗姆宫,山顶建"广元宫"拟泰山极顶之碧霞元君洞,"寒林穷处忽成峰,仿佛如登泰麓东"。

[图110] 颐和园西堤冬景

[图111] 颐和园苏州街

[图112] 避暑山庄小金山

〔乾隆帝咏山庄诗〕湖泊区仿江南水乡,"烟雨楼"仿嘉兴南湖"烟雨楼","小金山"〔图112〕仿镇江金山,"文园狮子林"仿苏州狮子林。

圆明园中直接移植了杭州西湖十景中的柳浪闻莺、断桥残雪、三潭印月、麯院风荷、平湖秋月、南屏晚钟诸景以及部分江南名园。乾隆时期还仿照西洋建筑建造西洋楼——海晏堂景区。

皇家园林将宇宙及全国各地的园林名胜浓缩于一园之中以显示皇家一统天下的理念。皇家园林摹拟规模之大,题材之广泛,以及通过这种手法所诱发的特殊意境之多样,在所谓"咫尺山林"的私家园林里是不可能有的,它是帝王君临天下的皇家气派和"万物皆备于我"的占有欲望在皇家园林里面的形象表现。

〔四〕 统治思想

封建统治者无时无刻不体现它的统治思想,园林虽然是皇家赏乐游玩的地方,但"若耽此而忘一切,则予之所谓膻乡山庄者,是设陷阱,而予为得

[图113] 颐和园石舫

罪祖宗之人矣。"[1] 即使身处园林，也不能忘记天下之大事，"劝耕南亩，望丰稔筐筥之盈；茂止西成，乐时若雨旸之庆。"[2] 在园林中建造一些具有象征意义的景观来表达统治者皇权统治、"勤政爱民"的封建统治思想。"人君之奉，取之于民，不爱者，即惑也。"[3] 于是在园林的景观设计中费尽心思，创造出一些具有象征皇权统治寓意的景观间接地表达统治思想。

　　颐和园的石舫〔图113〕建于乾隆年间，建造石舫并非仅仅是为了观赏的需要，而是含有深刻的意味。"若夫凛载舟之戒，奠磐石之安，虚明洞达，职思其居，意在斯乎！意在斯乎！"[4] 石舫的设置间接地表达了"水能载舟，亦能覆舟"的道理。时刻提醒统治阶级以民为本。另外，西苑有勤政殿，圆

[1] （清）乾隆帝：《御制避暑山庄后序》，见清高宗：《御制诗文全集》，第十册，第697页，北京：中国人民大学出版社，1993年。

[2] （清）康熙帝：《避暑山庄记》，转自香山徐氏恭摹：《御制避暑山庄圆明园图咏》，大同书局恭印。

[3] （清）康熙帝：《避暑山庄记》，转自香山徐氏恭摹：《御制避暑山庄圆明园图咏》，大同书局恭印。

[4] （清）乾隆帝：《御制石舫记》，见《日下旧闻考》，卷八十四，第1399页，北京：北京古籍出版社，2001年。

明园、香山静宜园也有勤政殿，以示"为政不可不勤"的皇权统治思想。

避暑山庄"延薰山馆"题诗为："夏木阴阴盖溽暑，炎风款款守峰衔。山中无物能解愠，独有清凉免脱衫。"诗中描写了延薰山馆的怡人气候，实际其中蕴含了更深的寓意，《礼乐记》中说："昔者舜作五弦之琴以歌南风"，"南风歌"曰："南风之薰兮，可以解吾民之愠兮；南风之时兮，可以阜吾民之财兮。"希望保佑人民安康，后来，以"南薰"表熙育之意，如"和风媚东郊，时物滋南薰"。"南风"成了仁爱之风、君王体恤下情的代名词。"延薰山馆"的含义也就不言而喻，意味着清代皇帝要继承和发扬舜帝的遗风，造福百姓。皇家园林中这类的名词出现频率极高，北海有"延南薰"，颐和园有"扬仁风"殿。皇家园林中不仅以"南风"为景点题名，甚至将景点的建成扇形平面，"扬仁风"殿的平面做成扇形，以象征徐徐的南风吹遍大地。在审美裁判上恰恰符合了皇家"勤政爱民"的思想。

政治目的构成了皇家园林"意境"的核心，皇家园林无处不体现皇权至尊、君临一切的皇帝奉天承运、统治寰宇的气氛。

明清时期的文人园林与皇家园林是中国山水园林体系中的两大流派，二者在各自的布局、构思、造境的处理上自成体系，从而形成了迥然不同的艺术风格。

皇家园林规模浩大，建筑恢宏，尽显帝王气派，体现了"普天之下莫非王土"的观念；皇家园林的建造集中全国优秀的匠师，精湛的工艺，吸收全国园林造景之精华，在山水构造、建筑布局、植物配置等方面都达到了登峰造极的地步，代表中国造园技术的最高水平。

文人园林无论在园林的规模、整体布局还是在构思选材上，都显出内敛、自省的平和品质，都不能与皇家园林相比，但文人园林立足于文人思想、文人艺术，是中国传统文化艺术精华之体现，具有耐人寻味的思想体系和诗画般的艺术风格，这是皇家园林所不及的。

参考资料

参考文献

1. (梁)萧统:《昭明文选》,光绪十一年郯城于氏刊本。
2. (南朝)刘义庆撰,张艳云校点:《世说新语》,沈阳:辽宁教育出版社,1997年。
3. (南朝)刘勰:《文心雕龙》,北京:人民文学出版社,2001年。
4. (唐)白居易:《白居易集》,北京:中华书局,1999年。
5. (宋)孟元老撰,邓之诚注:《东京梦华录》,北京:中华书局,1982年。
6. (明)计成著,张家骥注释:《园冶全释》,太原:山西古籍出版社,2002年。
7. (明)文震亨著,海军、田军注释:《长物志》,济南:山东画报出版社,2004年。
8. (明)刘侗、于奕正:《帝京景物略》,北京:北京古籍出版社,1983年。
9. (明)蒋一葵:《长安客话》,北京:北京古籍出版社,1980年。
10. (明)张岱:《陶庵梦忆》、《西湖梦寻》,上海:上海古籍出版社,1982年。
11. (明)王世贞:《弇州山人四部稿》卷一百四十七、《弇州山人四部稿续稿》卷二百七,北京:中国书店,明世堂本影印,1986年。
12. (明)陈继儒:《太平清话》,收于《丛书集成新编》,第88册,台北:新文丰出版公司，1985 年。

13. （明）陈继儒：《岩栖幽事》，收于《丛书集成新编》，第 24 册，台北：新文丰出版公司，1985 年。

14. （明）屠隆：《考槃余事》，收于《丛书集成新编》，第 50 册，台北：新文丰出版公司，1985 年。

15. （明）程羽文：《清闲供》，收于《丛书集成续编》，第 213 册，台北：新文丰出版公司，1985 年。

16. （明）林有麟辑：《素园石谱》，北京：故宫博物院重印明万历四一年本，1943 年。

17. （明）谢肇淛撰：《五杂俎》，沈阳：辽宁教育出版社，2001 年。

18. （明）袁中道：《珂雪斋近集》，上海：上海书店，1982 年。

19. （明）袁宏道：《袁宏道集笺校》，上海：上海古籍出版社，1981 年。

20. （明）祁彪佳：《祁彪佳集》，上海：上海中华书局，1960 年。

21. （明）沈德符：《万历野获编》，卷二十五，北京：中华书局，1997 年。

22. （明）王锜撰：《寓圃杂记》、《谷山笔尘》，北京：中华书局，1997 年。

23. （清）李渔：《闲情偶寄》，延边：延边人民出版社，2003 年。

24. （清）沈复著，余平伯校：《浮生六记》，北京：人民文学出版社，1994 年。

25. （清）孙承泽：《春明梦余录》，北京：北京古籍出版社，1992 年。

26. （清）吴长元：《宸垣识略》，北京：北京古籍出版社，1981 年。

27. （清）李斗：《扬州画舫录》，北京：中华书局，2001 年。

28. （清）钱泳：《履园丛话》，北京：中华书局，1997 年。

29. （清）陈扶摇〔淏子〕：《花镜》，清文会堂刻本。

30. （清）刘熙载：《艺概》，上海：上海古籍出版社，1982 年。

31. （清）乾隆帝：《清高宗御制诗文全集》，北京：中国人民大学出版社，1993 年。

32. （清）黄宗羲：《明儒学案》，收于《文渊阁四库全书》，第 457 册，台北：台湾商务印书馆，1980 年。

33. （清）欧阳兆熊、金安清著，谢兴尧点校：《水窗春呓》，北京：中华书局，1997 年。

34. （清）王夫之：《读通鉴论》，北京：中华书局，1975 年。

35. （清）王夫之著，戴鸿森笺注：《薑斋诗话笺注》，北京：人民文学出版社，1981年。
36. （清）叶燮著，霍松林校注：《原诗》，北京：人民文学出版社，1979年。
37. （清）袁枚：《随园诗话》，北京：人民文学出版社，1982年。
38. （清）朱彝尊撰：《日下旧闻考》，北京：北京古籍出版社，2001年。
39. （清）陈梦雷等编：《古今图书集成·经济汇编·考工典·园林部》。
40. （清）陈梦雷等编：《古今图书集成·方舆汇编·职方典》。

参考书目

1. 陈植、张公驰选注，陈从周校阅：《中国历代名园记选注》，合肥：安徽科学技术出版社，1983年。
2. 邵忠、李瑾选编：《苏州历代名园记》、《苏州园林重修记》，北京：中国林业出版社，2004年。
3. 陈从周、蒋启霆选编，赵厚均注释：《园综》，上海：同济大学出版社，2004年。
4. 梁思成：《梁思成文集》，北京：中国建筑工业出版社，1985年。
5. 刘敦桢：《中国古代建筑史》，北京：中国建筑工业出版社，2002年。
6. 周维权：《中国古典园林史》，北京：清华大学出版社，2004年。
7. 杨鸿勋：《江南园林论》，上海：上海人民出版社，1996年。
8. 刘敦桢：《苏州古典园林》，北京：中国建筑工业出版社，1979年。
9. 陈从周：《说园》，济南：山东画报出版社，2003年。
10. 陈从周：《梓翁说园》，北京：北京出版社，2004年。
11. 宗白华等著：《中国园林艺术概观》，南京：江苏人民出版社，1987年。
12. 王毅：《园林与中国文化》，上海：上海人民出版社，1990年。
13. 曹林娣：《中国园林艺术论》，太原：山西教育出版社，2001年。
14. 黄长美：《中国庭园与文人思想》，台北：明文书局，1985年。
15. 刘策等编著：《中国古典园囿与名园总目》，台北：明文书局，1986年。
16. 刘天华：《园林美学》，昆明：云南人民出版社，1989年。
17. 张家骥：《中国造园论》，太原：山西人民出版社，2003年。
18. 张家骥：《中国造园史》，哈尔滨：黑龙江人民出版社，1987年。
19. 章采烈编著：《中国园林艺术通论》，上海：上海科学技术出版社，2004年。

20. 王铎：《中国古代园苑与文化》，武汉：湖北教育出版社，2003年。
21. 方佩和编著：《园林经典——人类的理想家园》，杭州：浙江人民美术出版社，1999年。
22. 李浩：《唐代园林别业考论》，兰州：西北大学出版社，1998年。
23. 周武忠：《寻求伊甸园——中西古典园林艺术比较》，南京：东南大学出版社，2002年。
24. 萧默主编：《中国建筑艺术史》，北京：文物出版社，1999年。
25. 王世仁：《王世仁建筑历史理论文集》，北京：中国建筑工业出版社，2001年。
26. 中国圆明园学会筹备委员会：《圆明园》，北京：中国建筑工业出版社，1981年。
27. 刘天华主编：《十大名园》，上海：上海古籍出版社，1990年。
28. 张路虹：《园林艺术——情感与自然的交融》，合肥：安徽美术出版社，2003年。
29. 居阅时：《弦外之音——中国建筑园林文化象征》，成都：四川人民出版社，2005年。
30. 李茁孜：《园林感悟集》，北京：中国青年出版社，2004年。
31. 金学智：《中国园林美学》，北京：中国建筑工业出版社，2005年。
32. 刘庭风：《中日古典园林比较》，天津：天津大学出版社，2003年。
33. 曹林娣、许金生：《中日古典园林文化比较》，北京：中国建筑工业出版社，2004年。
34. 曹林娣：《中国园林文化》，北京：中国建筑工业出版社，2005年。
35. 童寯：《江南园林志》，北京：中国建筑工业出版社，1984年。
36. 童寯：《造园史纲》，北京：中国建筑工业出版社，1983年。
37. 童寯：《园论》，天津：百花文艺出版社，2006年。
38. 孙筱祥：《园林艺术及园林设计》，北京：北京林学院出版社，1986年。
39. 彭一刚：《中国古典园林分析》，北京：中国建筑工业出版社，2005年。
40. 〔美〕西蒙德著，王济昌译：《景园建筑学》，台北：太隆书店，1999年。
41. 〔法〕丹纳著，傅雷译：《艺术哲学》，北京：人民文学出版社，1997年。
42. 梁启超：《中国近三百年学术史》，天津：天津古籍出版社，2003年。
43. 刘梦溪主编：《中国现代学术经典·马一浮卷》，石家庄：河北教育出版社，1996年。
44. 范曾：《抱冲斋艺史丛谈》，北京：中华书局，2003年。

45. 范曾：《画外话》，北京：河北教育出版社，2004 年。
46. 范曾：《范曾谈艺录》，北京：中国青年出版社，2004 年。
47. 范曾：《大美不言》，见《范曾散文三十三篇》，石家庄：河北教育出版社，2001 年。
48. 范曾：《大丈夫之词》，北京：北京大学出版社，2007 年。
49. 王国维著，周锡山编校：《人间词话》，太原：北岳文艺出版社，2004 年。
50. 徐复观：《中国艺术精神》，沈阳：春风文艺出版社，1987 年。
51. 宗白华：《美学散步》，上海：上海人民出版社，1981 年。
52. 宗白华：《艺境》，北京：北京大学出版社，1987 年。
53. 叶朗：《中国美学史大纲》，上海：上海人民出版社，1985 年。
54. 张法：《中国美学史》，上海：上海人民出版社，2000 年。
55. 敏泽：《中国美学思想史》，长沙：湖南教育出版社，2004 年。
56. 王朝闻：《不到顶点》，上海：上海文艺出版社，1983 年。
57. 北京大学哲学系美学教研室编：《西方美学家论美和美感》，北京：商务印书馆，1982 年。
58. 钱钟书：《七缀集》，北京：生活·读书·新知三联书店，2001 年。
59. 钱钟书：《管锥编》，北京：中华书局，1986 年。
60. 陈衡恪译著：《中国文人画之研究》，北京：中华书局，1941 年。
61. 卢辅圣主编：《中国书画全书》，上海：上海书画出版社，1992 年。
62. 俞剑华编著：《中国古代画论类编》，北京：人民美术出版社，2004 年。
63. 陈传席：《中国山水画史》，南京：江苏美术出版社，1988 年。
64. 陈传席、刘庆华：《精神的折射——中国山水画与隐逸文化》，济南：山东美术出版社，1998 年。
65. 江洛一、钱玉成编著：《吴门画派》，苏州：苏州大学出版社，2004 年。
66. 故宫博物院编：《吴门画派研究》，北京：紫禁城出版社，1993 年。
67. 《朵云》编辑部编：《中国绘画研究论文集》，上海：上海书画出版社，1992 年。
68. 黄专、严善錞：《文人画的趣味、图式与价值》，上海：上海书画出版社，1993 年。
69. 林木：《明清文人画新潮》，上海：上海人民美术出版社，1993 年。
70. 江宏、邵琦：《中国画心性论》，上海：上海书画出版社，1993 年。

71. 郑午昌：《中国画学全史》，上海：上海古籍出版社，2001年。
72. 李泽厚：《美的历程》，北京：文物出版社，1982年。
73. 〔美〕高居翰：《气势撼人——十七世纪中国绘画中的自然与风格》，上海：上海书画出版社，2003年。
74. 〔美〕高居翰：《山外山——晚明绘画》，上海：上海书画出版社，2003年。
75. 邓乔彬：《中国绘画思想史》，贵阳：贵州人民出版社，2001年。
76. 俞剑华：《中国山水画的南北宗论》，上海：上海人民美术出版社，1963年。
77. 〔美〕方闻著，李维琨译：《心印》，上海：上海书画出版社，1993年。
78. 伍蠡甫：《中国画论研究》，北京：北京大学出版社，1983年。
79. 伍蠡甫：《山水与美学》，上海：上海文艺出版社，1985年。
80. 任仲伦：《游山玩水——中国山水审美文化》，上海：同济大学出版社，1991年。
81. 谢凝高：《山水审美——人与自然的交响曲》，北京：北京大学出版社，1991年。
82. 高建新：《山水风景审美》，呼和浩特：内蒙古大学出版社，2005年。
83. 许建平：《山情逸魂》，北京：东方出版社，1999年。
84. 余英时：《士与中国文化》，上海：上海人民出版社，2003年。
85. 余英时：《现代儒学的回顾与展望》，北京：三联书店，2004年。
86. 孙适民、陈代湘：《中国隐逸文化》，长沙：湖南出版社，1997年。
87. 蒋星煜：《中国隐士与中国文化》，上海：上海书店，1992年。
88. 刘泽华主编，孙立群、马亮宽、刘泽华著：《士人与社会·秦汉魏晋南北朝卷》，天津：天津人民出版社，1992年。
89. 何芳川、万明：《古代中西文化交流史话》，北京：商务印书馆，1998年。
90. 李喜所主编：《五千年中外文化交流史》，北京：世界知识出版社，2002年。
91. 沈定平：《明清之际中西文化交流史——明代：调适与会通》，北京：商务印书馆，2001年。
92. 林仁川、徐晓望：《明末清初中西文化冲突》，上海：华东师范大学出版社，1999年。
93. 〔法〕杜赫德编，〔中〕郑德弟、吕一民、沈坚译：《耶稣会士中国书简集：中国回忆录》，郑州：大象出版社，2001年。
94. 〔德〕海德格尔著，孙周兴编：《海德格尔选集》，上海：三联书店，1996

年。
95. 王汎森：《晚明清初思想十论》，上海：复旦大学出版社，2004 年。
96. 冯天瑜：《明清文化史散论》，武汉：华中工学院出版社，1984 年。
97. 毛文芳：《晚明闲赏美学》，台北：台湾学生书局，2004 年。
98. 龚鹏程：《晚明思潮》，北京：商务印书馆，2005 年。
99. 刘俊文主编：《日本学者研究中国史论著选译》，北京：中华书局，1992 年。
100. 〔日〕铃木大拙：《禅与心理分析》，北京：中国民间文艺出版社，1986 年。
101. 牟宗三：《政道与治道》，台北：台湾学生书局，1983 年。
102. 张岱年：《中国哲学大纲》，北京：中国社会科学出版社，1994 年。

参考文章

1. 田中淡：《中国造园史研究的现状与课题》，载《中国园林》，1998 年，第 1 期，12-14 页；第 2 期，26-28 页。
2. 王其亨：《清代皇家园林研究的若干问题》，载《建筑师》，1995 年，第 6 期，47-50 页。
3. 杨鸿勋：《中国古典园林结构》，载《文物》，1982 年，第 11 期，49-56 页。
4. 汤一介：《论"天人合一"》，载《中国哲学史》，2005 年，第 2 期，5-10 页。
5. 杨嘉佑：《明代江南造园之风与士大夫生活——读明人潘允端"玉华堂日记"札记》，载《社会科学战线》，1981 年，第 3 期。
6. 王世仁：《〈勺园修禊图〉中所见的一些中国庭园布置手法》，载《文物参考资料》，1957 年，第 6 期。
7. 李红霞：《唐代士人的社会心态与隐逸的嬗变》，载《北京大学学报》〔哲学社会科学版〕，2004 年，第 5 期，114-120 页。
8. 李红霞：《唐代园林与文人隐逸心态的转变》，载《中州学刊》，2004 年，第 3 期。
9. 高建立：《晚明人文主义思潮与社会风习的转变》，载《学术月刊》，1997 年，第 4 期。
10. 夏咸淳：《明人山水尚趣》，载《学术月刊》，1997 年，第 4 期。
11. 郑利华：《明代中叶吴中文人集团及其文化特征》，载《上海大学学报》，1997 年，第 2 期。

12. 金毅:《论隐民、隐士及其隐遁权——〈庄子〉、〈法言〉、〈抱朴子〉论隐逸》,载《北京第二外国语学院学报》,1997年,第4期。

13. 蓝东兴:《归隐:晚明士大夫的政治退避与个性张扬》,载《贵州社会科学》,2002年,第5期。

14. 王毅:《中国士大夫隐逸文化的兴衰》,载《文艺研究》,1989年,第3期,55-64页。

15. 严迪昌:《市隐心态与吴中明清文化氏族》,载《苏州大学学报》〔哲学社会科学版〕,1991年,第1期,80-89页。

16. 李浩:《唐代园林别业与文人隐逸的关系〔上〕》,载《陕西广播电视大学学报》,1999年,第1期,150-155页。

17. 李浩:《唐代园林别业与文人隐逸的关系〔下〕》,载陕西广播电视大学学报》,1999年,第2期,37-41页。

18. 陈宝良:《明代的致富论——兼论儒家伦理与商人精神》,载《北京师范大学学报》〔社科版〕,2004年,第6期,34-45页。

19. 郑训佐:《略论儒道两家的隐逸观》,载《山东大学学报》〔社会科学版〕,2005年,第4期。

20. 毛子强:《西方传统造园艺术对中、俄皇家园林影响之比较》,载《规划师》,2001年,第1期,30-33页。

21. 杨乃乔:《文人:士大夫、文官、隐逸与琴棋书画》,香港:人文中国学报,第7期,49-85页。

22. 詹杭伦:《"三教合一"与金代园林美学》,香港:人文中国学报,第6期,155-169页。

23. 贾鸿雁:《宋词园林意境美探微》,载《东南大学学报》〔社会科学版〕,2006年,第1期。

24. 张燕:《〈长物志〉的审美思想及其成因》,载《文艺研究》,1998年,第6期,137-140页。

25. 张燕:《山阴道上宛然镜游——论〈园冶〉的设计艺术思想》,载《东南大学学报》〔哲学社会科学版〕,2001年,第3期,76-81页。

26. 张世君:《〈红楼梦〉的庭园结构与文化意识》,载《红楼梦学刊》,1994年,第1期,97-114页。

27. 张世君:《〈红楼梦〉的园林意趣与文化意识》,载《红楼梦学刊》,1995

年，第 2 期，296-308 页。

28. 敏泽：《中国古典意象论》，载《文艺研究》，1983 年，第 3 期，54-62 页。

29. 叶朗：《说意境》，载《文艺研究》，1998 年，第 1 期，17-22 页。

30. 陈永生：《园林艺术的现代性与民族性——对中国现代园林艺术创作走向的思考》，载《中国园林》，2005 年，第 6 期，72-74 页。

31. 梁敦睦：《〈园冶全释〉商榷》，载《中国园林》，1998 年，第 1 期，15-16 页；1998 年，第 3 期，47-50 页；1998 年，第 5 期，28-29 页；1999 年，第 1 期，29-31 页；1999 年，第 3 期，67-69 页。

32. 王绍增：《〈园冶〉析读——兼评张家骥先生〈园冶全释·序言〉》，载《中国园林》1998 年，第 2 期，20-25 页。

33. 岳毅平：《李渔的园林审美思想探析》，载《学术界》，2004 年，第 6 期，218-222 页。

34. 杜书瀛：《李渔和造园环境学》，载《中国文化研究》，1996 年，夏之卷，101-107 页。

35. 章荪：《我国古典园林造园原理辩证——论明末造园家计成之造园思想》，载北京林学院林业史研究室编：《林业史园林史论文集》，第一集，84-97 页。

36. 孙晓翔：《江苏文人写意山水派园林》，载北京林学院林业史研究室编：《林业史园林史论文集》，第一集，36-48 页。

37. 曹林娣：《论江南古典园林的人文精神》，载《苏州大学学报》〔哲学社会科学版〕，2000 年，第 2 期，113-122 页。

38. 曹林娣：《古人的宇宙观与中国园林构思》，载《文艺研究》，2003 年，第 6 期，121-126 页。

39. 梁工：《基督教与明清之际的中西文化交流》，载《北京图书馆馆刊》，1998 年，第 3 期，63-69 页。

40. 李跃红：《论明清之际天主教与中国文化的冲突》，载《基督教研究》，1997 年，第 1 期，114-122 页。

41. 童赛玲：《明末清初江南园林的发展及其美学思想》，载《新美术》，1994 年，第 4 期，26-31 页。

42. 童寯：《北京长春园西洋建筑》，载中国圆明园学会筹备委员会编：《圆明园》，第一集，北京：中国建筑工业出版社，1981 年。

43. 张国刚：《启蒙时代欧洲的中国趣味与洛可可风格》，载《清华大学学报》

〔哲学社会科学版〕，2005 年，第 4 期，18-29 页。

44. 张复合：《圆明园"西洋楼"与中国近代建筑史》，载《清华大学学报》〔哲学社会科学版〕，1986 年，第 1 期，93-100 页。

45. 周武忠：《中西古典园林艺术风格比较》，载《东南大学学报》〔哲学社会科学版〕，2003 年，第 6 期，90-94 页。

46. 吴兆路：《性灵文人的心态择向》，载《复旦学报》〔社会科学版〕，1995 年，第 1 期，78-83 页。

47. 郝赤彪：《论古典园林的画境》，载《合肥工业大学学报》〔社会科学版〕，1996 年，第 1 期。

48. 郑力：《园林山水画刍议》，载《新美术》，2000 年，第 1 期。

49. 单国强：《赏石与中国绘画》，载《故宫博物院院刊》，1999 年，第 2 期。

50. 孔晨：《聊以画图写清居——谈以园林、庭院为题材的吴门绘画》，载《故宫博物院院刊》，1990 年，第 3 期。

51. 傅熹年：《中国古代的建筑画》，载《文物》，1998 年，第 3 期。

52. 《明代上海的三个叠山家和他们的作品》，载《文物》，1961 年，第 7 期，56-58 页。

53. 杨宗荣：《拙政园沿革与拙政园图册》，载《文物参考资料》，1957 年，第 6 期。

博士论文

1. 黄一如：《自然观与园林伴生的历史》博士论文，上海：同济大学。
2. 封云：《中国古典园林审美艺术论》博士论文，上海：同济大学。
3. 毛子强：《中西传统园林的相互影响》博士论文，北京：北京林业大学。

后记

本书是在我的博士论文基础上加以提炼而成。2003至2007年间，工作之暇攻读博士学位，奔波于北京、天津之间，翻阅大量书籍撰写论文，亦颇有苦中作乐之感。

在故宫工作多年，一直没有找到正确的研究道路和研究方向，彷徨于工作前途中。范曾先生于南开大学历史学院任博士生导师，我历经辛苦拜于先生门下，激动之余亦企求先生能为我指出一条合适的道路。先生授课不限于艺术史内容，举凡经史子集、三教之间、诗文画论，靡所不谈。我从先生那里学到的不仅限于学术，更为重要的是认识到中国文化的深厚和博大，艺术精神之相通。中国艺术触类旁通，无论从哪个角度立意，最终的落脚点都是要回到中国文化精神中才有意义。就读期间，正值先生对中国文化进行思考，提倡回归古典的精神。我追寻着先生的思想，汲汲求者大道也，在回归古典的精神召唤下，与从事的工作相结合，将博士论文定位于弘扬中国传统精英文化——文人思想与文人艺术领域，在明清文人园林中寻求中国古典艺术精神。

先生常教导弟子们要有敬畏之心，感恩之心，恻隐之心。在博士攻读和论文写作期间，先生给予我极大的关怀和帮助，在百忙中抽出时间逐字逐句地修改论文，提出中肯的意见，将我的论文提升到更高的境界，在此我怀着一颗感恩之心对先生的指导表示由衷的感谢。

我要感谢我的父母，他们无怨无悔的支持、鼓励着我的求学之路，在精神上给以我莫大的慰藉。感谢给予我攻读博士学位机会的故宫博物院的领导；感谢我所在的故宫博物院古建部的领导和同事们在我攻读学位期间给与的帮助；特别要感谢故宫博物院图书馆的工作人员，撰写论文期间我在那里频繁地借阅大量书籍，而他们从未有过怨言，为我论文撰写提供大量的资料。

本书出版得到故宫博物院领导和紫禁城出版社领导的大力支持，紫禁城出版社的编辑们付出了辛勤的劳动，故宫博物院资料信息中心提供了大量精美的图片，在此致以诚挚的谢意。

张淑娴

2010年2月

图书在版编目（CIP）数据

明清文人园林艺术 / 张淑娴著．—北京：故宫出版社，2011.3
ISBN 978-7-5134-0094-7

Ⅰ.①明… Ⅱ.①张… Ⅲ.①古典园林－园林艺术－中国－明清时代 Ⅳ.①TU986.62

中国版本图书馆CIP数据核字(2011)第027254号

明清文人园林艺术

著　　者：张淑娴
责任编辑：王冠良
装帧设计：李　猛
出版发行：故宫出版社
　　地址：北京东城区景山前街4号　邮编：100009
　　电话：010-85007808　010-85007816　传真：010-65129479
　　网址：www.culturefc.cn　邮箱：ggcb@culturefc.cn
印　　刷：北京方嘉彩色印刷有限责任公司
开　　本：787×1092毫米　1/16
印　　张：18.25
字　　数：258千字
版　　次：2011年4月第1版
　　　　　2012年6月第2次印刷
印　　数：3,001~6,000册
书　　号：ISBN 978-7-5134-0094-7
定　　价：68.00元

紫禁書系 第一辑

明清室内陈设

明清室内陈设·朱家溍 定价：七〇元

全书七万字，一九一幅图。作者在数十年故宫博物院工作经历中，为使宫廷原状陈设的恢复合于情理，合于历史，查阅并摘录了大量宫私档案、笔记小说，从中寻找可信可行的依据。选辑了与明清两朝室内陈设有关的内容。既有陈设品的名目，也有陈设的具体方位，还有关于审美意趣的品评。

古诗文名物新证

古诗文名物新证·扬之水 定价：一九八元（全二册）

收入书中的二十六题，均由名物研究入手，试图在文献、实物、图像三者的碰合处复原起历史场景中的若干细节。用来表现「物」的数百幅图，是贴近历史而与书中文字默契的另一种形式的叙述，旨在使复原的古典以可靠的历史遗存为依据，文字与图像的契合处或许可以使人捕捉到一点细节的真实和清晰。

火坛与祭司鸟神

火坛与祭司鸟神·施安昌 定价：七五元

本书集结了作者十年来探索古代祆教遗迹和祆教美术的成果。内容涵盖地下墓葬和地上碑刻，涉及许多博物馆中保存已久的藏品和近期发掘的虞弘、安伽、史君三个萨宝墓的出土文物，对一千四百多年前的中国祆教遗存及其宗教图像系统作了别开生面的揭示与论证。同时，也对人们所陌生的琐罗亚斯德教的教义、礼仪及其在中亚、中国的传播历史作了介绍。

清代宫廷服饰

清代宫廷服饰·宗凤英 定价：七五元

全书十万字，一百幅图。介绍清代宫廷服饰制度的起源、形成和演变。详细描述了清代皇帝、皇后以及皇室成员和文武大臣在各种场合穿着的服饰。主要有礼服、吉服、行服、雨服、便服等等。内容翔实可靠，图片精美。读者面广，适合服装服饰研究设计、宫廷史研究及爱好服饰的广大一般读者阅读欣赏。

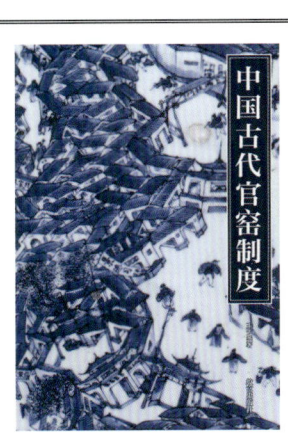

中国古代官窑制度

中国古代官窑制度·王光尧 定价：七五元

在从事故宫博物院文物保管陈列工作的同时，密切关注考古发掘中的最新信息，阐述对于中国古代官窑制度的看法。本书以史料实物相互印证的方法，立足官窑瓷器实物，追溯唐至清数百年间官窑制度的变化和由此而来不同时代的官窑瓷器特点。

紫禁書系 第二輯

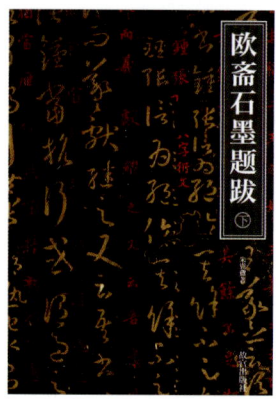

中国宫廷御览图书·向斯　定价：八八元

故宫博物院所藏的善本书籍，是历代宫廷流传下来的皇帝和皇室成员所撰写、阅读的藏书精品，从未昭示于海内外，许多系宫廷秘藏孤本。这些善本图书，版本精良，装帧考究，具有鲜明的皇宫特色，在中国文化史、书史、版本史上占有重要的地位。本书权威、系统、准确地展示了故宫善本图书的全貌和精华、历史与现状及其重要学术文化价值，是一部关于中国宫廷古书鉴定、鉴赏方面的重要著作。

欧斋石墨题跋·朱翼盦　定价：一五〇元（上、下）

翼盦先生曾以重金购获《九成宫醴泉铭》北宋初拓未剜本，遂自号「欧斋」。翼庵先生鉴别精审，取舍谨严。以三十年之精力，搜集汉唐碑版七百余种，多罕见之品。每得铭心之品，于研索考订之余，辄作跋尾，以志心得。历考传世善本，详征前人著述，参订比较。《欧斋石墨题跋》即为翼庵先生鉴定石墨文字所撰跋语题识。并附所藏碑帖目录，以见收藏全貌。其有前人题跋者，亦并缀于每目之后，用供征考。

曲阳白石造像研究·冯贺军　定价：九〇元

本书从绪论、发愿文内容、信仰与造像、思惟菩萨、基座的类型与题材等方面，论述了河北曲阳白石造像寺院归属、造像者身份、造像渊源与演变、题材与信仰等。书后所附《从七帝寺看定州佛教》，借助七帝寺相关史实，在大的历史背景下探究曲阳乃至定州佛教造像的整体风貌。发愿文总录则为研究者提供了翔实的资料。

龙袍与袈裟·罗文华　定价：一九八元（上、下）

本书从清宫藏传佛教神系发展的基本脉络、皇家佛堂内部神秘的众神世界及其象征主义结构，以乾隆时期为代表的藏传佛教绘画和造像的真实状况、艺术风格及其重要作品等方面，全面揭示了清宫藏传佛教的基本面貌和主要特点，是近年来清代宫廷史研究的一部力作。